生命科学前沿与创新

主　编

贝毅桦　陈　沁　肖俊杰

副主编

钮　冰　孟　丹　龚　惠　张　峰　李珊珊

上海大学出版社

·上海·

图书在版编目(CIP)数据

生命科学前沿与创新 / 贝毅桦，陈沁，肖俊杰主编.
上海 ：上海大学出版社，2024. 12. -- ISBN 978-7
-5671-5152-9

Ⅰ. Q1-0

中国国家版本馆 CIP 数据核字第 2025WE8050 号

责任编辑 李 双
封面设计 缪炎栩
技术编辑 金 鑫 钱宇坤

生命科学前沿与创新

贝毅桦 陈 沁 肖俊杰 主编
钮 冰 孟 丹 龚 惠 张 峰 李珊珊 副主编
上海大学出版社出版发行
(上海市上大路 99 号 邮政编码 200444)
(https://www.shupress.cn 发行热线 021-66135112)
出版人 余 洋

*

南京展望文化发展有限公司排版
广东虎彩云印刷有限公司印刷 各地新华书店经销
开本 710mm×1000mm 1/16 印张 15.75 字数 266 千
2025 年 3 月第 1 版 2025 年 3 月第 1 次印刷
ISBN 978-7-5671-5152-9/Q·18 定价 86.00 元

主　编

贝毅桦　陈　沁　肖俊杰

副主编

钮　冰　孟　丹　龚　惠　张　峰　李珊珊

编　委

（按拼音字母排序）

贝毅桦　陈会花　陈　沁　陈怡晴　高　娟
龚　惠　关龙飞　姜继宗　姜　凯　李　进
李珊珊　刘　娜　孟　丹　钮　冰　孙晓东
涂梓卓　王红云　王天慧　王　颖　王　越
魏香香　项耀祖　肖俊杰　杨婷婷　尹红泽
岳　涛　张　峰　朱玉娇

前言 | FOREWORD

随着生命科学研究和生物技术的飞速发展，生命科学、生物技术和生物产业创新发展对推动健康中国建设的重要意义及积极作用正日益凸显。健康中国是国家发展战略，积极推动生命科学前沿与创新发展是健康中国建设的战略需求。人类对自身健康和疾病的认识，从整体到局部、从宏观层面到微观层面不断地深入。在细胞命运调控、生物分子互作、细胞外囊泡等方面的基础研究及应用研究，加深了人类对疾病发生发展机制的理解。此外，基因编辑、纳米医学、类器官研究的持续深入，更是为疾病治疗提供了新的技术和途径。

为应对生命科学领域持续创新性发展的人才培养需求，上海大学生命科学学院联合校内及校外教师共同编写了这本《生命科学前沿与创新》。该教材旨在激发读者对生命科学前沿问题的探索热情，增强对生命科学前沿技术的了解，提升运用现代科学技术探索生命科学奥秘的能力，并培养读者的创新意识，为其未来开展创新性科学研究打好基础。

本教材共设 11 个章节：铁死亡的发生、机制和疾病，心肌梗死的炎症反应与细胞焦亡，转录因子 BACH1 的调控机制及其在疾病中的作用，射血分数保留型心力衰竭，蛋白质-生物大分子信息枢纽，细胞外囊泡，纳米医学，基因编辑技术，体外血管化器官芯片的关键技术及应用，生物检测与疾病诊断，机器学习技术在动物疫病预警中的应用。本教材可供生物工程、生物制药、生物学、生物医学工程、生物与医药等专业的学生使用。

本教材的编写团队汇聚了上海大学、复旦大学、同济大学、上海中医药大学、中山大学的多位教师。这些教师不仅具有丰富的教学经验，多次受邀至上海大学为研究生授课，而且长期工作于科研前线，深耕于各自的学科领域。在编写过程中，编者们结合自身切实的科研工作，将生命科学领域的最新前沿科学亮点融入各个章节，从理论到实践、从传统思维到创新思维，由浅入深、循序渐进地引导读者，开拓读者的科研视野。

本教材的编写得以圆满完成，离不开全体编写人员的辛勤付出与高度负责的精神，同时也得到了上海大学出版社的大力支持和帮助，在此表示衷心的感谢！

然而，受编写经验、编者水平及其他条件的限制，本教材在编写过程中难免存在不足之处，我们恳请读者批评指正，以期不断完善与提高。

编者

2024 年 12 月

目录 | CONTENTS

第一章

铁死亡的发生、机制和疾病

本章学习目标

1. 掌握铁死亡的概念。
2. 掌握铁死亡的发生机制。
3. 了解铁死亡的表现形式。
4. 了解铁死亡的检测方法。
5. 熟悉铁死亡与疾病的关系。

章　节　序

铁死亡(ferroptosis)是一种独特的铁依赖性的细胞死亡方式,其特征区别于人们所熟知的传统的细胞死亡方式,如细胞坏死、凋亡等,其过程受多种细胞代谢过程的调控,包括铁代谢、脂质代谢、胱氨酸代谢、线粒体和氧化应激反应等,并在多种疾病的病理生理过程中扮演重要角色。自 2012 年研究者首次提出铁死亡的概念以来,其相关研究备受关注,最近已呈指数级增长。铁死亡在多种良恶性肿瘤、遗传性疾病、神经退行性疾病、心血管疾病及内分泌代谢疾病等重大疾病的发生发展过程中具有重要意义,并在疾病治疗疗效上发挥不同作用。近期临床研究表明,靶向铁死亡有助于预防和治疗这些疾病,为相关疾病的诊疗提供了新策略。

为了让大家了解铁死亡这一新兴领域,本章将系统阐述铁死亡的概念、发生机制和调控方式、检测方法,以及铁死亡与各种疾病的关系,并讨论可能的治疗方向以及当前所面临的机遇和挑战。

一、引　言

在2012年,美国哥伦比亚大学Stockwell课题组在其研究中,首次引入了"铁死亡"这一术语,用于描述一种依赖于铁元素的、由脂质过氧化反应驱动的、可受调控的、独特的细胞死亡形式。事实上,Conrad等研究者在2008年便发现了这种氧化还原稳态的关键基因参与的非凋亡形式的细胞死亡方式。在电镜观察下,铁死亡的主要特征表现为:线粒体膜密度增加,线粒体嵴明显变少甚至消失,外膜破裂或不完整,而细胞核没有明显异常,细胞体积减小,细胞死亡。超过正常范围的脂质过氧化是铁死亡的标志,脂质过氧化的启动产生大量的过氧自由基及次级产物,生物膜结构完整性被破坏,并最终导致细胞器和细胞膜破裂,即细胞铁死亡。目前,磷脂氢过氧化物(PLOOH,一种基于脂质的ROS形式)被认为是铁死亡的执行者。细胞内存在多种代谢过程可调控PLOOH的水平,在铁死亡中起着关键作用。正常代谢过程中,细胞一方面产生过氧化脂质的底物和氧化剂,另一方面产生防止脂质过氧化的抑制剂。

在细胞的铁代谢、氨基酸代谢(如谷胱甘肽/谷氨酰胺代谢)出现异常,以及谷胱甘肽过氧化物酶4(GPX4)系统和CoQ 10系统或其类似物的抗氧化系统在铁死亡中功能受到抑制(或减少)时,可引起脂质过氧化,从而介导铁死亡的发生发展。在这个过程中,多种细胞器也参与调控这个过程。脂质的大量产生和多不饱和脂肪酸(polyunsaturated fatty acid,PUFA)的代谢主要发生在内质网中,因此内质网是铁死亡过程中脂质过氧化的最关键部位。与此同时,其他细胞器,如线粒体、溶酶体、过氧化物酶体、高尔基体以及细胞核等,可以通过调控铁代谢、脂质过氧化或活性氧(reactive oxygen species,ROS)的水平来启动铁死亡或促使细胞对铁死亡的易感性。

然而,关于各个细胞器之间如何相互调控,从而导致ROS和脂质过氧化物蓄积,并进一步促进铁死亡的具体机制,在很大程度上仍处于未探索状态。

最近越来越多的研究数据表明,铁死亡介入多种疾病的发病机制,如在肿瘤、缺血性损伤、肾脏损伤、心血管疾病和衰老等退行性疾病的病理生理过程中扮演了重要的角色。基于此,诸多学者认为,铁死亡可能是很多疾病潜在的治疗靶点。

二、铁死亡的调控机制

(一) 铁死亡的中心事件

细胞内活性氧含量上升会引起羟自由基所介导的脂质过氧化物堆积，从而导致细胞生物膜结构破坏，引发细胞死亡即铁死亡。

(二) 铁代谢异常

铁元素是人体内必需的微量元素，人体血液中的亚铁离子(Fe^{2+})通过膜铁转运辅助蛋白(hephaestin，HEPH)或铜蓝蛋白(CP)氧化成铁离子(Fe^{3+})，与血清铁转运蛋白(transferrin，Tf)结合，形成复合物，然后被细胞膜表面的铁转运蛋白受体(transferrin receptor，TfR1)识别并内吞进入细胞。在内吞小体内经过酸化后，Fe^{3+}从 Tf 上释放，游离的 Fe^{3+} 被还原成 Fe^{2+}，参与细胞代谢或储存于胞质的铁蛋白(ferritin，FER)中。当铁代谢异常时，细胞内的不稳定铁库(labile iron pool，LIP)会异常增加，Fe^{2+}将电子转移到胞内氧，而这些电子与细胞内脂质反应形成脂质过氧化物。与此同时，Fe^{2+} 也通过芬顿反应(Fenton reaction)产生大量的氧自由基与细胞内脂质发生过氧化，引起过量的脂质过氧化物堆积，从而触发细胞铁死亡过程。

(三) 氨基酸代谢异常

谷胱甘肽过氧化物酶(glutathione peroxidase，GPXs)是生物体内非常重要的抗氧化酶，其中 GPX4 尤为关键，它是目前发现的唯一一类在细胞内能够将有害的脂质过氧化物还原成为醇类的酶。GPX4 在谷胱甘肽(GSH)的介导下，将磷脂过氧化物(phospholipid hydroperoxides，LOOH)还原为良性磷脂醇的同时自身被氧化为谷胱甘肽二硫化物(glutathione disulfide，GSSG)，从而降低活性氧(reactive oxygen species，ROS)水平，避免细胞发生氧化损伤。在 GPX4 活性降低或半胱氨酸水平降低致使 GSH 耗竭时，GPX4 的抗氧化功能降低致使细胞内 ROS 堆积，从而加重脂质过氧化，促使细胞铁死亡。硒为 GPX4 合成的重要微量元素，故当机体内微量元素硒缺乏时，细胞内 GPX4 的合成将受到抑制，补充硒可促进 GPX4 表达从而抑制细胞发生铁死亡。因此，GPX4 表达水平或活性的降低，被认为是铁死亡的一个重要指标。

GPX4 的活性受胱氨酸代谢的调控。细胞内的胱氨酸被还原成半胱氨酸，半胱氨酸是 GSH 合成的重要底物。胱氨酸主要通过胱氨酸/谷氨酸转运体(System Xc^-)这一细胞表面非常重要的逆向转运蛋白进入胞内，同时细胞内多余的谷氨酸也通过该转运体转运至细胞外。该转运体由重链 SLC3A2 和轻链 *SLC7A11* 组成，形成异二聚体，当该转运体表达水平降低或失活时，细胞无法正常摄取足量的胱氨酸，GSH 合成受阻，而 GSH 是 GPX4 催化反应的底物之一，从而导致 GPX4 的活性降低，脂质过氧化物堆积，细胞发生铁死亡。核因子红细胞系 2 相关因子 2(nuclear factor erythroid 2 - related factor 2，NRF2)在与 Kelch 样 ECH 相关蛋白 1(Kelch-like ECH-associated protein 1，Keap1)分离后，可转位至细胞核中，促使 *SLC7A11* 转录上调。此外，所有编码 GSH 合成的关键基因均是 NRF2 调控的目标基因，其中 γ-谷氨酰转移酶(负责 GSH 循环利用)也被 NRF2 调控。因此，NRF2 和受其调节转录的 *SLC7A11* 均为细胞铁死亡过程中的重要调节因子。

(四) 脂质代谢途径

脂质过氧化是铁死亡的核心环节，其中多不饱和脂肪酸(PUFA)如花生四烯酸等是最易被氧化的脂质。它们在脂氧合酶(lipoxygenase，LOX)的作用下，发生脂质过氧化，介导细胞铁死亡。细胞内的 PUFA 经过长链脂酰辅酶 A 合成酶 4(ACSL4)和溶血磷脂酰胆碱酰基转移酶 3(LPCAT3)的催化，被酯化形成磷脂酰乙醇胺(PEs)，而 PEs 在脂氧合酶(LOXs)或细胞色素 P450 氧化还原酶(POR)作用下氧化，形成有害的脂质过氧化产物。当细胞内 PUFA 摄入过多，或者当 ACSL4 和 LPCAT3 表达增加时，细胞内 PUFA 通过上述反应，形成脂质过氧化物，引发细胞铁死亡。因此，ACSL4 也被认为是铁死亡的重要标志物之一。

(五) 其他途径

近期，有研究发现了一种受性激素调节但不依赖于 GPX4 的铁死亡新机制。MBOAT2 属于膜结合 O-酰基转移酶(MBOAT)的家族成员之一，可以利用从头合成途径生成的单不饱和脂肪酸(MUFA)或摄取的外源性 MUFA 来抑制铁死亡。已有研究表明，雄激素受体（AR）信号通路可通过上调 MBOAT2 抑制前列腺癌的铁死亡。此外，还发现内质网应激可通过另一家族成员 MBOAT1 调控铁死亡，为铁死亡的研究提供了新思路。

如图 1-1 所示，细胞铁死亡的核心事件是脂质过氧化。Erastin 通过抑制胱氨酸/谷氨酸转运体（System Xc^-），导致细胞无法摄取足够量的胱氨酸，GSH 合成减少，GPX4 的活性降低，脂质过氧化物堆积。雄激素受体（AR）信号通路可通过上调 MBOAT2 促进单不饱和脂肪酸（MUFA）合成，抑制多不饱和脂肪酸（PUFA）过氧化，从而抑制铁死亡。在铁代谢失衡时，细胞内 Fe^{2+} 增多，可将电子转移到胞内氧，进而与细胞内脂质反应，引起脂质过氧化物蓄积，此外，Fe^{2+} 也可通过芬顿反应产生大量的氧自由基，进一步使细胞内脂质发生过氧化。上述三条途径，均可引起脂质过氧化，促使细胞铁死亡。需要注意的是，这三条途径不是独立的，而是相互交错、互相影响的复杂的反应体系。

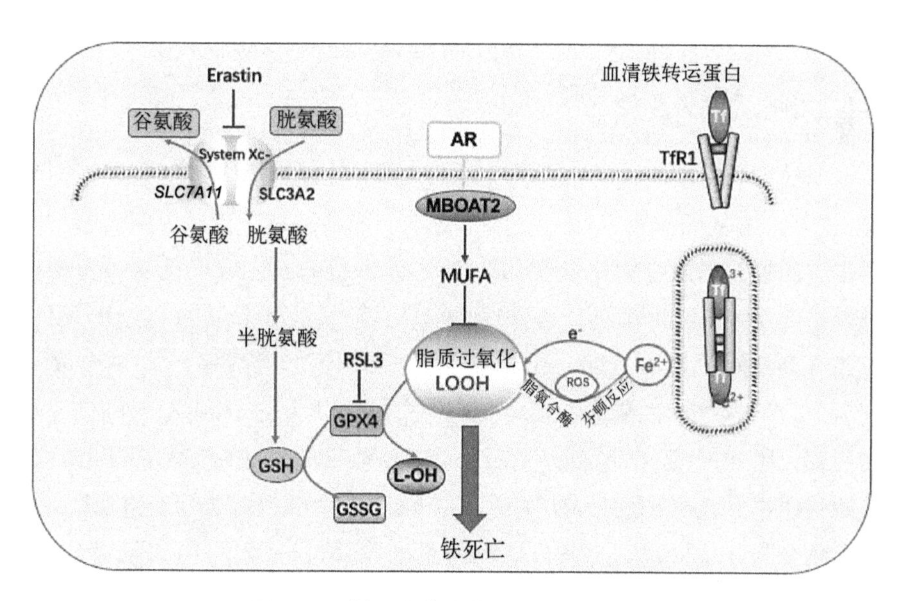

图 1-1　铁死亡发生的具体机制示意图

三、铁死亡的表现形式和检测方法

细胞的铁死亡是细胞死亡的一种形式，常见的细胞死亡检测方法，如乳酸脱氢酶（lactate dehydrogenase，LDH）的活性检测等也可用来检测铁死亡，而且检测 LDH 的释放可用于死亡细胞和受损细胞的定量分析。碘化丙啶(propidium iodide,PI)染色技术也可用于进行细胞死亡的定量分析。

PI 是一种荧光染料,可通过死亡细胞受损的细胞膜,进入细胞核内,嵌入双链 DNA,形成 PI-DNA 复合物,释放红色荧光。激发和发射波长分别设定为 535 nm 和 615 nm,可通过流式细胞仪、荧光显微镜等仪器进行观察,PI 广泛用于活细胞和死细胞的定量分析。值得注意的是,细胞死亡的检测方法只能检测细胞损伤的程度,并不具备对铁死亡的特异性识别能力。

(一) 透射电镜进行形态学检测

观察铁死亡的形态学变化最为直观的方法是通过透射电镜检测。细胞内的线粒体变小、线粒体膜密度增加、线粒体嵴明显变少甚至完全消失,以及细胞本身也会发生形态上的变化,如体积变小变圆且相互之间分离等,都是铁死亡的明显特征。

(二) 脂质过氧化检测

促使铁死亡发生的核心事件是脂质过氧化,就是脂质分子特别是不饱和脂肪酸,在氧自由基的作用下,形成过氧化脂质,这些过氧化脂质分解后会产生大量的反应产物。脂质过氧化反应的初级产物 LOOHs,在氧化反应过程中会逐渐分解成一系列复杂的醛类化合物,主要包括丙二醛(malondialdehyde,MDA)、4-羟基壬烯醛(4-hydroxynonenal,4-HNE)、丙醛和己醛等。其中,最重要的代表为 MDA,这些活性醛类物质会攻击蛋白等生物大分子,引起细胞进一步的损伤。硫代巴比妥酸(thiobarbituric acid,TBA)反应物法(TBARS assay)是目前检测脂质过氧化水平最为常用的一种方法。这些活性醛类可与 TBA 反应生成有色化合物,以供检测。例如,在较高温度及酸性环境下,丙二醛与 TBA 反应,生成红色的 MDA-TBA 加合物,该加合物在 535 nm 波长处有最大吸收;而其他的醛类与 TBA 反应形成的有色物的最大吸收波长在 450 nm 左右。据此,可以在这两个波长处检测有色物的吸光度或进行荧光检测,来准确评估脂质过氧化水平。

此外,脂质过氧化产物也可以通过免疫反应进行检测,比如通过蛋白质免疫印迹法(Western blot)、酶联免疫吸附法(enzyme-linked immunosorbent assay,ELISA)等对 MDA 和 4-HNE 水平进行半定量或相对定量检测。一些染料和荧光探针的开发有助于检测细胞中的脂质过氧化水平，例如，一种亲脂性的新型的荧光探针 C11 - BODIPY 581/591 可快速入膜，其荧光强度可反映胞内的脂质过氧化水平。亚油酸酯的 Click - i T LAA（亚油酰胺炔）探针也被应用于铁死亡相关脂质过氧化水平的检测。2017 年，Kagan 等发现多不饱和磷脂的过氧化能够引起细胞发生铁死亡，其采用正相 LC - MS/MS 技术建立了氧化磷脂组学方法，在数百种过氧化磷脂中识别出 PE - AA 和 PE - Ad A 的氧化产物，即 PE - AA - OOH 和 PE - Ad A - OOH，这两种产物是细胞铁死亡的关键执行者。

（三）铁含量的检测

细胞铁离子的代谢失衡是铁死亡发生发展的重要因素，因此，细胞内 Fe^{2+} 与 Fe^{3+} 的比值可作为细胞铁死亡的重要参考指标。检测细胞内铁含量的主要方法，包括化学反应法（如普鲁士蓝染色法）、荧光探针法以及电感耦合等离子体质谱法等。

（四）谷胱甘肽代谢通路检测

GPX4 的水平下降或活性降低是铁死亡发生的重要因素之一，而谷胱甘肽（glutathione，GSH）耗竭易导致 GPX4 水平下降或活性降低。因此，除了检测 GPX4 表达和活性外，GSH 消耗和胱氨酸摄取等指标也可反映细胞内铁死亡水平。GSH 的检测方法主要包括试剂盒和 LC - MS 法，其中，同位素标记法是目前用于检测胱氨酸摄取活性最常用的方法。此外，胱氨酸/谷氨酸转运体系统（system Xc -）及其相关调控蛋白在铁死亡的调控过程中发挥重要作用。因此，对转运体及调控蛋白的检测，不仅可反映胱氨酸摄取能力，也间接地检测了细胞内铁死亡水平。

（五）调控铁死亡过程的相关蛋白或酶表达的检测

铁死亡的发生及调控过程涉及多种代谢与信号通路，主要包括铁代谢、脂质过氧化反应、胱氨酸代谢等信号。因此，检测铁死亡诱导和调控的关键分子，如 *SLC7A11*、GPX4、TfR1 的表达水平变化，可为细胞铁死亡检测提供客观依据，准确检测铁死亡的发生和程度。除了检测那些编码铁死亡关键调控蛋白的基因表达外，对编码前列腺素内过氧化物合成酶 2（prostaglandin-endoperoxide synthase，PTGS2）的基因 *PTGS2* 和谷胱甘肽特异性 γ -谷氨酰基环转移酶 1（Gamma-

Glutamyltransferase 1，γ - GT1)的基因 *CHAC1* 的表达水平的检测，也在铁死亡相关的体内和体外研究中得到广泛应用。

(六) 其他抑制剂使用及检测

除了上述检测方法外，在药物干预等介导细胞死亡的模型上，若给予铁死亡抑制剂如 Ferrostatin - 1、Liproxstatin - 1 等可改善细胞的存活，或者给予维生素 E 等通过清除自由基，可明显降低细胞内 ROS 水平与脂质过氧化产物堆积，据此可以推测铁死亡的发生。

四、铁死亡与相关疾病的关系

(一) 铁死亡与肿瘤

铁死亡作为一种程序性细胞死亡方式，在某些类型的肿瘤细胞中表现出高度的敏感性。基于这一特性，我们能够通过早期干预促进铁死亡，进而明显抑制肿瘤细胞生长。

1. 泌尿系统肿瘤

在泌尿系统肿瘤中，占肾细胞癌病例的 2%～4%的肾细胞癌是由易感基因的突变引起的。其中，*VHL* 基因是家族性遗传性肾细胞癌最常见的易感基因，其突变可介导 VHL 综合征，而肾透明细胞癌(ccRCC)是该综合征重要的临床表现之一。

VHL 基因是一个非常重要的肿瘤抑制因子，其缺失或失活会导致缺氧诱导因子 HIF - 1α 和 HIF - 2α 的表达水平升高，引发多不饱和脂肪酸在肿瘤组织中堆积，肿瘤组织发生脂质过氧化而导致铁死亡。肿瘤组织通过促进 GSH 的合成，提高 GPX4 水平，以抑制脂质过氧化，从而降低细胞铁死亡。这种通过依赖 GSH/GPX4 来抑制铁死亡的方式，使得 *VHL* 突变的肾透明细胞癌细胞对 RSL3 等 GPX4 抑制剂十分敏感，而 *VHL* 正常的肾透明细胞癌细胞，对铁死亡抑制剂的反应则明显减弱。

此外，有研究发现，*VHL* 突变会激活 HIF 信号通路，而使用 HIF - α 抑制剂可靶向 ISCA2(iron sulfur cluster assembly 2)，诱发细胞发生铁死亡。组蛋白去甲基化酶 KDM5C 主要通过组蛋白去甲基化酶活性，特异性调控与糖原生成/糖原分解和磷酸戊糖途径（PPP）相关的多个缺氧诱导因子（HIF）相关基因，以及葡萄糖-6-磷酸脱氢酶（G6PD）的表达。KDM5C 的缺失和失活促进了细胞内糖原的产生，分解产生葡萄糖-6-磷酸（G6P），而后者进入 PPP 产生还原型烟酰胺腺嘌呤二核苷酸磷酸（NADPH）和谷胱甘肽（GSH），从而赋予细胞抵抗活性氧（ROS）和铁死亡的能力。而 KDM5C 的过表达可通过 PPP 抑制葡萄糖通量，降低细胞内 GSH 水平，使得 GPX4 合成减少，细胞更易发生氧化应激损伤和铁死亡。

Hippo-YAP/TAZ 通路在进化上高度保守，对细胞密度和细胞连接处的信号变化敏感，被激活后，YAP 和 TAZ 可向细胞核内转位并调控基因转录和表达等，在多种干细胞和前体细胞的分化及增殖稳态中发挥关键作用。很多实体瘤如肾细胞癌等的发生发展与该通路失调有关，在低细胞密度肾细胞癌细胞中，高水平的 TAZ 调控下游 *EMP1* 基因，增加了细胞内 NADPH 氧化酶 4（NOX4）的表达水平，使活性氧增多，引起脂质过氧化，所以在低细胞密度（<50%融合）下生长的肾细胞癌细胞比在高细胞密度下，更容易发生铁死亡。因此，激活 TAZ 可大大促进肾细胞癌中肿瘤细胞对铁死亡的敏感性，而 *TAZ* 基因敲低可明显改善铁死亡诱导剂作用下肾透明细胞癌细胞的存活。但也有研究表明，敲除肾透明细胞癌中 *MITD1* 基因，促使 TAZ 下调，可引起 *SLC7A11* 的下调，介导脂质过氧化而导致铁死亡，表明肾透明细胞癌中 TAZ 高表达与不良预后相关，这进一步说明了 TAZ 信号在调控铁死亡过程中的复杂性。相关研究发现，一种铁素噬菌体调节因子（NCOA4），参与肾细胞癌的铁死亡。在肾细胞癌组织中，观察到 NCOA4 的表达明显降低，铁蛋白重链的翻译水平增加，使游离 Fe^{2+} 含量减少，从而抑制细胞发生铁死亡。

在前列腺癌细胞中，*PTEN* 基因缺陷会使 PI3K-AKT-mTOR 信号通路过度激活，上调甾醇调节元件结合蛋白 1（SREBP1）转录表达，SREBP1 下游靶点 SCD1 增多，而 SCD1 可介导单不饱和脂肪酸生成增多。单不饱和脂肪酸则可以反向抑制铁死亡。此外，前列腺癌组织中多不饱和脂肪酸氧化的限速酶 2，4-二烯酰辅酶 A 还原酶（DECR1）显著过度表达，也会抑制多不饱和脂肪酸堆积诱导的铁死亡。

在治疗前景方面，有研究表明，青蒿琥酯（ART）干预后可使肾细胞癌细胞活力下降，促进其死亡。主要是因为 ART 可诱导肾细胞癌细胞铁死亡。ART

是一种抗疟疾药物，其通过诱导活性氧(ROS)的产生促进细胞铁死亡，已作为一种新型的抗癌药物使用。也有研究证实，ART 通过调节铁代谢以及 p38 和 ERK 信号通路触发胶质母细胞瘤发生铁凋亡。ART 可能通过抑制 DLBCL 细胞 STAT3 信号通路诱导细胞铁死亡。基于该特性，对化疗药物如舒尼替尼或多西他赛等产生耐药性的肾细胞癌细胞或前列腺癌细胞，ART 和这些化疗药物的联合用药，可以明显改善疗效。Sascha 等也发现 ART 可通过细胞周期阻滞和诱导铁死亡，抑制舒尼替尼耐药肾细胞癌细胞的生长。

对于前列腺癌细胞，铁死亡诱导剂 Erastin 和 RSL3 可诱导其铁死亡，第二代抗雄激素药物恩杂鲁胺、阿比特龙是治疗前列腺癌的常用药物，但在雄激素受体表达下降的情况下容易产生耐药性，研究表明，Erastin 或 RSL3 与以上两者联合干预前列腺癌，可比铁死亡诱导剂或抗雄激素药物单独干预更能有效抑制前列腺癌的进展，这说明诱导铁死亡的诱导剂可以通过非雄激素受体依赖途径治疗前列腺癌，该方法有一定的应用前景。

2. 消化系统肿瘤

食管鳞状细胞癌(esophageal squamous cell carcinoma，ESCC)是常见的消化道肿瘤之一。在 2020 年，研究人员发现，热休克蛋白 40 家族中的 B 亚家族 6 号分子(Dna J member B6，DNAJB6)在食管鳞状细胞癌细胞中的过表达能够降低谷胱甘肽(GSH)水平并抑制谷胱甘肽过氧化物酶 4(GPX4)的功能。这一过程促进了脂质过氧化作用，进而导致了铁死亡的发生。此外，另有研究发现，5-氨基酮戊酸(5-ALA)能够加剧脂质过氧化，并在多种癌细胞系中发挥抗肿瘤作用，这一作用可被 Ferrostatin-1 抑制。在体内，5-ALA 能够抑制肿瘤组织中 GPX4 和血红素氧合酶 1(HMOX1)的表达，从而促进肿瘤细胞的铁死亡，缩小肿瘤组织的体积。在细胞中，半胱氨酸在半胱氨酸双加氧酶 1(cysteine dioxygenase 1，CDO1)作用下转化为牛磺酸。由于半胱氨酸是 GSH 合成的底物，其有效利用的减少会导致 GSH 合成的下降，进而引起 GPX4 水平降低，最终使得细胞的抗氧化能力明显减弱，细胞发生铁死亡。因此，减少半胱氨酸双加氧酶 1 基因的表达或抑制其活性，可逆转由铁死亡诱导剂 Erastin 诱导的胃癌细胞铁死亡现象。研究者还发现了人硬脂酰辅酶 A 去饱和酶-1(stearoyl-Co A desaturase 1，SCD1)的作用机制，该酶通过转变癌症干细胞和调节细胞周期相关蛋白，能够抑制胃癌细胞的铁死亡，从而促进胃癌细胞的增殖和远处转移。超长链脂肪酸延伸蛋白 5(ELOVL5)和脂肪酸去饱和酶 1(FADS1)在间充质型胃癌细胞(GCs)中的表达上调,可引起细胞铁死亡。相反地,这些酶在肠型 GCs 中因为启动子 DNA 甲基化而沉默表达,使得肿瘤细胞对铁死亡产生抑制作用。通过脂质谱分析和同位素示踪分析显示,肠型胃癌细胞无法从亚油酸生成花生四烯酸(AA)和肾上腺素酸(AdA)。补充 AA 可恢复肠型 GCs 对铁死亡的敏感性。

在多种肿瘤细胞中,发现抑癌基因白血病抑制因子受体 1(leukemia inhibitory factor receptor 1,LIFR1)的表达下调。在肝癌细胞中,LIFR1 的缺失或活性降低可激活核因子 κB(nuclear factor kappa - B,NF - κB)信号通路的转导,NF - κB 信号通路激活后其下游脂质运载蛋白 2(lipocalin - 2,Lcn2)表达增强,而 Lcn2 的主要生理功能是消耗铁,抑制铁死亡,因而肝癌细胞表现出对铁死亡的抵抗性。此外,有研究显示乳酸可通过羟基羧酸受体 1(hydroxycarboxylic acid receptor 1,HCAR1)/单羧酸转运蛋白 1(monocarboxylate transporter 1,MCT1)途径促进单不饱和脂肪酸的合成并减少脂质过氧化和 ROS 堆积,抑制细胞铁死亡。在结直肠癌(colorectal cancer,CRC)细胞中,当突变的 RAS 蛋白持续活化且不再受其上游 EGFR 的调控时,其下游的信号通路呈现出异常活跃状态,肿瘤细胞表现出不受控制的持续生长,而维生素 C 的干预可干扰铁稳态调控蛋白表达,细胞内产生大量活性氧(ROS),导致 GSH 耗竭,膜脂质受损,从而使癌细胞发生铁死亡。临床上,结直肠癌患者体内的血清铁蛋白水平往往较高,导致其体内的癌细胞对铁死亡的敏感性更强。Xia 等人的研究证实了天然化合物 Talaroconvolutin A(Tala A)是一种新型的铁死亡诱导剂。在结直肠癌细胞中,Tala A 能够上调 ROS 水平和花生四烯酸酯氧合酶 3(arachidonate lipoxygenase 3,ALOXE3)的表达,以剂量和时间依赖性的方式诱发脂质多不饱和脂肪酸的过氧化反应以及铁死亡。

在胰腺癌细胞中,溶质载体家族 2 成员 1SLC2A1(solute carrier family 2 member 1, SLC2A1)促进了葡萄糖的摄取,并降低了丙酮酸脱氢酶激酶 4(PDK4)的表达,使胰腺癌细胞发生脂质过氧化,从而促进细胞铁死亡,并最终抑制肿瘤的生长。肝癌是世界第五大常见肿瘤,包括原发性和转移性肝癌,死亡率高。其中,肝细胞癌(hepatocellular carcinoma,HCC)是肝癌最常见的形式,占全球原发性肝癌病例的 80%以上。靶向治疗药物索拉非尼可抑制 Xc-系统,导致 GSH 因底物不足而合成受阻,进而耗竭,诱导铁依赖性的内质网氧化应激和脂质 ROS 积累,最终诱发 HCC 细胞铁死亡。胆管癌是肝癌的第二大常见形式，在胆管癌细胞中，过表达的去乙酰化酶 3(sirtuin 3，SIRT3)可增加 ACSL4 表达，从而诱导细胞铁死亡。因此，介导癌细胞铁死亡可为消化道恶性肿瘤或其他肿瘤提供一种潜在的治疗策略。

3. 肺癌

肺癌是我国发病率和死亡率最高的恶性肿瘤，其病情进展快，容易转移，主要机制与肺癌细胞的铁代谢异常和抵抗铁死亡的特征有关。肺癌细胞通过多种途径对抗肺部高浓度氧环境所导致的氧化应激，从而抑制肺癌细胞发生铁死亡。胱氨酸转运蛋白溶质载体家族 7 成员 11(*SLC7A11*)在肺癌干细胞样细胞(CSLC)中的表达上调，并可被干细胞转录因子 *SOX2* 激活。其抗氧化能力的增强有助于抑制癌细胞的铁死亡，*SLC7A11* 启动子 SOX2 结合位点的突变降低了 *SLC7A11* 的表达，增加了癌细胞对铁死亡的敏感性。*SOX2* 高表达的肿瘤对铁死亡的抵抗力更强，在小鼠和人肺癌组织中，*SLC7A11* 表达与 SOX2 均呈正相关关系。研究发现，在非小细胞肺癌(NSCLC)的组织和细胞系中，*GPX4* 表达上调可抑制肿瘤细胞铁死亡。因此，在 NSCLC 患者中，*GPX4* 的高表达预示着患者预后不良。即使在 GPX4 失活的情况下，肺癌组织中 FSP1(ferroptosis suppressor protein 1)的高表达也可抑制肺癌细胞的铁死亡。因此，如何削弱或逆转肺癌细胞抵抗铁死亡的能力，有望成为治疗肺癌的另一个策略。

4. 妇科恶性肿瘤

在女性生殖系统恶性肿瘤中，死亡率排第一位的是卵巢癌。最常见的病理类型是上皮性卵巢癌，多重耐药性是导致其复发转移，从而导致预后不良的关键因素。在耐药卵巢癌细胞中，ATP 结合转运体超家族 B 族成员 1(ABCB1)的表达上调，抑制了癌细胞的铁死亡。铁死亡诱导剂 Erastin 能够抑制 ABCB1 的活性，促进卵巢癌细胞的铁死亡，从而抑制癌细胞对多西他赛的抗药性。此外，多西他赛联合 Erastin 干预，可以增强多西他赛诱导的卵巢癌细胞的死亡和细胞周期停滞的作用。研究发现，环状 RNA(circRNA)和微 RNA(microRNA)也介入了肿瘤细胞的铁死亡的调控。在子宫颈癌 Hela 细胞系中，*circEPSTI1* 负向调控 miR - 375/409 - 3P/515 - 5p 轴，导致 *SLC7A11* 的表达下降，GSH/GSSG 的比率降低，诱发铁死亡。在对子宫内膜癌的相关研究中，发现子宫内膜癌与铁死亡之间也具有一定的相关性，PTPN18 通过靶向 p - p38/GPX4/xCT 轴，影响子宫内膜癌细胞的增殖，PTEN 沉默或失活后可通过 p - p38/GPX4/xCT 通路诱导癌细胞铁死亡，从而影响人子宫内膜癌细胞的增殖。也有研究发现，天然化合物胡桃醌可以通过诱导子宫内膜癌细胞发生铁积累、脂质过氧化和 GSH 耗竭，从而诱导细胞发生铁死亡。各种铁死亡诱导剂可明显促进妇科恶性肿瘤细胞的铁死亡或降低其抗药性，因此，改善铁死亡诱导剂增强其安全性，可为妇科肿瘤治疗提供新的方案。

5. 白血病

急性髓系白血病(acute myeloid leukemia，AML)是成人中最常见的急性白血病类型，是一种恶性程度高、病情迅速、生存期短的血液系统恶性肿瘤。靶向药物索拉非尼可通过抑制 System Xc－，诱导肿瘤细胞铁死亡，其对于 FMS 样酪氨酸激酶 3－内部串联重复(FMS-like tyrosine kinase3－internal tandem duplication，FLT3－ITD)突变的 AML 患者也有疗效。APR－246(也称为 PRIMA－1 MET 或 Eprenetapopt)是一种治疗 TP53 突变型 AML 的新型药物，其最主要的药理作用是通过消耗 GSH 和抑制硫氧还蛋白还原酶，使细胞发生更加严重的氧化应激反应，导致 ROS 水平显著升高，进一步加剧肿瘤细胞的铁死亡。急性淋巴细胞白血病(acute lymphoblastic leukemia，ALL)是儿童中最多发的急性白血病类型，长春新碱被发现或可治疗 ALL。长春新碱通过增强 lnc RNA LINC00618 的表达来抑制 SLC7A11 的转录，进而促进肿瘤细胞发生铁死亡。慢性髓系白血病(chronic myelogenous leukemia，CML)，又称慢性粒细胞白血病，是一种在我国多发的慢性白血病类型，约占慢性白血病的 70%。体外实验证实，半胱氨酸不足或耗竭能诱导 CML 细胞发生铁死亡，与细胞氧化还原代谢相关的硫氧蛋白还原酶 1 是调控 CML 细胞铁死亡的关键因子。

(二) 铁死亡与心血管疾病

1. 糖尿病心肌病

糖尿病患者可发生多种并发症，其中糖尿病心肌病是最严重的并发症之一，也是导致患者死亡的主要原因。研究发现，心肌细胞的铁死亡参与糖尿病心肌病的发生发展，在糖尿病小鼠的左心室心肌组织和经过高糖处理的心肌细胞中，*GPX4* 的表达均降低；而铁死亡抑制剂 Ferrostatin－1(Fer－1)可增加细胞内 GSH 的含量，重建高糖环境下损伤细胞内的 GPX4 水平，从而抑制心肌细胞发生铁死亡，改善心脏功能，有助于延缓糖尿病心肌病的进展。

2. 心肌梗死

心肌梗死(myocardialinfarction，MI)是一种严重危害人类健康的心血管疾病，已经有多项研究证实铁死亡在心肌梗死中扮演了重要的角色。研究发现，通过抑制 *lncRNA Gm47283*，可调控 *miR－706* 和 *PTGS2* 的表达，增加 GPX4 的水平，从而减轻心肌梗死中铁死亡的发生。另外有研究指出，circRNA1615 可通过海绵吸附 miR－152－3p，调节 LRP6 的表达，阻止 LRP6 介导的心肌细胞自噬相关铁死亡，最终控制心肌梗死的病理进程。

3. 心肌缺血/再灌注损伤

研究表明，小鼠心肌缺血/再灌注损伤后，胚胎致死异常视觉样蛋白 1 和细胞铁水平均显著提高，GPX4 的表达及其活性，以及铁蛋白重链 1 和 GSH 的水平均较假手术组小鼠显著降低，提示铁死亡也参与了缺血/再灌注心肌损伤的发生发展，并在其中发挥了重要作用。在心肌缺血/再灌注损伤过程中，磷脂酰胆碱的氧化会产生生物活性磷脂中间体，破坏线粒体的生物能量代谢和钙瞬态，并通过铁死亡引起严重的细胞死亡。用 E06 或 Ferrostatin－1 中和氧化磷脂酰胆碱（OxPC）可防止再灌注过程中的细胞铁死亡。心肌缺血梗死时，心肌组织中的铁死亡标志物（如 ACSL4、GPX4、铁和丙二醛）均无明显变化，而心肌再灌注后，ACSL4、铁和丙二醛水平等铁死亡标志物逐渐升高，同时 GPX4 水平降低，这表明铁死亡主要发生在再灌注时期。此外，心肌发生缺血/再灌注损伤时，USP7、p53 和 TfR1 的表达上调，并伴有铁死亡增加，表现为铁积累和脂质过氧化，以及谷胱甘肽过氧化物酶活性降低。抑制 USP7 的表达或活性后，可通过抑制去泛素化激活 p53，导致 TfR1 下调，并伴有铁死亡减少和心肌 I/R 损伤改善。

4. 心力衰竭

葛根素是一种血管扩张药，有扩张冠状动脉和脑血管、降低心肌耗氧量，改善微循环和抗血小板聚集的作用。在研究大鼠心力衰竭的模型中，观察到葛根素的干预可显著增加心肌组织中 GPX4 的表达，抑制细胞胞内铁超载和脂质过氧化，改善心肌铁死亡状况，保护心脏功能。在心力衰竭的心肌细胞内可观察到铁代谢紊乱和氧化应激的改变，包括线粒体膜密度增加和线粒体收缩等铁死亡的特征性改变，这说明铁死亡参与了心力衰竭的病理生理过程。营养不良或贫血时，铁蛋白的缺乏会导致心肌细胞中铁水平较低，当给这些小鼠高铁饮食后，其心肌细胞内的 GSH 水平降低，同时脂质过氧化水平升高，从而导致小鼠发生由心肌细胞铁死亡引起的心力衰竭。

5. 动脉粥样硬化

动脉粥样硬化是指大中型动脉内膜由于炎症等反应形成纤维脂质斑块，导致动脉壁增厚和管腔狭窄，严重时会引起靶器官的缺血和损伤。在动脉粥样硬化的动物模型研究中发现，铁螯合治疗或限制饮食中铁的摄入等方法，可抑制血管内皮细胞的铁死亡，从而减少粥样斑块的大小和/或增加其稳定性。在高脂饮食诱导的 ApoE -/-小鼠动脉粥样硬化模型中，Fer - 1 治疗后，SLC7A11、GPX4 和内皮型一氧化氮合酶的表达上调，抑制了内皮细胞的铁死亡，减轻了高脂饮食喂养的 ApoE -/-小鼠动脉粥样硬化损伤。在对冠心病患者的冠状动脉标本进行检测时发现，GPX4 的表达水平与动脉粥样硬化的严重程度呈负相关性，这表明，上调或激活 GPX4 表达可能为治疗动脉粥样硬化提供新的靶点和思路。

(三) 铁死亡与呼吸系统疾病

1. 慢性阻塞性肺疾病

慢性阻塞性肺疾病(chronic obstructive pulmonary disease，COPD)是常见的肺部疾病，其主要特征是患者通气气流受限，并呈进行性发展。COPD 患者的支气管上皮细胞与正常人的相比，RNA - SEQ 差异性基因富集通路显示与铁死亡相关的信号通路被激活，电子显微镜下可见，COPD 患者的气道上皮细胞线粒体呈现聚集和膜密度增加的铁死亡形态特征。研究证实，这一现象的具体机制和铁结合核蛋白(iron-binding nuclear protein，PIR)、NAD(P)H 醌氧化还原酶 1[NAD(P)H quinone oxidoreductase 1，NQO1]和血红素加氧酶 1(heme oxygenase 1，HMOX1)表达水平的明显上升，或者 GPX4 表达的显著降低有关。研究表明，COPD 的进行性发展与支气管上皮细胞的铁死亡有关，抑制该细胞的铁死亡可为 COPD 的治疗提供新的思路。

2. 支气管哮喘

支气管哮喘(bronchial asthma)，简称哮喘，是一种慢性气道疾病。其主要特征是多种细胞包括如嗜酸性粒细胞、肥大细胞以及气道上皮细胞等参与的气道慢性炎症。其发病机制与基因和环境因素的协同或共同作用有关。在尘螨小鼠哮喘模型中，肺部脂质过氧化和 ROS 水平显著升高，表明铁死亡有可能参与了哮喘的病理生理过程。体外培养的人支气管上皮细胞在促炎因子 IL - 6 作用下，发生脂质过氧化和铁稳态失衡，从而发生铁死亡，这一现象表明慢性炎症可促进支气管上皮细胞的铁死亡，从而加重哮喘症状。

3. 肺纤维化

肺纤维化是多种肺部疾病包括间质性肺疾病的终末期表现形式，主要的病理特征为成纤维细胞的大量聚集、细胞外基质的沉积，并伴有炎症损伤以及肺部结构的破坏等。在特发性肺纤维化(idiopathic pulmonary fibrosis，IPF)患者中，肺部铁聚集、肺成纤维细胞中的铁蛋白轻链(ferritin light chain，FTL)转录物增加，在博来霉素(bleomycin，BLM)诱导的肺纤维化(BLM - PF)小鼠模型中，在肺纤维化早期就能观察到铁在肺部沉积，BLM - PF 模型中的成纤维细胞和巨噬细胞的不稳定铁池(labile iron pool，LIP)水平升高，铁代谢失调。有研究检测到，在 BLM 诱导的肺纤维化小鼠肺泡Ⅱ型(ATⅡ)细胞和纤维化肺组织中有铁死亡的发生。BLM 诱导的铁水平升高伴随着 ATⅡ细胞的胶原沉积、铁死亡，提示铁沉积诱导的铁死亡促进了肺纤维化的发展。此外，去铁胺(DFO)通过减少 ATⅡ细胞中的铁沉积和铁死亡，抑制了 BLM 的促纤维化作用。

通过体外实验发现，在 TGF - β1 处理 24 小时后，α -平滑肌肌动蛋白和胶原Ⅰ(COL Ⅰ)的 mRNA 表达水平显著升高，TGF - β1 与 Erastin 联合处理后，胶原Ⅰ(COL Ⅰ)的 mRNA 表达水平进一步升高。与此同时，ROS、丙二醛(malondialdehyde)水平升高，GPX4 的 mRNA 和蛋白水平降低，TGF - β1 与 Erastin 联合处理后，这些变化均被放大。TGF - β1 和 Erastin 诱导的这些变化均可通过 Ferrostatin - 1 (Fer - 1)治疗得到逆转。Fer - 1 处理后可减轻上述铁死亡的变化，同时抑制其向肌成纤维细胞转化，从而改善肺纤维化的状况。以上研究提示，铁死亡很有可能参与了肺纤维化的病理过程。

4. 肺动脉高压

肺动脉高压(pulmonary hypertension，PH)是一种慢性肺动脉疾病，呈进行性发展，最终可能导致患者右心衰竭甚至死亡。在动物实验中，肺动脉高压大鼠与正常小鼠相比，肺动脉内皮细胞内铁含量显著升高，细胞活力降低，脂质过氧化水平升高，GPX4 和 FTH1 表达下调，NOX4 表达上调。蛋白质印迹(Western blotting)检测发现高迁移率族蛋白 B1(HMGB1)/Toll 样受体 4(TLR4)/NOD 样受体家族含 pyrin 结构域蛋白 3(NLRP3)炎症信号通路均被激活，而这些变化在体外和体内实验中，均可被 Fer - 1 显著阻断。这表明 PH 小鼠的肺动脉内皮细胞已经发生铁死亡，并且参与了肺动脉高压的发生发展。此外，肺动脉高压介导的肺动脉平滑肌细胞(pulmonary artery smooth muscle cells，PASMCs)的死亡和增殖失衡，是其病理进行性进展的重要因素。在 Sugen5416/缺氧诱导的 PH 大鼠和 PH 患者中，SLC7A11 表达上调。通过在 PASMC 中过表达 SLC7A11，抑制细胞铁死亡并促进细胞增殖。含 OUT 结构域的泛素醛结合蛋白1(OTU domain-containing ubiquitin aldehyde-binding protein 1,OTUB1)可促进并稳定SLC7A11的转录表达,从而抑制PASMC铁死亡并促进其增殖,因此加重了肺动脉高压的病程进展,而铁死亡激活剂Erastin干预后,可重新恢复PASMCs死亡与增殖之间的平衡,从而改善肺动脉高压的状况。

(四)其他疾病

1. 糖尿病微血管并发症

糖尿病特征性微血管病变可以引起一系列严重的并发症。其中,糖尿病最严重的并发症是糖尿病肾病,其典型临床特征为患者的蛋白尿逐渐增多,肾功能进行性降低,最终可能导致患者发生肾衰竭。在STZ诱导的db/db小鼠模型中,肾小管细胞的*GPX4*表达下降,体外实验也证实,铁死亡诱导剂Erastin或RSL3可诱导肾小管细胞死亡。此外,高糖会损伤视网膜微血管,破坏视网膜屏障,导致糖尿病视网膜病变,引起糖尿病患者视力下降甚至失明。糖尿病视网膜病变进展的关键特征是视网膜毛细血管内皮细胞通透性增加,而内皮细胞的铁死亡参与了该过程。在高糖环境下,*TRIM46*表达上调,TRIM46参与细胞周期调控,可促进GPX4泛素化,促进GPX4降解,导致其水平下降,进而诱导视网膜毛细血管内皮细胞铁死亡。

2. 铁死亡与骨质疏松

骨质疏松症主要发生于60岁以上的老年人群,是由于骨代谢平衡被破坏,导致骨量降低或丢失以及骨微结构的破坏,从而使患者容易发生骨折的一种代谢性骨病。成骨细胞和破骨细胞的铁死亡已被证实参与骨质疏松症病理性的进展过程。中成药物清娥丸改善骨质疏松的机制主要是:通过调控ATM和AKT/PI3K信号通路来抑制成骨细胞的铁死亡;缺氧时抑制RANKL诱导的铁蛋白吞噬可保护破骨细胞免于铁死亡,而HIF-1α特异性抑制剂2-甲氧基雌二醇能够靶向可调节铁蛋白,促进破骨细胞发生铁死亡,这一过程有助于改善骨质疏松状况。

3. 肝脏疾病

药物性肝损伤(drug-induced liver injury,DILI)是指患者在使用药物的过程中,由于药物本身或其代谢产物或者由于患者对药物的敏感体质等因素,导致肝功能受损的情况。其中,最常见的引起肝损伤的药物是对乙酰氨基酚(acetaminophen,APAP),摄入过量的对乙酰氨基酚会引起GSH消耗和GPX4抑制,从而导致肝细胞铁死亡。多项动物实验研究均证实,胸腺素β4、烯酰辅酶

A 水合酶 1、槲皮素等保肝药物的作用机制主要是通过抑制肝细胞的脂质过氧化水平，并降低 ROS 水平，从而抑制代谢相关脂肪性肝病（metabolic associated fatty liver disease，MAFLD）中肝细胞的铁死亡，改善肝功能。此外，在乙型肝炎（乙肝）急性发作期间，HBV 的 X 蛋白（HBx）可通过抑制 SLC7A11 引发肝细胞发生铁死亡，从而加重急性肝损伤。

肝硬化和肝纤维化是各种肝损伤的终末期表现形式，其主要病理特征是肝脏内细胞外基质（extracellular matrix，ECM）的过度沉积和正常肝结构的破坏，其中心环节是肝星状细胞（HSC）的激活。研究发现，在纤维化肝脏组织中，铁负载和脂质过氧化水平明显升高，这表明肝细胞铁死亡参与了肝硬化及纤维化的发生发展过程。这一发现说明，抑制肝实质细胞铁死亡可为治疗肝硬化提供潜在的靶点。

本章小结

铁死亡是近年来发现的一种依赖于铁元素的、独特的细胞死亡方式，其中多种细胞器和代谢途径参与铁死亡的发生发展过程。已发现 TF/TFR-1、SLC39A14、XC-系统、GPX4、FSP1、DHODH 等信号通路均为铁死亡过程中的关键信号通路，参与多种疾病以及器官损伤的病理性进展，也是目前的研究热点。尽管近年来有关铁死亡机制的研究飞速发展，但仍有很多具体分子机制有待进一步阐明。随着高通量药物筛选、细胞治疗、基因治疗等技术的应用，铁死亡相关药物的开发有望为相关疾病的治疗提供新的策略和靶点。

思考和练习

1. 简述铁死亡的概念。
2. 简述铁死亡的发生机制，举 1～2 个例子说明。
3. 举例说明检测铁死亡的方法。
4. 简述铁死亡在 2～3 种心血管疾病或肿瘤中的具体机制。

参考文献

[1] Y Baba, J Higa, B Shimada, et al. Protective effects of the mechanistic target of rapamycin against excess iron and ferroptosis in cardiomyocytes [J]. Am J Physiol Heart Circ Physiol, 2018, 314(3): H659 - H668.

[2] T Bai, M Li, Y Liu, et al. Inhibition of ferroptosis alleviates atherosclerosis through attenuating lipid peroxidation and endothelial dysfunction in mouse aortic endothelial cell [J]. Free Radic Biol Med, 2020, 160: 92 - 102.

[3] A Banjac, T Perisic, H Sato, et al. The cystine/cysteine cycle: a redox cycle regulating susceptibility versus resistance to cell death [J]. Oncogene, 2008, 27 (11): 1618 - 1628.

[4] G Battipaglia, R Massoud, S O Ahmed, et al. Efficacy and feasibility of sorafenib as a maintenance agent after allogeneic hematopoietic stem cell transplantation for Fms-like tyrosine kinase 3 mutated acute myeloid leukemia: an update [J]. Clin Lymphoma Myeloma Leuk, 2019, 19(8): 506 - 508.

[5] A Beatty, T Singh, Y Tyurina, et al. Ferroptotic cell death triggered by conjugated linolenic acids is mediated by ACSL1 [J]. Nat commun, 2021, 12(1): 2244.

[6] A Belavgeni, C Meyer, J Stumpf, et al. Ferroptosis and necroptosis in the kidney [J]. Cell Chem Biol, 2020, 27(4): 448 - 462.

[7] K Bersuker, J M Hendricks, Z Li, et al. The CoQ oxidoreductase FSP1 acts parallel to GPX4 to inhibit ferroptosis [J]. Nature, 2019, 575 (7784): 688 - 692.

[8] L Blanc, J Papoin, G Debnath, et al. Abnormal erythroid maturation leads to microcytic anemia in the TSAP6/Steap3 null mouse model [J]. Am J Hematol, 2015, 90(3): 235 - 241.

[9] H Y Chen, Z Z Xiao, X Ling, et al. ELAVL1 is transcriptionally activated by FOXC1 and promotes ferroptosis in myocardial ischemia/reperfusion injury by regulating autophagy [J]. Mol Med, 2021, 27(1): 14.

[10] X Chen, C Yu, R Kang, et al. Iron metabolism in ferroptosis [J]. Front Cell Dev Biol, 2020, 8: 590226.

[11] Y Chen, F Wang, P Wu, et al. Artesunate induces apoptosis, autophagy and ferroptosis in diffuse large B cell lymphoma cells by impairing STAT3 signaling [J]. Cell Signal, 2021, 88: 110167.

[12] H Cheng, D Feng, X Li, et al. Iron deposition-induced ferroptosis in alveolar type II cells promotes the development of pulmonary fibrosis [J]. Biochim Biophys Acta Mol Basis Dis, 2021, 1867(12): 166204.

[13] L Crowley, A Scott, B Marfell, et al. Measuring cell death by propidium iodide uptake and flow cytometry [J]. Cold Spring Harb Protoc, 2016, 2016(7).

[14] S J Dixon, D Patel, M Welsch, et al. Pharmacological inhibition of cystine-glutamate exchange induces endoplasmic reticulum stress and ferroptosis [J]. Elife, 2014, 3: e02523.

[15] S Dixon, K Lemberg, M Lamprecht, et al. Ferroptosis: an iron-dependent form of nonapoptotic cell death [J]. Cell, 2012, 149(5): 1060 - 1072.

[16] S Doll, B Proneth, Y Tyurina, et al. ACSL4 dictates ferroptosis sensitivity by shaping cellular lipid composition [J]. Nat Chem Biol, 2017, 13(1): 91 - 98.

[17] F Gao, Y Zhao, B Zhang, et al. Suppression of lncRNA Gm47283 attenuates myocardial infarction via miR - 706/ Ptgs2/ferroptosis axis [J]. Bioengineered, 2022, 13(4): 10786 - 10802.

[18] M Gao, P Monian, X Jiang. Metabolism and iron signaling in ferroptotic cell death [J]. Oncotarget, 2015, 6(34): 35145 - 35146.

[19] M Gaschler, A Andia, H Liu, et al. FINO initiates ferroptosis through GPX4 inactivation and iron oxidation [J]. Nat Chem Biol, 2018, 14(5): 507 - 515.

[20] S Gascón, E Murenu, G Masserdotti, et al. Identification and successful negotiation of a metabolic checkpoint in direct neuronal reprogramming [J]. Cell Stem Cell, 2016, 18(3): 396 - 409.

[21] A Ghoochani, E Hsu, M Aslan, et al. Ferroptosis inducers are a novel therapeutic approach for advanced prostate cancer [J]. Cancer Res, 2021, 81(6): 1583 - 1594.

[22] M Gijón, W Riekhof, S Zarini, et al. Lysophospholipid acyltransferases and arachidonate recycling in human neutrophils [J]. J Biol Chem, 2008, 283(44): 30235 - 30245.

[23] Y Gong, N Wang, N Liu, et al. Lipid Peroxidation and GPX4 inhibition are

common causes for myofibroblast differentiation and ferroptosis [J]. DNA Cell Biol, 2019, 38(7): 725 - 733.

[24] Y Green, M F D Santos, D Fuja, et al. ISCA2 inhibition decreases HIF and induces ferroptosis in clear cell renal carcinoma [J]. Oncogene, 2022, 41(42): 4709 - 4723.

[25] F Han, S Li, Y Yang, et al. Interleukin - 6 promotes ferroptosis in bronchial epithelial cells by inducing reactive oxygen species-dependent lipid peroxidation and disrupting iron homeostasis [J]. Bioengineered, 2021, 12(1): 5279 - 5288.

[26] J Hao, J Bei, Z Li, et al. Qing'e pill inhibits osteoblast ferroptosis via ATM serine/threonine kinase (ATM) and the PI3K/AKT pathway in primary osteoporosis [J]. Front Pharmacol, 2022, 13: 902102.

[27] S Hao, J Yu, W He, et al. Cysteine dioxygenase 1 mediates erastin-induced ferroptosis in human gastric cancer cells [J]. Neoplasia, 2017, 19(12): 1022 - 1032.

[28] B Hassannia, P Vandenabeele, T V Berghe. Targeting ferroptosis to iron out cancer [J]. Cancer cell, 2019, 35(6): 830 - 849.

[29] D Hishikawa, H Shindou, S Kobayashi, et al. Discovery of a lysophospholipid acyltransferase family essential for membrane asymmetry and diversity [J]. Proc Natl Acad Sci U S A, 2008, 105(8): 2830 - 2835.

[30] P Hu, Y Xu, Y Jiang, et al. The mechanism of the imbalance between proliferation and ferroptosis in pulmonary artery smooth muscle cells based on the activation of SLC7A11 [J]. Eur J Pharmacol, 2022, 928: 175093.

[31] K Iwai. Regulation of cellular iron metabolism: Iron-dependent degradation of IRP by SCF ubiquitin ligase [J]. Free Radic Biol Med, 2019, 133: 64 - 68.

[32] D Jeong, H Song, S Lim, et al. Repurposing the anti-malarial drug artesunate as a novel therapeutic agent for metastatic renal cell carcinoma due to its attenuation of tumor growth, metastasis, and angiogenesis [J]. Oncotarget, 2015, 6(32): 33046 - 33064.

[33] X Ji, J Qian, S Rahman, et al. xCT (SLC7A11) - mediated metabolic reprogramming promotes non-small cell lung cancer progression [J]. Oncogene, 2018, 37(36): 5007 - 5019.

[34] B Jiang, Y Zhao, M Shi, et al. DNAJB6 promotes ferroptosis in esophageal

squamous cell carcinoma [J]. Dig Dis Sci，2020，65(7)：1999 - 2008.

[35] J J Jiang，G F Zhang，J Y Zheng，et al. Targeting mitochondrial ROS-Mediated ferroptosis by quercetin alleviates high-fat diet-induced hepatic lipotoxicity [J]. Front Pharmacol，2022，13：876550.

[36] X Jiang，B Stockwell，M Conrad. Ferroptosis：mechanisms，biology and role in disease [J]. Nat Rev Mol Cell Biol，2021，22(4)：266 - 282.

[37] V Kagan，G Mao，F Qu，et al. Oxidized arachidonic and adrenic PEs navigate cells to ferroptosis [J]. Nat Chem Biol，2017，13(1)：81 - 90.

[38] P Kumar，A Nagarajan，P Uchil. Analysis of cell viability by the lactate dehydrogenase assay [J]. Cold Spring Harb Protoc，2018，2018(6).

[39] Y Lai，Z Zhang，J Li，et al. STYK1/NOK correlates with ferroptosis in non-small cell lung carcinoma [J]. Biochem Biophys Res Commun，2019，519(4)：659 - 666.

[40] D Lane，B Metselaar，M Greenough，et al. Ferroptosis and NRF2：an emerging battlefield in the neurodegeneration of Alzheimer's disease [J]. Essays Biochem，2021，65(7)：925 - 940.

[41] J Lee，M Nam，H Son，et al. Polyunsaturated fatty acid biosynthesis pathway determines ferroptosis sensitivity in gastric cancer [J]. Proc Natl Acad Sci U S A，2020，117(51)：32433 - 32442.

[42] N Li，W Wang，H Zhou，et al. Ferritinophagy-mediated ferroptosis is involved in sepsis-induced cardiac injury [J]. Free Radic Biol Med，2020，160：303 - 318.

[43] Q Li，X Han，X Lan，et al. Inhibition of neuronal ferroptosis protects hemorrhagic brain [J]. JCI insight，2017，2(7)：e90777.

[44] R L Li，C H Fan，S Y Gong，et al. Effect and mechanism of LRP6 on cardiac myocyte ferroptosis in myocardial infarction [J]. Oxid Med Cell Longev，2021，2021：8963987.

[45] W Li，G Feng，J Gauthier，et al. Ferroptotic cell death and TLR4/Trif signaling initiate neutrophil recruitment after heart transplantation [J]. J Clin Invest，2019，129(6)：2293 - 2304.

[46] D Liang，Y Feng，F Zandkarimi，et al. Ferroptosis surveillance independent of GPX4 and differentially regulated by sex hormones [J]. Cell，2023，186(13)：2748 - 2764.

[47] W Lin, C Wang, G Liu, et al. SLC7A11/xCT in cancer: biological functions and therapeutic implications [J]. Am J Cancer Res, 2020, 10(10): 3106 - 3126.

[48] B Liu, C Zhao, H Li, et al. Puerarin protects against heart failure induced by pressure overload through mitigation of ferroptosis [J]. Biochem Biophys Res Commun, 2018, 497(1): 233 - 240.

[49] B Liu, W Yi, X Mao, et al. Enoyl coenzyme A hydratase 1 alleviates nonalcoholic steatohepatitis in mice by suppressing hepatic ferroptosis [J]. Am J Physiol Endocrinol Metab, 2021, 320(5): E925 - e937.

[50] G Z Liu, X W Xu, S H Tao, et al. HBx facilitates ferroptosis in acute liver failure via EZH2 mediated SLC7A11 suppression [J]. J Biomed Sci, 2021, 28(1): 67.

[51] L Liu, Y Li, D Cao, et al. SIRT3 inhibits gallbladder cancer by induction of AKT-dependent ferroptosis and blockade of epithelial-mesenchymal transition [J]. Cancer Lett, 2021, 510: 93 - 104.

[52] S Liu, W Wu, Q Chen, et al. TXNRD1: a key regulator involved in the ferroptosis of CML cells induced by cysteine depletion in vitro [J]. Oxid Med Cell Longev, 2021, 2021: 7674565.

[53] A Lorenzato, A Magrì, V Matafora, et al. Vitamin C restricts the emergence of acquired resistance to EGFR-Targeted therapies in colorectal cancer [J]. Cancers (Basel), 2020, 12(3): 685.

[54] T Lőrincz, K Jemnitz, T Kardon, et al. Ferroptosis is involved in acetaminophen induced cell death [J]. Pathol Oncol Res, 2015, 21(4): 1115 - 1121.

[55] S Ma, L L He, G R Zhang, et al. Canagliflozin mitigates ferroptosis and ameliorates heart failure in rats with preserved ejection fraction [J]. Naunyn Schmiedebergs Arch Pharmacol, 2022, 395(8): 945 - 962.

[56] T Maeda, T Wakasawa, Y Shima, et al. Role of polyamines derived from arginine in differentiation and proliferation of human blood cells [J]. Biol Pharm Bull, 2006, 29(2): 234 - 239.

[57] S Markowitsch, P Schupp, J Lauckner, et al. Artesunate inhibits growth of sunitinib-resistant renal cell carcinoma cells through cell cycle arrest and induction of ferroptosis [J]. Cancers, 2020, 12(11): 3150.

[58] M Mazhar, A Din, H Ali, et al. Implication of ferroptosis in aging [J]. Cell

Death Discov, 2021, 7(1): 149.

[59] K J Mehta, S J Farnaud, P A Sharp. Iron and liver fibrosis: mechanistic and clinical aspects [J]. World J Gastroenterol, 2019, 25(5): 521 - 538.

[60] H Miess, B Dankworth, A Gouw, et al. The glutathione redox system is essential to prevent ferroptosis caused by impaired lipid metabolism in clear cell renal cell carcinoma [J]. Oncogene, 2018, 37(40): 5435 - 5450.

[61] M Mori, R Triboulet, M Mohseni, et al. Hippo signaling regulates microprocessor and links cell-density-dependent miRNA biogenesis to cancer [J]. Cell, 2014, 156(5): 893 - 906.

[62] Y Mou, J Wu, Y Zhang, et al. Low expression of ferritinophagy-related NCOA4 gene in relation to unfavorable outcome and defective immune cells infiltration in clear cell renal carcinoma [J]. BMC Cancer, 2021, 21(1): 18.

[63] Z D Nassar, C Y Mah, J Dehairs, et al. Human DECR1 is an androgen-repressed survival factor that regulates PUFA oxidation to protect prostate tumor cells from ferroptosis [J]. ELife, 2020, 9: e54166.

[64] S Ni, Y Yuan, Z Qian, et al. Hypoxia inhibits RANKL-induced ferritinophagy and protects osteoclasts from ferroptosis [J]. Free Radic Biol Med, 2021, 169: 271 - 282.

[65] T Ni, X Huang, S Pan, et al. Inhibition of the long non-coding RNA ZFAS1 attenuates ferroptosis by sponging miR - 150 - 5p and activates CCND2 against diabetic cardiomyopathy [J]. J Cell Mol Med, 2021, 25(21): 9995 - 10007.

[66] E Pap, G Drummen, V Winter, et al. Ratio-fluorescence microscopy of lipid oxidation in living cells using C11 - BODIPY(581/591) [J]. FEBS Lett, 1999, 453(3): 278 - 282.

[67] E J Park, Y J Park, S J Lee, et al. Whole cigarette smoke condensates induce ferroptosis in human bronchial epithelial cells [J]. Toxicol Lett, 2019, 303: 55 - 66.

[68] X Peng, M Q Zhang, F Conserva, et al. APR - 246/PRIMA - 1MET inhibits thioredoxin reductase 1 and converts the enzyme to a dedicated NADPH oxidase [J]. Cell Death Dis, 2013, 4(10): e881.

[69] A Reis, C Spickett. Chemistry of phospholipid oxidation [J]. Biochim Biophys Acta, 2012, 1818(10): 2374 - 2387.

[70] J Roh, E Kim, H Jang, et al. Nrf2 inhibition reverses the resistance of cisplatin-resistant head and neck cancer cells to artesunate-induced ferroptosis [J]. Redox Biol, 2017, 11: 254 - 262.

[71] A Seiler, M Schneider, H Förster, et al. Glutathione peroxidase 4 senses and translates oxidative stress into 12/15 - lipoxygenase dependent- and AIF-mediated cell death [J]. Cell Metab, 2008, 8(3): 237 - 248.

[72] Y Shishido, M Amisaki, Y Matsumi, et al. Antitumor effect of 5 - Aminolevulinic acid through ferroptosis in esophageal squamous cell carcinoma [J]. Ann Surg Oncol, 2021, 28(7): 3996 - 4006.

[73] Q Song, S Peng, F Che, et al. Artesunate induces ferroptosis via modulation of p38 and ERK signaling pathway in glioblastoma cells [J]. J Pharmacol Sci, 2022, 148(3): 300 - 306.

[74] X Song, J Liu, F Kuang, et al. PDK4 dictates metabolic resistance to ferroptosis by suppressing pyruvate oxidation and fatty acid synthesis [J]. Cell Rep, 2021, 34(8): 108767.

[75] A Stamenkovic, K A O'Hara, D C Nelson, et al. Oxidized phosphatidylcholines trigger ferroptosis in cardiomyocytes during ischemia-reperfusion injury [J]. Am J Physiol Heart Circ Physiol, 2021, 320(3): H1170 - h1184.

[76] B Stockwell, J Friedmann Angeli, H Bayir, et al. Ferroptosis: a regulated cell death nexus linking metabolism, redox biology, and disease [J]. Cell, 2017, 171(2): 273 - 285.

[77] J L Sullivan. Iron in arterial plaque: modifiable risk factor for atherosclerosis [J]. Biochim Biophys Acta, 2009, 1790(7): 718 - 723.

[78] L J Tang, X J Luo, H Tu, et al. Ferroptosis occurs in phase of reperfusion but not ischemia in rat heart following ischemia or ischemia/reperfusion [J]. Naunyn Schmiedebergs Arch Pharmacol, 2021, 394(2): 401 - 410.

[79] L J Tang, Y J Zhou, X M Xiong, et al. Ubiquitin-specific protease 7 promotes ferroptosis via activation of the p53/TfR1 pathway in the rat hearts after ischemia/reperfusion [J]. Free Radic Biol Med, 2021, 162: 339 - 352.

[80] W Tang, M Dong, F Teng, et al. Environmental allergens house dust mite-induced asthma is associated with ferroptosis in the lungs [J]. Exp Ther Med, 2021, 22(6): 1483.

[81] D Tsikas. Assessment of lipid peroxidation by measuring malondialdehyde (MDA) and relatives in biological samples: Analytical and biological challenges [J]. Anal Biochem, 2017, 524: 13 - 30.

[82] H Tu, L Tang, X Luo, et al. Insights into the novel function of system Xc- in regulated cell death [J]. Eur Rev Med Pharmacol Sci, 2021, 25(3): 1650 - 1662.

[83] C Vaughn, R Weinstein, B Bond, et al. Ferritin content in human cancerous and noncancerous colonic tissue [J]. Cancer Invest, 1987, 5(1): 7 - 10.

[84] C Wang, M Shi, J Ji, et al. Stearoyl-CoA desaturase 1 (SCD1) facilitates the growth and anti-ferroptosis of gastric cancer cells and predicts poor prognosis of gastric cancer [J]. Aging (Albany NY), 2020, 12(15): 15374 - 15391.

[85] H Wang, S Peng, J Cai, et al. Silencing of PTPN18 induced ferroptosis in endometrial cancer cells through p - P38 - Mediated GPX4/xCT down-regulation [J]. Cancer Manag Res, 2021, 13: 1757 - 1765.

[86] X Wang, Y Chen, X Wang, et al. Stem cell factor SOX2 confers ferroptosis resistance in lung cancer via upregulation of SLC7A11 [J]. Cancer research, 2021, 81(20): 5217 - 5229.

[87] Y Wang, R Bi, F Quan, et al. Ferroptosis involves in renal tubular cell death in diabetic nephropathy [J]. Eur J Pharmacol, 2020, 888: 173574.

[88] Z Wang, X Chen, N Liu, et al. A nuclear long non-coding RNA LINC00618 accelerates ferroptosis in a manner dependent upon apoptosis [J]. Mol Ther, 2021, 29(1): 263 - 274.

[89] P Wu, C Li, D M Ye, et al. Circular RNA circEPSTI1 accelerates cervical cancer progression via miR - 375/409 - 3P/515 - 5p - SLC7A11 axis [J]. Aging (Albany NY), 2021, 13(3): 4663 - 4673.

[90] Y Xia, S Liu, C Li, et al. Discovery of a novel ferroptosis inducer-talaroconvolutin A-killing colorectal cancer cells in vitro and in vivo [J]. Cell Death Dis, 2020, 11(11): 988.

[91] S S Xie, Y Deng, S L Guo, et al. Endothelial cell ferroptosis mediates monocrotaline-induced pulmonary hypertension in rats by modulating NLRP3 inflammasome activation [J]. Sci Rep, 2022, 12(1): 3056.

[92] N Yamada, T Karasawa, T Wakiya, et al. Iron overload as a risk factor for

hepatic ischemia-reperfusion injury in liver transplantation: Potential role of ferroptosis [J]. Am J Transplant, 2020, 20(6): 1606 - 1618.

[93] W Yang, C Ding, T. Sun, et al. The hippo pathway effector TAZ regulates ferroptosis in renal cell carcinoma [J]. Cell Rep, 2019, 28(10): 2501 - 2508.e2504.

[94] F Yao, Y Deng, Y Zhao, et al. A targetable LIFR - NF - κB - LCN2 axis controls liver tumorigenesis and vulnerability to ferroptosis [J]. Nat Commun, 2021, 12(1): 7333.

[95] J Yi, J Zhu, J Wu, et al. Oncogenic activation of PI3K - AKT - mTOR signaling suppresses ferroptosis via SREBP-mediated lipogenesis [J]. Proc Natl Acad Sci U S A, 2020, 117(49): 31189 - 31197.

[96] J Zhang, Q Qiu, H Wang, et al. TRIM46 contributes to high glucose-induced ferroptosis and cell growth inhibition in human retinal capillary endothelial cells by facilitating GPX4 ubiquitination [J]. Exp Cell Res, 2021, 407(2): 112800.

[97] Y Zhang, Y Li, Q Qiu, et al. MITD1 deficiency suppresses clear cell renal cell carcinoma growth and migration by inducing ferroptosis through the TAZ/SLC7A11 pathway [J]. Oxid Med Cell Longev, 2022, 2022: 7560569.

[98] Y Y Zhang, Z J Ni, E Elam, et al. Juglone, a novel activator of ferroptosis, induces cell death in endometrial carcinoma Ishikawa cells [J]. Food Funct, 2021, 12(11): 4947 - 4959.

[99] Y Zhao, M Li, X Yao, et al. HCAR1/MCT1 regulates tumor ferroptosis through the lactate-mediated AMPK - SCD1 activity and its therapeutic implications [J]. Cell Rep, 2020, 33(10): 108487.

[100] J Zheng, M Conrad. The metabolic underpinnings of ferroptosis [J]. Cell Metab, 2020, 32(6): 920 - 937.

[101] Q Zheng, P Li, X Zhou, et al. KDM5C Deficiency of the X-inactivation escaping gene in clear cell renal cell carcinoma promotes tumorigenicity by reprogramming glycogen metabolism and inhibiting ferroptosis [J]. Theranostics, 2021, 11(18): 8674 - 8691.

[102] H H Zhou, X Chen, L Y Cai, et al. Erastin reverses ABCB1 - Mediated docetaxel resistance in ovarian cancer [J]. Front Oncol, 2019, 9: 1398.

[103] R Zhou, Y Chen, X Wei, et al. Novel insights into ferroptosis: Implications

for age-related diseases [J]. Theranostics, 2020, 10(26): 11976 - 11997.

[104] Y Zhou, H Zhou, L Hua, et al. Verification of ferroptosis and pyroptosis and identification of PTGS2 as the hub gene in human coronary artery atherosclerosis [J]. Free Radic Biol Med, 2021, 171: 55 - 68.

[105] Y Zhu, J Chang, K Tan, et al. Clioquinol attenuates pulmonary fibrosis through inactivation of fibroblasts via iron chelation [J]. Am J Respir Cell Mol Biol, 2021, 65(2): 189 - 200.

[106] Z Zhu, Y Zhang, X Huang, et al. Thymosin beta 4 alleviates non-alcoholic fatty liver by inhibiting ferroptosis via up-regulation of GPX4 [J]. Eur J Pharmacol, 2021, 908: 174351.

[107] O Zilka, R Shah, B Li, et al. On the mechanism of cytoprotection by Ferrostatin - 1 and liproxstatin - 1 and the role of lipid peroxidation in ferroptotic cell death [J]. ACS Cent Sci, 2017, 3(3): 232 - 243.

[108] Y Zou, M Palte, A Deik, et al. A GPX4 - dependent cancer cell state underlies the clear-cell morphology and confers sensitivity to ferroptosis [J]. Nat Commun, 2019, 10(1): 1617.

（本章作者：龚惠　王颖）

第二章

心肌梗死的炎症反应与细胞焦亡

本章学习目标

1. 理解炎症反应与炎症小体的概念。
2. 掌握细胞焦亡的定义。
3. 熟悉心肌梗死后炎症反应的细胞分子机制。
4. 掌握 GSDMD 的结构与功能。
5. 熟悉干预炎症反应通路靶点对心肌梗死结局的影响。

章 节 序

心血管疾病是全球主要的致死原因之一，其中心肌梗死的患病率和死亡率一直居高不下。现有的以再灌注治疗为主的治疗手段能在很大程度上减少急性心肌梗死的死亡率，但由于再灌注损伤、心肌纤维化、心脏炎症等心肌梗死后不良事件，心肌梗死患者仍有极高的心力衰竭风险和心力衰竭后死亡率。近年来，该领域内开始认识到炎症反应在心肌梗死后损伤调控过程中的重要作用，其中 NLRP3 炎症小体通路是该过程中最重要的炎症反应通路。目前针对 NLRP3 炎症小体通路相关靶点，如 IL－1β 的临床试验结果并不理想。GSDMD (gasdermin D)介导的细胞焦亡是一种炎症的细胞死亡形式，在近年来受到广泛关注。GSDMD 是 NLRP3 通路的下游效应因子，本章将重点介绍 GSDMD 活性在心肌梗死的病理进展中的重要推动作用，并阐明相关机制，这将有助于深刻理解心肌梗死的炎症反应与细胞焦亡。

一、引　言

心肌梗死是一种严重的心脏疾病，其病理生理过程涉及多种机制，包括炎症反应和细胞焦亡。心肌梗死发生时，心肌细胞因缺血而坏死，触发强烈的炎症反应。这种炎症反应有助于清除坏死的心肌细胞和组织碎片，促进瘢痕形成，并维持梗死周围区域的稳定。适当的炎症反应对心肌梗死后的恢复是有益的，但过度的炎症反应可能导致非梗死区心肌细胞的凋亡、心肌组织的肥大和纤维化，从而引起病理性重构、心肌功能障碍和心力衰竭。细胞焦亡是一种程序性细胞死亡方式，其特征是细胞膜上形成孔隙，导致细胞内容物的释放和炎症反应的激活。细胞焦亡的激活依赖于特定的信号通路，如 NLRP3/Caspase - 1/GSDMD 通路。细胞焦亡与炎症反应紧密相关，通过释放炎性细胞因子如 IL - 1β 和 IL - 18 来加剧炎症反应参与心肌梗死的发生发展。炎症细胞因子可以激活细胞焦亡相关的信号通路，而细胞焦亡又可以释放更多的炎症细胞因子，进一步加剧炎症反应，形成恶性循环。心肌梗死诱发的炎症反应与细胞焦亡之间存在复杂的相互作用，这些相互作用在心肌梗死的病理生理过程中起着关键作用，有望成为未来新的治疗策略。

二、心肌梗死后炎症反应的作用与机制

炎症是机体对于外源性病原体或内源性损伤信号的一种防御机制，其目的是清除损伤、修复组织。20 世纪 80 年代人们就已经发现了炎症相关细胞在梗死心脏中的浸润现象。近年研究逐渐认识到炎症是心肌梗死后损伤修复和心室重塑过程中的关键因素，炎症相关生物标记物的水平与心肌梗死后的心功能受损程度呈正相关关系，炎症还深度影响了动脉粥样硬化和心肌梗死后心力衰竭的疾病进展。

(一) 心肌梗死后炎症反应的细胞机制

在心肌梗死发生后，受损和坏死的心肌细胞会释放出一系列危险信号，即损伤相关分子模式(damage-associated molecular patterns, DAMPs)，包括 ATP、

线粒体 DNA、高迁移率族蛋白 B1(high mobility group box 1,HMGB1)等。这些释放出的 DAMPs 会引发下游的级联炎症反应,它们被炎症相关细胞的病原体识别受体(pathogen recognition receptor,PRRs),主要是 Toll 样受体(Toll-like receptors,TLRs)所识别,并激活相应的分子通路,从而促进一系列炎症调控因子的表达和释放。这些因子包括趋化因子、细胞因子(如白细胞介素)等,它们会刺激免疫细胞的增殖和分化,并动员大量的免疫细胞被招募至受损的心肌部位,引发剧烈的炎症反应。炎症反应一方面有助于清除细胞残骸,但另一方面反而会对心肌造成进一步损伤。炎症反应通过多个过程加剧心肌损伤——炎症反应促进了细胞外基质的沉积,使得心脏硬化、心功能受损;释放出的细胞因子会直接刺激心肌细胞,导致心肌细胞凋亡;成纤维细胞也会被炎症反应进一步激活而增殖,造成心肌纤维化。

多种免疫细胞共同参与了心肌梗死后的炎症反应过程。中性粒细胞是第一波浸润至受损区域的免疫细胞,在心肌梗死发生后的 6 小时内,第一波中性粒细胞即到达心脏,并于 24 小时内达到数量的高峰。中性粒细胞一方面通过吞噬作用清除坏死心肌细胞的残渣,另一方面释放大量活性氧(ROS)和蛋白水解酶,对梗死区域造成刺激。单核细胞是第二波到达受损心肌的免疫细胞,单核细胞被招募至受损区域后,其中一部分直接介导了炎症反应,另一部分则进一步分化为巨噬细胞并参与炎症反应。传统理论将参与心肌梗死炎症反应的巨噬细胞分为 M1 和 M2 两种类型,M1 型巨噬细胞被视作促炎型,其数量在心肌梗死后 3 天左右达到峰值;而 M2 型巨噬细胞被视作修复型,其数量在心肌梗死后 7 天左右达到峰值。

心脏组织中的巨噬细胞总数量会在心肌梗死两周后逐渐恢复至静息水平。此外,心肌组织中还存在常驻巨噬细胞,在静息状态下占心脏细胞总数的 6%～8%。这部分细胞会在心肌梗死发生后因缺氧而大量死亡,但在随后通过增殖而扩增,并有着心肌修复效果,在血管新生和细胞胞葬过程中发挥重要作用。近些年的研究借助单细胞 RNA 测序技术,拓展了巨噬细胞的 M1 - M2 理论,鉴定出了心脏中多个巨噬细胞亚群。其他参与心肌梗死后炎症调控中的免疫细胞还包括嗜酸性粒细胞、嗜碱性粒细胞、树突状细胞以及与获得性免疫相关的淋巴细胞等,但根据目前的观点,它们起到的作用相较于中性粒细胞和巨噬细胞而言,要小一些。

(二) 心肌梗死后炎症反应的分子机制

浸润至梗死区域的免疫细胞会激活一些分子通路并加剧炎症反应,其中最重要且研究最为广泛的分子通路是含 NLR 家族 Pyrin 域蛋白 3(Nucleotide-binding oligomerization domain-like receptor family pyrin domain-containing 3，NLRP3)的炎症小体通路。NLRP3 炎症小体是由感受蛋白 NLRP3、衔接蛋白(apoptosis-associated speck-like protein containing a CARD,ASC)和效应蛋白 Caspase - 1(半胱氨酸蛋白酶- 1)共同组成的复合体。其中,NLRP3 蛋白由 10 个相同亚基构成,每 2 个亚基之间经各自的 LRR 结构域构成同二聚体,而 5 个同二聚体进一步构成 NLRP3 的球形十聚体结构,在球形结构的内部,二聚体又互相以 PYD 结构域相连,以增加整体结构的稳定性。

NLRP3 炎症小体在许多疾病的炎症反应过程中都起着重要作用。细菌感染和无菌性炎症的危险信号都会激活 NLRP3 炎症小体。在心肌梗死后的炎症反应中,主要是无菌性炎症信号激活了该通路。NLRP3 炎症小体的信号通路分为“启动”和“激活”两个阶段(见图 2 - 1)。

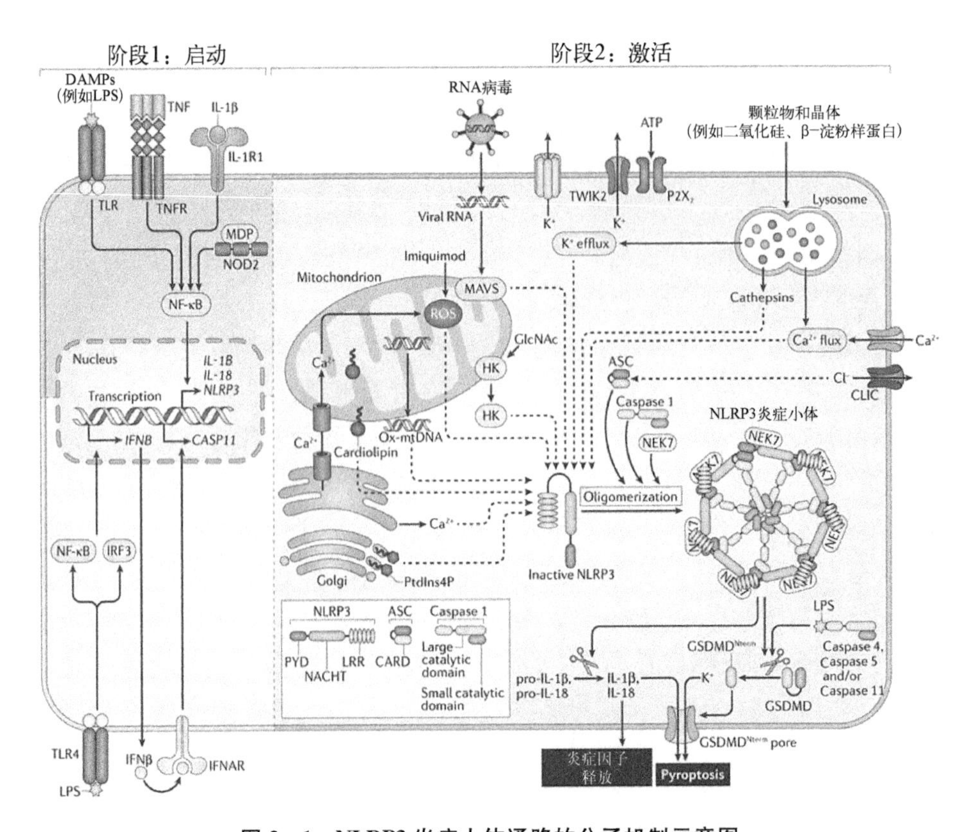

图 2 - 1　NLRP3 炎症小体通路的分子机制示意图

在“启动”阶段，当心肌梗死后产生的损伤相关分子模式(DAMPs)被参与炎症的细胞上的模式识别受体(PRRs)、主要是 Toll 样受体 4(Toll-like receptor 4，TLR4)识别后，核因子 κB(nuclear factor - κB，NF - κB)通路即被启动，并激活了一系列下游基因的转录。

在随后的“激活”阶段，被大量翻译的 NLRP3 蛋白因感知到钾离子外流、溶酶体破坏、线粒体功能紊乱等信号而被激活，并与 ASC、Caspase - 1 蛋白组装形成 NLRP3 炎症小体。在该炎症小体中，NLRP3 通过 PYD - PYD 互作招募 ASC 蛋白，而多个 ASC 蛋白之间也通过 PYD - PYD 相互作用而聚集，并形成炎症小体的核心。NLRP3 炎症小体的形成即导致了 Caspase - 1 的切割与活化，活化的 Caspase - 1 进一步切割白细胞介素- 1β(interleukin 1β，IL - 1β)和白细胞介素- 18(interleukin 18，IL - 18)等炎症细胞因子，这些促炎细胞因子的释放促成了严重的下游级联炎症反应。心肌梗死后，炎症反应所产生的 IL - 1β 损害了心脏的收缩功能，并加剧心室重塑和心功能损伤。在心肌梗死或缺血/再灌注损伤发生后，受损心脏组织中的 NLRP3 炎症小体的相关组件及 IL - 1β 的表达量显著升高。因此，NLRP3 炎症小体通路及其介导释放的 IL - 1β 被视作治疗心肌梗死损伤的潜在靶点。

(三) 靶向炎症反应改善心肌梗死损伤面临的困境

在 NLRP3 炎症小体通路与 IL - 1β 之间的联系尚未被阐明之前，早期的研究已发现抑制 IL - 1β 可改善缺血及再灌注后的损伤。针对 NLRP3 炎症小体通路的研究也发现，NLRP3 炎症小体通路在心肌梗死后的高度活化加剧了心肌缺血损伤，而在小鼠模型中敲除或沉默信号通路中相关组件，包括 ASC、NLRP3、Caspase - 1 和 IL - 1β，都显示出对心肌梗死损伤或缺血/再灌注损伤的保护作用。这些动物实验数据凸显了 NLRP3 炎症小体通路及 IL - 1β 作为心肌梗死损伤治疗靶点的重要性。

由于 NLRP3 炎症小体通路与 IL - 1β 在心肌梗死后炎症反应中的关键作用，不少研究者都试图开发针对该通路的靶向药物，并进行了一系列临床前实验和临床试验。MCC950 是一种针对 NLRP3 炎症小体的小分子抑制剂。一项使用猪模型的实验发现 MCC950 能降低猪在心肌梗死后的梗死面积，改善其心脏功能，这项研究在动物模型上验证了靶向 NLRP3 减少心肌梗死损伤的可行性，但 NLRP3 药物的临床试验目前还处于早期阶段。另一些药物开发试图靶向

NLRP3 的下游效应分子 IL－1β。卡纳单抗(Canakinumab)是一种抗 IL－1β 的单克隆抗体。Ⅲ期临床试验——CANTOS 试验研究了卡纳单抗治疗心血管疾病的效果,试验结果显示卡纳单抗降低了心血管事件的发生率,包括心肌梗死、脑卒中,但并未降低全因死亡率。由于卡纳单抗的疗效不够显著,美国食品药品监督局(FDA)已于 2018 年驳回将其应用于心血管疾病适应证的申请。

综上所述,心肌梗死后,大量的免疫细胞浸润至受损的心脏组织中,促成急性的炎症反应,目前认为过量的炎症反应会进一步加剧心肌细胞的死亡和心室重塑,加剧心肌梗死损伤。如何调控心肌梗死后炎症是领域内关注的热点。NLRP3 炎症小体通路是心肌梗死后最为重要的炎症反应通路,NLRP3 及 IL－1β 等关键蛋白被视作治疗心肌梗死损伤的重要潜在靶点。针对 NLRP3 炎症小体通路治疗心肌梗死的药物或处于非常早期的临床试验阶段,或者遭遇临床试验失败,目前尚未有相关药物获批用于心血管疾病适应证。这提示我们虽然 NLRP3 炎症小体通路很重要,但其在心肌梗死后损伤中的作用很复杂,其具体机制和其中蕴藏着的新靶点值得进一步探究。

三、细胞焦亡与 GSDMD 在心肌梗死损伤中的潜在机制

上一节内容描述了 NLRP3 炎症小体通路在心肌梗死损伤中的重要作用,而现有的临床治疗手段未能有效地靶向该通路并降低心肌梗死损伤,因此,我们需要对该机制进行更深入的探究。近年来的研究发现,细胞焦亡机制及其关键效应蛋白 GSDMD 是 NLRP3 炎症小体通路中的关键一环。

(一) 细胞焦亡机制

细胞焦亡是一种近年来备受关注的炎症性细胞死亡形式。早期研究发现某些细菌会引起巨噬细胞的死亡,多数研究认为这种死亡形式就是细胞凋亡。此外,研究还发现,这种细胞死亡是 Caspase－1 依赖的。随后的研究逐步发现这种细胞死亡形式的特性与细胞凋亡存在很大区别,更接近于细胞坏死,但又是一个受调控的过程。2001 年,这种特殊的细胞死亡形式首次被命名为“细胞焦亡”(pyroptosis)。

对细胞焦亡的研究在 2015 年迎来了突破。邵峰和 Dixit 的研究团队同期鉴定出细胞焦亡的直接执行者不是 Caspase－1,而是 GSDMD 蛋白。在前面章节

叙述的 NLRP3 炎症小体激活后，Caspase－1 受到切割并被激活，活化的 Caspase－1 既切割 IL－1β 和 IL－18，使之成为成熟形态，又切割 GSDMD 并释放出其具有活性的 N 端片段（GSDMD－N）。GSDMD－N 会在细胞膜上聚集形成直径约 21.5～31 nm 的孔洞，孔洞使得 IL－1β 和 IL－18 得以释放到细胞外，孔洞的形成同时导致细胞内离子浓度的改变和生理状态的紊乱，最终使细胞走向死亡的结局，也就是细胞焦亡。

目前，国际上对细胞焦亡较为通用的定义是一种重度依赖于 Gasdermin 家族蛋白在细胞质膜上形成孔洞的受调控细胞死亡形式，通常是炎性 Caspase 激活的结果。

（二）Gasdermin 家族蛋白

GSDMD 蛋白属于 Gasdermin 家族，Gasdermin 的名称最早源于 Gasdermin A（GSDMA）在胃肠道（gastrointestinal tract）中的高表达。基于序列的同源性，有数个类似的蛋白被归为 Gasdermin 家族，目前已知的包括 GSDMA、Gasdermin B（GSDMB）、Gasdermin C（GSDMC）、GSDMD、Gasdermin E（GSDME）和 pejvakin（PJVK）。

从进化的角度看，*GSDME* 和 *PJVK* 基因具有较高的同源性，并且是最古老的两个 Gasdermin 基因，在一些非脊椎动物上也存在其同源基因。*GSDMA* 基因存在于一些鸟类和爬行动物等非哺乳动物的基因组中，在进化上很有可能是 *GSDMB*、*GSDMC*、*GSDMD* 等基因的起源。小鼠及大鼠的基因组中没有 *GSDMB* 的同源基因，但存在 *GSDMC* 和 *GSDMD* 的同源基因，因此 *GSDMB* 可能是在进化上最年轻的 Gasdermin 基因。从结构上看，除了 PJVK 外，其他 Gasdermin 蛋白都由较为保守的 N 端和变化较大的 C 端构成。

Gasdermin 家族的蛋白大多有着类似的工作模式（PJVK 的作用机制尚不清楚），它们多由有活性的 N 端和抑制活性的 C 端组成，在静息状态下是没有活性的，而在其被切割之后，有活性的 N 端就会聚集在细胞膜上，形成孔洞并导致细胞焦亡。但不同的 Gasdermin 家族蛋白的分子机制又存在一定区别（见图 2－2）。

GSDMD 的功能被鉴定出后，GSDME 的作用机制也得到了阐述。2017 年，Alnemri 和邵峰的研究团队分别发现，Caspase－3 是介导 GSDME 和后续细胞焦亡的蛋白酶。在正常情况下，Caspase－3 会介导细胞走向细胞凋亡，但当细胞中存在 GSDME 时，Caspase－3 转而切割 GSDME，GSDME－N 在细胞膜上的

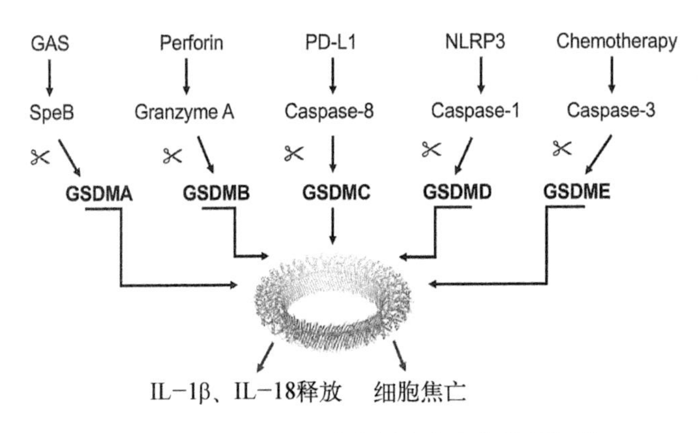

图 2-2 Gasdermin 家族蛋白各自的激活机制

聚集导致细胞走向比凋亡更为激烈的焦亡。Caspase-3 特异性切割人源 GSDME 的位点为第 270 位的天冬氨酸。杀伤细胞中的颗粒酶 B(granzyme B)可以在同样的位点切割 GSDME。GSDME 在肿瘤细胞中的表达可以促进肿瘤细胞的焦亡及被巨噬细胞吞噬,从而抑制肿瘤生长,因此 GSDME 是一个抑制肿瘤的潜在靶点。GSDME 在不同的组织中表达,如大脑、肠道、子宫、胎盘,但几乎不在巨噬细胞中表达,因此 Caspase-3 信号被激活后,巨噬细胞仍然不会经历 GSDME 介导的焦亡。但最近有研究表明,巨噬细胞中的 GSDME 能够介导细胞焦亡并加剧动脉粥样硬化的进展。

2020 年,邵峰团队首次报道了 GSDMB 的作用机制。与 GSDMD 和 GSDME 不同的是,GSDMB 不是由细胞自身的蛋白酶切割,而是被来自细胞外的酶切割。收到危险信号后,淋巴细胞会释放出颗粒酶 A(granzyme A),granzyme A 进入自然杀伤细胞或胞毒 T 细胞,并切割细胞内的 GSDMB,诱发自然杀伤细胞或胞毒 T 细胞的细胞焦亡,并加剧下游的炎症反应。GSDMB 在消化道上皮细胞及其衍生的肿瘤中大量表达。在福氏志贺氏菌(*Shigella flexneri*)感染时,细菌释放出的 IpaH7.8 效应蛋白会与自然杀伤细胞中的 GSDMB 结合,将 GSDMB 泛素化并导致其降解,从而抵抗自然杀伤细胞的杀菌作用。最近的研究发现,GSDMB 的表达在炎症性肠病中升高,有趣的是炎症性肠病中的 GSDMB 并不引发细胞焦亡,而是以非焦亡依赖的形式促进上皮细胞的修复并调控疾病的进展。

2020 年以来的研究发现,介导 GSDMC 切割的蛋白酶是 Caspase-8。在肿瘤细胞中,重要的免疫检查点分子 PD-L1 会在缺氧条件下被转运到细胞核内,并促进 GSDMC 的转录与表达。激活的 Caspase-8 原本导致细胞凋亡,但在

GSDMC大量表达的情况下，Caspase-8转而切割GSDMC，使其N端在细胞膜上聚集并引发细胞焦亡。另一项研究也发现Caspase-8对于GSDMC的切割作用，α-酮戊二酸刺激了定位于细胞膜表面的死亡受体6(death receptor 6, DR6)的氧化与内吞，内吞后的DR6会招募Caspase-8并引发Caspase-8介导的GSDMC切割，进而引起细胞焦亡。除此之外，在肠细胞中，GSDMC还通过介导细胞焦亡来调控肠道中的2型炎症反应与相关疾病。Caspase-8特异性切割人源GSDMC的位点为第365位的天冬氨酸。

GSDMA是最后一个被阐明机制的Gasdermin蛋白。化脓性链球菌是一种主要感染皮肤的致命病原体，在感染后，其释放半胱氨酸蛋白酶SpeB毒力因子进入角质形成细胞，并直接切割GSDMA，使其释放出活性N端进而引发细胞焦亡。SpeB特异性切割人源GSDMA的第246位谷氨酰胺。GSDMA引发的角质形成细胞的焦亡是一种机体对抗化脓性链球菌的免疫机制。GSDMA的缺失会削弱机体对化脓性链球菌的抵抗，加剧死亡风险。与其他Gasdermin家族蛋白相比，GSDMA介导的反应通路特别简单，只涉及两个分子(SpeB和GSDMA)，GSDMA本身既是SpeB的感受器，又是其酶反应底物。近期的研究还发现，与GSDMD不同的是，GSDMA在被切割后，GSDMA-N更倾向于聚集在线粒体膜而非细胞质膜上，因此在其导致细胞焦亡之前，会先导致线粒体功能的紊乱。

(三) GSDMD的结构与功能

1. GSDMD的结构

在所有Gasdermin家族蛋白中，GSDMD是最早研究和最多研究的一个，也是与最多疾病相关联的一个蛋白。人源GSDMD中共含484个氨基酸，与小鼠GSDMD的序列相似度高达72%。

结构生物学数据表明，人源和小鼠GSDMD由N端与C端两个结构域构成，中间由几个氨基酸组成的柔性肽段连接。其中，N端结构域由3个α螺旋与10个β折叠构成，C端结构域由9个α螺旋构成球状结构，其表面由一段反平行的三连β折叠序列(β12-β14-β13)遮盖(见图2-3)。在全长的GSDMD蛋白中，C端结构域的α5、α7、α8、α13螺旋中的若干氨基酸残基构成了一个疏水性口袋，并与N端结构域的β1-β2环相结合，从而抑制N端结构域的促焦亡活性。N端结构域上的这段β1-β2环，与其邻近的α1、α3螺旋，对于N端被释放出来后与脂质的结合起着重要作用。GSDMD-N在与细胞质膜上的脂质结合后，会发生多聚化并形成孔洞，人源 GSDMD 的第 191 位半胱氨酸(对应小鼠 GSDMD 的第 192 位的半胱氨酸)决定了 GSDMD－N 的多聚化过程。

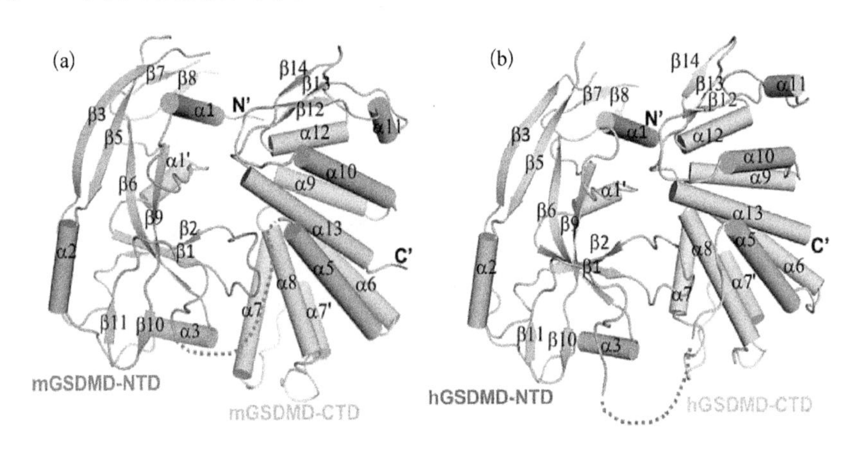

图 2－3　小鼠(a)与人(b)GSDMD 的蛋白结构

GSDMD－N 亚基在细胞质膜上聚集，形成 31 聚体－34 聚体，其中每个 GSDMD－N 亚基包含 2 个插入磷脂双分子层的 β－发夹结构和 1 个球状结构域。以 33 聚体为例，GSDMD 孔洞的内径为 21.5 nm，外径为 31 nm(见图 2－4)。光遗传学和电生理学研究表明，GSDMD 孔洞存在不断地开启与关闭。

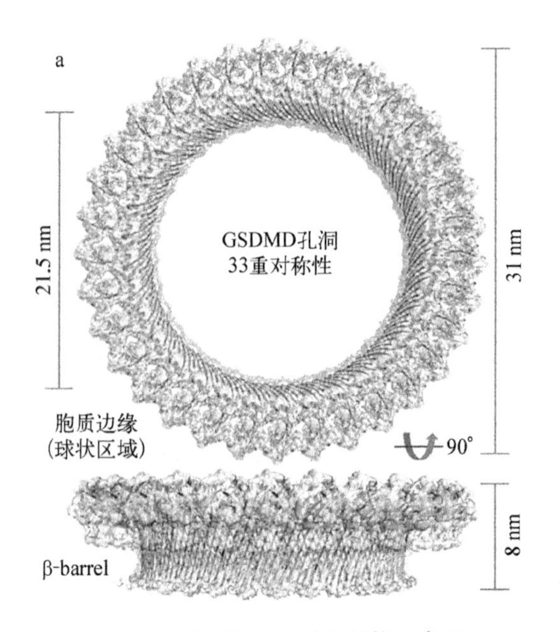

图 2－4　人 GSDMD 孔洞结构示意图

2. GSDMD 的切割

GSDMD 的活性同样依赖于 Caspase 对于 GSDMD 的切割及 GSDMD - N 的释放。早期的几项研究发现，GSDMD 可被 Caspase - 1 或小鼠 Caspase - 11（同源于人源的 Caspase - 4/5）切割。Caspase - 1 介导的细胞焦亡通路被视作经典通路（canonical inflammasome），脂多糖（lipopolysaccharide，LPS）或 DAMPs 被细胞膜表面的受体 TLR4 识别，从而激活 NLRP3 炎症小体的表达与组装，NLRP3 炎症小体进而切割 pro - Caspase - 1，使其成为活性的 Caspase - 1，而 Caspase - 1 进一步切割 GSDMD 并导致细胞焦亡。除了 NLRP3 炎症小体之外，Caspase - 1 同样可以被 NLRP9b、NLRC4、AIM2、pyrin 等其他炎症小体激活。Caspase - 11 介导的细胞焦亡通路则被视作非经典通路（noncanonical inflammasome），若 LPS 进入细胞内部，会被 Caspase - 11 直接识别并导致 Caspase - 11 的活化，活化的 Caspase - 11 同样可以切割 GSDMD，并导致细胞焦亡。Caspase - 11 本身既是病原体的感受器，又是一个激活下游蛋白的效应器(见图 2 - 5)。

Capase - 1/11 特异性切割小鼠 GSDMD 蛋白的第 276 位天冬氨酸(对应人源 GSDMD 蛋白的第 275 位天冬氨酸)，且该位点及其前面三个氨基酸构成的四氨基酸序列，即小鼠 GSDMD 蛋白的 273 亮氨酸-亮氨酸-丝氨酸-天冬氨酸 276（273LLSD276）或人源 GSDMD 蛋白的 272 苯丙氨酸-亮氨酸-苏氨酸-天冬氨酸 275（272FLTD275），决定了 GSDMD 可以被切割。除了 Caspase - 1/11 之外，后续的研究还发现 Caspase - 8 同样可以介导 GSDMD 的切割与激活。耶尔森氏菌（*Yersinia*）中的效应蛋白 YopJ 能在巨噬细胞中阻断 TBK1 的活性，从而激活 RIPK1 - Caspase - 8 的活性，活化的 Caspase - 8 进而切割 GSDMD，并导致细胞焦亡。Caspase - 8 在小鼠 GSDMD 上的切割位点与 Caspase - 1/11 一致，同样是第 276 位的天冬氨酸。

3. GSDMD 在细胞质膜上聚集并形成孔洞

GSDMD 被切割后即会向细胞膜聚集，聚集过程对膜成分的组成有一定的选择性。切割后的 GSDMD - N 对于磷酸肌醇(存在于细胞膜的内侧)和心磷脂(存在于细胞膜的内外侧)有亲和力，因此会在细胞质膜上聚集并形成孔洞。由于 GSDMD - N 只与细胞膜内侧相结合，因此只会导致本体细胞的焦亡，而不会从外侧进入邻近细胞并导致其焦亡。一些研究也发现，多聚化过程还需要其他蛋白的参与。例如，Kagan 团队基于正向遗传学筛选，鉴定出 Ragulator - Rag 复合体通过提高 ROS 的生成，促进了 GSDMD - N 在细胞质膜上的多聚化过

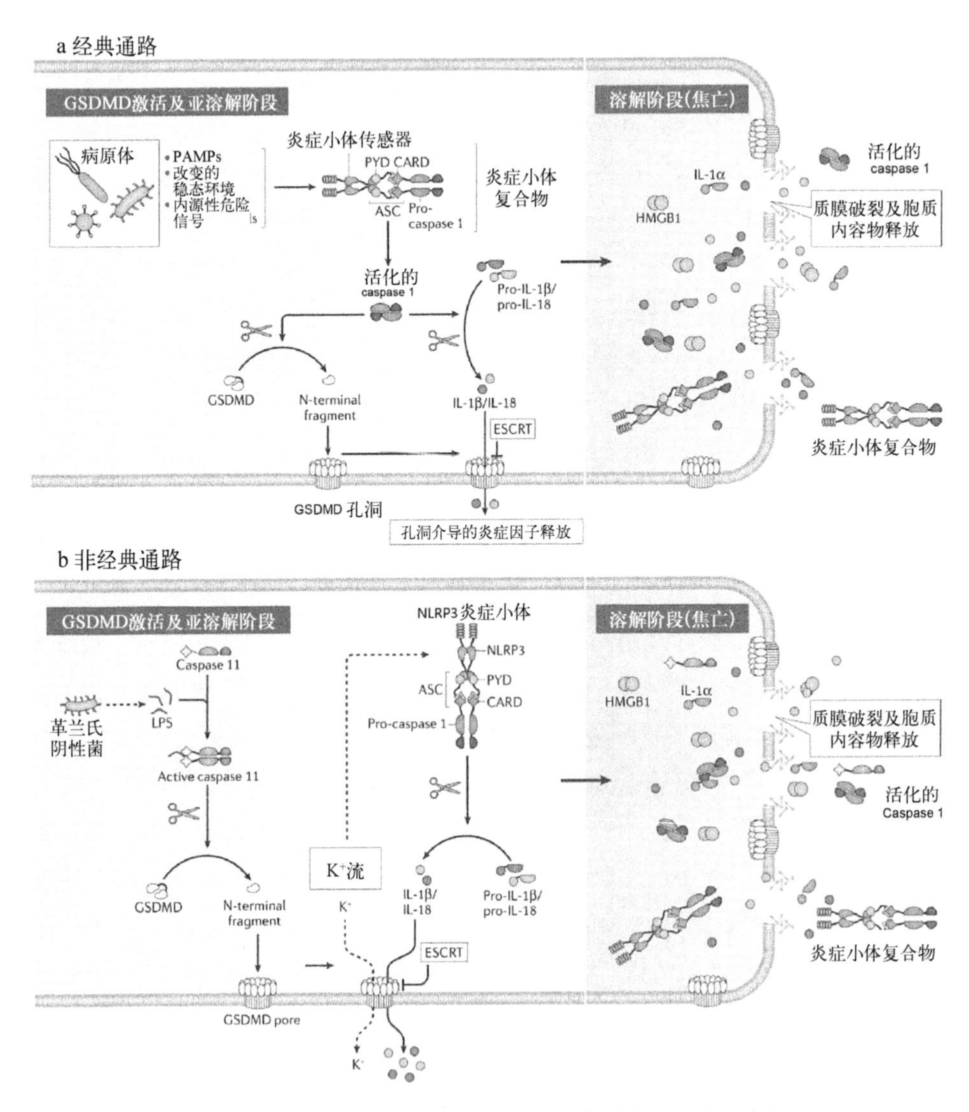

图 2-5　GSDMD 在经典和非经典通路中的作用机制示意图

程。Ragulator-Rag 复合体对于 GSDMD 介导的细胞焦亡是必需的，但 ROS 调控 GSDMD-N 多聚化的具体机制并不清楚。耶尔森氏菌感染同样会激活 Ragulator-Rag 复合体的组装，并促进 Caspase-8 对 GSDMD 的切割活性。

4. GSDMD 孔洞介导 IL-1β 向胞外分泌

GSDMD-N 在膜上多聚化形成孔洞后会导致两个结果，其一是导致 IL-1β 的分泌，其二是导致细胞焦亡。GSDMD-N 形成的孔洞作为通道可使 IL-1β、

IL－18 被分泌至胞外，即使细胞的死亡被抑制，只要 GSDMD 孔洞存在，IL－1β、IL－18 的分泌过程就不会被阻断。GSDMD 聚集形成的孔道主要带负电，因此允许带正电的 IL－1β、IL－18 等蛋白通过孔道被释放出膜，而大小相似但带负电的蛋白则不容易出膜，IL－1β 和 IL－18 未切割的前体含有带负电的结构域，因此不容易通过 GSDMD 孔道。此外，相关研究还发现，氧化磷脂可在树突状细胞中激活 NLRP3 及 IL－1β 的分泌，但并不导致细胞焦亡，这再次表明 IL－1β 的分泌过程是 GSDMD 孔洞依赖的，但并不是焦亡依赖的。

近期的一些研究还发现，其他一些蛋白也可经由 GSDMD 孔洞分泌至胞外。有两项研究发现，上皮细胞和肝星形细胞可以通过 GSDMD 孔洞释放白细胞介素－33(interleukin－33，IL－33)(IL－33 是 IL－1 家族的另一成员)，但这一过程中的 GSDMD 切割并不是由 Caspase－1/11 介导的，且 GSDMD 切割位点也不同。研究者通过对焦亡细胞模型的上清液进行蛋白质组学分析，鉴定出半乳糖凝集素 1(galectin－1)在体内和体外 LPS 刺激模型下的释放是 Caspase－11 及 GSDMD 依赖的，释放出的半乳糖凝集素 1 会进一步增强炎症反应、加剧炎症损伤。还有研究发现，在细胞模型上，高迁移率族蛋白 B1(HMGB1)的释放不通过 GSDMD 孔洞，但却是 GSDMD 依赖的。此外，GSDMD 孔洞还会导致细胞内外无机离子的交换和离子稳态的改变，如钾离子的外流。钾离子外流会进一步导致一些信号通路改变，如进一步激活 NLRP3 炎症小体或抑制 I 型干扰素的活化。

5. GSDMD 孔洞介导细胞焦亡

GSDMD 活性的最后一步是细胞焦亡。GSDMD－N(及其他的 gasdermin－N)在膜上多聚化形成孔洞在大多数情况下会导致裂解性的细胞死亡，即细胞焦亡。从细胞形态学上看，在细胞焦亡的初始阶段，焦亡细胞的膜上会呈现起泡状态，随后细胞膜开始膨胀，随着渗透压的改变，细胞膜最终会丧失完整性，导致细胞涨破并死亡(见图 2－6)。细胞凋亡的过程中伴随着 DNA 的片段化，与之不同的是，细胞焦亡的过程中 DNA 是保持完整的。细胞质膜的破裂是细胞焦亡的最终阶段，细胞破裂同时也伴随着许多胞内分子如乳酸脱氢酶(lactate dehydrogenase，LDH)的被动释放。Dixit 及其研究团队基于正向遗传学筛选鉴定出 NINJ1 蛋白在细胞质膜破裂过程中的重要作用。当细胞缺乏 NINJ1 蛋白时，经受细胞焦亡的细胞最终仍然会死亡，但是死亡时的细胞仍保持起泡状态，细胞质膜并不会破裂，同时，LDH 等物质也不会被释放至胞外。

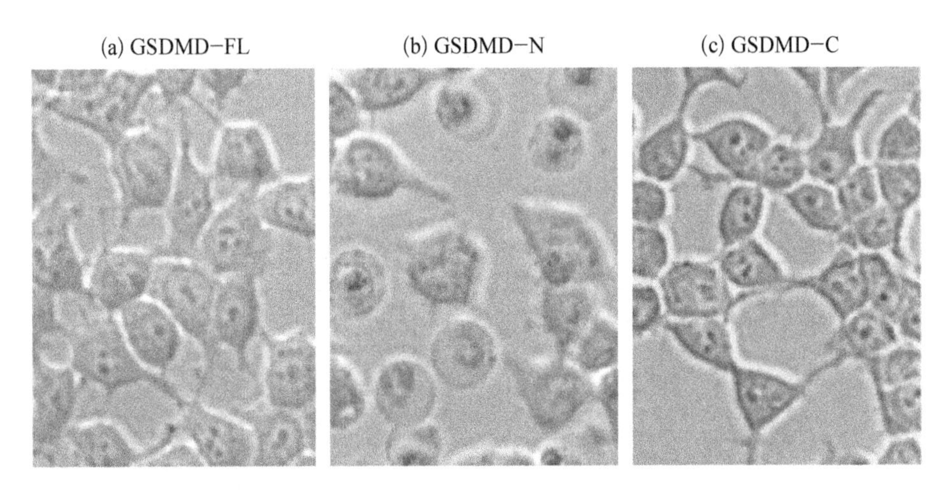

图 2-6 细胞焦亡的形态学特征(GSDMD-N 为发生焦亡的 293T 细胞)

6. GSDMD 孔洞的修复机制

细胞焦亡的过程并非不可逆,细胞内存在一些机制可以修复 GSDMD 孔洞并逆转细胞焦亡的过程。通过 GSDMD 孔洞的钙流入会导致转运所需的内体分选复合体(endosomal sorting complexes required for transport,ESCRT)被招募到受损的细胞质膜上,并引起细胞膜的修复。在细胞中抑制 ESCRT 活性会极大加速细胞焦亡及 IL-1β 释放的速度,这一机制可被用于增强对肿瘤细胞的杀伤。此外,细胞在鼠伤寒沙门氏菌(*Salmonella typhimurium*)感染时会经历细胞焦亡,但在肠上皮细胞中,活化的 Caspase-7 会进一步激活酸性鞘磷脂酶(acid sphingomyelinase,ASM),ASM 可通过产生大量神经酰胺而对 GSDMD 孔洞起到修复作用,从而抑制肠上皮细胞的焦亡并促进细胞的挤压(extrusion)。最后,递送至细胞内的富马酸二甲酯可与 GSDMD 反应,使其第 192 位半胱氨酸残基琥珀酰化,GSDMD 的琥珀酰化抑制了其与 Caspase 的相互作用,从而抑制 GSDMD 的切割、聚集以及细胞焦亡。

7. GSDMD 的非焦亡机制

除了介导细胞焦亡之外,GSDMD 还具有一些非焦亡机制。Watson 的研究团队发现,某些激酶的突变会导致 GSDMD-N 向线粒体聚集,并导致线粒体 ROS 升高,进而导致细胞坏死性凋亡而非细胞焦亡。在肠上皮细胞中,有研究发现全长的 GSDMD 能够介导 pro-IL-1β 的泛素化,泛素化促进了IL-1β被包裹进分泌小泡中,IL-1β 以分泌小泡介导的形式而非孔洞依赖形式被分泌至胞外。

GSDMD介导的细胞焦亡通常可促进免疫细胞的抗菌作用，然而某些细菌已进化出了对抗焦亡的能力。例如，结合分歧杆菌（*Mycobacterium tuberculosis*）可以释放出一种磷脂磷酸酶 PtpB 至宿主细胞，PtpB 对细胞质膜的磷脂组分具有去磷酸化活性，细胞质膜的去磷酸化导致 GSDMD－N 不易定位于细胞质膜上，从而无法聚集，细胞焦亡被抑制。而白念珠菌（*Candida albicans*）则可以利用 GSDMD 孔洞逃逸出巨噬细胞，抑制 GSDMD 活性反而改善了小鼠对于白色念珠菌感染的抵抗。

Jiang 等鉴定出 GSDMD 在急性心肌梗死损伤中的重要调控作用，发现中性粒细胞是急性心肌梗死后 GSDMD 活性的主要来源。同时，该团队首次证实，中性粒细胞中的 GSDMD 以自噬依赖的、非焦亡依赖的形式调控 IL－1β 释放，揭示了早期干预中性粒细胞可显著减轻急性心肌梗死损伤。

本章小结

细胞焦亡是一种炎症性细胞死亡形式。在心肌梗死后，炎症反应的细胞分子机制被激活，导致细胞焦亡，引发炎症性细胞死亡，进而影响心肌梗死的发展。GSDMD 是炎症小体介导的细胞焦亡的关键分子，其结构包含 N 端和 C 端，N 端在细胞焦亡中发挥主导作用，形成孔道导致细胞膜破裂，释放细胞内容物；通过阻断炎症小体的形成或干预 GSDMD 的活化，可以有效减缓细胞焦亡过程，降低炎症水平，最终改善心肌梗死的预后。然而，GSDMD 的功能不仅局限于巨噬细胞，在心肌梗死过程中，中性粒细胞中 GSDMD 则依赖于自噬途径而非细胞焦亡调控自身的命运转变，而心肌细胞是否存在 GSDMD 尚无定论。因此，深入理解这些分子机制并寻找干预的靶点，有望为治疗心肌梗死提供新的方向。

思考与练习

1. 简述细胞焦亡与凋亡、坏死性凋亡的比较。
2. 心肌细胞会焦亡吗？为什么？
3. 中性粒细胞是否会焦亡？为什么？
4. GSDMD 的非焦亡机制有哪些？

参考文献

[1] A Abbate, S Toldo, C Marchetti, et al. Interleukin-1 and the inflammasome as therapeutic targets in cardiovascular disease [J]. Circ Res, 2020, 126(9): 1260-1280.

[2] L Adamo, C Rocha-Resende, S D Prabhu, et al. Reappraising the role of inflammation in heart failure [J]. Nat Rev Cardiol, 2020, 17(5): 269-285.

[3] M Bäck, A J Yurdagul, I Tabas, et al. Inflammation and its resolution in atherosclerosis: mediators and therapeutic opportunities [J]. Nat Rev Cardiol, 2019, 16(7): 389-406.

[4] I Banerjee, B Behl, M Mendonca, et al. Gasdermin D restrains type I interferon response to cytosolic DNA by disrupting ionic homeostasis [J]. Immunity, 2018, 49(3): 413-426

[5] M A Brennan, B T Cookson. Salmonella induces macrophage death by caspase-1-dependent necrosis [J]. Mol Microbiol, 2000, 38(1): 31-40.

[6] P Broz, P Pelegrin, F Shao. The gasdermins, a protein family executing cell death and inflammation [J]. Nat Rev Immunol, 2020, 20(3): 143-157.

[7] K Bulek, J Zhao, Y Liao, et al. Epithelial-derived gasdermin D mediates nonlytic IL-1β release during experimental colitis [J]. J Clin Invest, 2020, 130(8): 4218-4234.

[8] Q Chai, S Yu, Y Zhong, et al. A bacterial phospholipid phosphatase inhibits host pyroptosis by hijacking ubiquitin [J]. Science, 2022, 378(6616): eabq0132.

[9] H Chen, Y Li, J Wu, et al. RIPK3 collaborates with GSDMD to drive tissue injury in lethal polymicrobial sepsis [J]. Cell Death Differ, 2020, 27(9): 2568-2585.

[10] K W Chen, B Demarco, R Heilig, et al. Extrinsic and intrinsic apoptosis activate pannexin-1 to drive NLRP3 inflammasome assembly [J]. Embo j, 2019, 38(10): e101638.

[11] W Chen, S Chen, C Yan, et al. Allergen protease-activated stress granule assembly and gasdermin D fragmentation control interleukin-33 secretion [J].

Nat Immunol, 2022, 23(7): 1021 - 1030.
[12] Y Chen, M R Smith, K Thirumalai, et al. A bacterial invasin induces macrophage apoptosis by binding directly to ICE [J]. Embo j, 1996, 15(15): 3853 - 3860.
[13] E H Choo, J H Lee, E H Park, et al. Infarcted myocardium-primed dendritic cells improve remodeling and cardiac function after myocardial infarction by modulating the regulatory T cell and macrophage polarization [J]. Circulation, 2017, 135(15): 1444 - 1457.
[14] R C Coll, K Schroder, P Pelegrín. NLRP3 and pyroptosis blockers for treating inflammatory diseases [J]. Trends Pharmacol Sci, 2022, 43(8): 653 - 668.
[15] B T Cookson, M A Brennan. Pro-inflammatory programmed cell death [J]. Trends Microbiol, 2001, 9(3): 113 - 114.
[16] L D Cunha, A L N Silva, J M Ribeiro, et al. AIM2 engages active but unprocessed caspase - 1 to induce noncanonical activation of the NLRP3 inflammasome [J]. Cell Rep, 2017, 20(4): 794 - 805.
[17] D P Del Re, D Amgalan, A Linkermann, et al. Fundamental mechanisms of regulated cell death and implications for heart disease [J]. Physiol Rev, 2019, 99(4): 1765 - 1817.
[18] W Deng, Y Bai, F Deng, et al. Streptococcal pyrogenic exotoxin B cleaves GSDMA and triggers pyroptosis [J]. Nature, 2022, 602(7897): 496 - 502.
[19] S A Dick, J A Macklin, S Nejat, et al. Self-renewing resident cardiac macrophages limit adverse remodeling following myocardial infarction [J]. Nat Immunol, 2019, 20(1): 29 - 39.
[20] J Ding, K Wang, W Liu, et al. Pore-forming activity and structural autoinhibition of the gasdermin family [J]. Nature, 2016, 535(7610): 111 - 116.
[21] X Ding, H Kambara, R Guo, et al. Inflammasome-mediated GSDMD activation facilitates escape of Candida albicans from macrophages [J]. Nat Commun, 2021, 12(1): 6699.
[22] R Engler, J W Covell. Granulocytes cause reperfusion ventricular dysfunction after 15 - minute ischemia in the dog [J]. Circ Res, 1987, 61(1): 20 - 28.
[23] R L Engler, M D Dahlgren, D D Morris, et al. Role of leukocytes in response to acute myocardial ischemia and reflow in dogs [J]. Am J Physiol, 1986, 251

(2 Pt 2): H314 - 323.

[24] C L Evavold, I Hafner-Bratkovi, P Devant, et al. Control of gasdermin D oligomerization and pyroptosis by the Ragulator - Rag - mTORC1 pathway [J]. Cell, 2021, 184(17): 4495 - 4511.

[25] C L Evavold, J Ruan, Y Tan, et al. The pore-forming protein gasdermin D regulates Interleukin - 1 secretion from living macrophages [J]. Immunity, 2018, 48(1): 35 - 44.

[26] T P Fidler, C Xue, M Yalcinkaya, et al. The AIM2 inflammasome exacerbates atherosclerosis in clonal haematopoiesis [J]. Nature, 2021, 592 (7853): 296 - 301.

[27] S L Fink, B T Cookson. Caspase - 1 - dependent pore formation during pyroptosis leads to osmotic lysis of infected host macrophages [J]. Cell Microbiol, 2006, 8(11): 1812 - 1825.

[28] N G Frangogiannis. The extracellular matrix in myocardial injury, repair, and remodeling [J]. J Clin Invest, 2017, 127(5): 1600 - 1612.

[29] A M Friedlander. Macrophages are sensitive to anthrax lethal toxin through an acid-dependent process [J]. J Biol Chem, 1986, 261(16): 7123 - 7126.

[30] L Galluzzi, I Vitale, S A Aaronson, et al. Molecular mechanisms of cell death: recommendations of the Nomenclature Committee on Cell Death 2018 [J]. Cell Death Differ, 2018, 25(3): 486 - 541.

[31] T Gong, L Liu, W Jiang, R Zhou. DAMP-sensing receptors in sterile inflammation and inflammatory diseases [J]. Nat Rev Immunol, 2020, 20(2): 95 - 112.

[32] J Han, S Dai, L Zhong, et al. GSDMD (Gasdermin D) mediates pathological cardiac hypertrophy and generates a feed-forward amplification cascade via mitochondria-STING (Stimulator of Interferon Genes) axis [J]. Hypertension, 2022, 79(11): 2505 - 2518.

[33] J M Hansen, M F de Jong, Q Wu, et al. Pathogenic ubiquitination of GSDMB inhibits NK cell bactericidal functions [J]. Cell, 2021, 184(12): 3178 - 3191.

[34] W T He, H Wan, L Hu, et al. Gasdermin D is an executor of pyroptosis and required for interleukin - 1β secretion [J]. Cell Res, 2015, 25(12): 1285 - 1298.

[35] H Hilbi, Y Chen, K Thirumalai, et al . The interleukin 1beta-converting enzyme, caspase 1, is activated during Shigella flexneri-induced apoptosis in human monocyte-derived macrophages [J]. Infect Immun, 1997, 65(12): 5165 - 5170.

[36] I Hilgendorf, L M Gerhardt, T C Tan, et al. Ly-6Chigh monocytes depend on Nr4a1 to balance both inflammatory and reparative phases in the infarcted myocardium [J]. Circ Res, 2014, 114(10): 1611 - 1622.

[37] I V Hochheiser, M Pilsl, G Hagelueken, et al. Structure of the NLRP3 decamer bound to the cytokine release inhibitor CRID3 [J]. Nature, 2022, 604 (7904): 184 - 189.

[38] U Hofmann, S Frantz. Role of T-cells in myocardial infarction [J]. Eur Heart J, 2016, 37(11): 873 - 879.

[39] J Hou, R Zhao, W Xia, et al. PD - L1 - mediated gasdermin C expression switches apoptosis to pyroptosis in cancer cells and facilitates tumour necrosis [J]. Nat Cell Biol, 2020, 22(10): 1264 - 1275.

[40] J J Hu, X Liu, S Xia, et al. FDA-approved disulfiram inhibits pyroptosis by blocking gasdermin D pore formation [J]. Nat Immunol, 2020, 21(7): 736 - 745.

[41] F Humphries, L Shmuel-Galia, N Ketelut-Carneiro, et al. Succination inactivates gasdermin D and blocks pyroptosis [J]. Science, 2020, 369(6511): 1633 - 1637.

[42] K Jiang, Z Tu, K Chen, et al. Gasdermin D inhibition confers antineutrophil-mediated cardioprotection in acute myocardial infarction [J]. J Clin Invest, 2022, 132(1): e151268.

[43] A Kanneganti, R K S Malireddi, P H V Saavedra, et al. GSDMD is critical for autoinflammatory pathology in a mouse model of Familial Mediterranean Fever [J]. J Exp Med, 2018, 215(6): 1519 - 1529.

[44] M Kawaguchi, M Takahashi, T Hata, et al. Inflammasome activation of cardiac fibroblasts is essential for myocardial ischemia/reperfusion injury [J]. Circulation, 2011, 123(6): 594 - 604.

[45] N Kayagaki, I B Stowe, B L Lee, et al. Caspase - 11 cleaves gasdermin D for non-canonical inflammasome signalling [J]. Nature, 2015, 526(7575):

666 - 671.

[46] N Kayagaki, O S Kornfeld, B L Lee, et al. NINJ1 mediates plasma membrane rupture during lytic cell death [J]. Nature, 2021, 591(7848): 131 - 136.

[47] N Kayagaki, V M Dixit. Rescue from a fiery death: a therapeutic endeavor [J]. Science, 2019, 366(6466): 688 - 689.

[48] E Khanova, R Wu, W Wang, et al. Pyroptosis by caspase11/4 - gasdermin - D pathway in alcoholic hepatitis in mice and patients [J]. Hepatology, 2018, 67(5): 1737 - 1753.

[49] K R King, A D Aguirre, Y X Ye, et al. IRF3 and type I interferons fuel a fatal response to myocardial infarction [J]. Nat Med, 2017, 23(12): 1481 - 1487.

[50] H C Kondolf, D A D'Orlando, G R Dubyak, et al. Protein engineering reveals that gasdermin A preferentially targets mitochondrial membranes over the plasma membrane during pyroptosis [J]. J Biol Chem, 2023: 102908.

[51] S Kuang, J Zheng, H Yang, et al. Structure insight of GSDMD reveals the basis of GSDMD autoinhibition in cell pyroptosis [J]. Proc Natl Acad Sci U S A, 2017, 114(40): 10642 - 10647.

[52] D L LaRock, A F Johnson, S Wilde, et al. Group A streptococcus induces GSDMA-dependent pyroptosis in keratinocytes [J]. Nature, 2022, 605(7910): 527 - 531.

[53] K J Lavine, S Epelman, K Uchida, et al. Distinct macrophage lineages contribute to disparate patterns of cardiac recovery and remodeling in the neonatal and adult heart [J]. Proc Natl Acad Sci U S A, 2014, 111(45): 16029 - 16034.

[54] Z Li, F Mo, Y Wang, et al. Enhancing gasdermin-induced tumor pyroptosis through preventing ESCRT-dependent cell membrane repair augments antitumor immune response [J]. Nat Commun, 2022, 13(1): 6321.

[55] J Liu, C Yang, T Liu, et al. Eosinophils improve cardiac function after myocardial infarction [J]. Nat Commun, 2020, 11(1): 6396.

[56] X Liu, Z Zhang, J Ruan, et al. Inflammasome-activated gasdermin D causes pyroptosis by forming membrane pores [J]. Nature, 2016, 535(7610): 153 - 158.

[57] Y Liu, Y Fang, X Chen, et al. Gasdermin E-mediated target cell pyroptosis by

CAR T cells triggers cytokine release syndrome [J]. Sci Immunol, 2020, 5(43): eaax7969.

[58] Z Liu, C Wang, J Yang, et al. Crystal structures of the full-length murine and human gasdermin D reveal mechanisms of autoinhibition, lipid binding, and oligomerization [J]. Immunity, 2019, 51(1): 43 - 49.

[59] Z Liu, C Wang, J K Rathkey, et al. Structures of the gasdermin D C-Terminal domains reveal mechanisms of autoinhibition [J]. Structure, 2018, 26(5): 778 - 784.

[60] Q Ma. Pharmacological inhibition of the NLRP3 inflammasome: structure, molecular activation, and inhibitor - NLRP3 interaction [J]. Pharmacol Rev, 2023, 75(3): 487 - 520.

[61] Z Mallat, C J Binder. The why and how of adaptive immune responses in ischemic cardiovascular disease [J]. Nat Cardiovasc Res, 2022, 1: 431 - 444.

[62] E Mezzaroma, S Toldo, D Farkas, et al. The inflammasome promotes adverse cardiac remodeling following acute myocardial infarction in the mouse [J]. Proc Natl Acad Sci U S A, 2011, 108(49): 19725 - 19730.

[63] E A Miao, I A Leaf, P M Treuting, et al. Caspase - 1 - induced pyroptosis is an innate immune effector mechanism against intracellular bacteria [J]. Nat Immunol, 2010, 11(12): 1136 - 1142.

[64] N Miao, F Yin, H Xie, et al. The cleavage of gasdermin D by caspase - 11 promotes tubular epithelial cell pyroptosis and urinary IL - 18 excretion in acute kidney injury [J]. Kidney Int, 2019, 96(5): 1105 - 1120.

[65] A Mullard. Roche snaps up another NLRP3 contender [J]. Nat Rev Drug Discov, 2020, 19(11): 744.

[66] M Nahrendorf, F K Swirski, E Aikawa, et al. The healing myocardium sequentially mobilizes two monocyte subsets with divergent and complementary functions [J]. J Exp Med, 2007, 204(12): 3037 - 3047.

[67] D Nejman, I Livyatan, G Fuks, et al. The human tumor microbiome is composed of tumor type-specific intracellular bacteria [J]. Science, 2020, 368(6494): 973 - 980.

[68] M G Netea, F Balkwill, M Chonchol, et al. A guiding map for inflammation [J]. Nat Immunol, 2017, 18(8): 826 - 831.

[69] K Nozaki, V I Maltez, M Rayamajhi, et al. Caspase－7 activates ASM to repair gasdermin and perforin pores [J]. Nature, 2022, 606(7916): 960－967.

[70] S B Ong, S Hernandez-Resendiz, G E Crespo-Avilan, et al. Inflammation following acute myocardial infarction: Multiple players, dynamic roles, and novel therapeutic opportunities [J]. Pharmacol Ther, 2018, 186: 73－87.

[71] P Orning, D Weng, K Starheim, et al. Pathogen blockade of TAK1 triggers caspase－8－dependent cleavage of gasdermin D and cell death [J]. Science, 2018, 362(6418): 1064－1069.

[72] B J Pomerantz, L L Reznikov, A H Harken, et al. Inhibition of caspase 1 reduces human myocardial ischemic dysfunction via inhibition of IL－18 and IL－1beta [J]. Proc Natl Acad Sci U S A, 2001, 98(5): 2871－2876.

[73] P Puylaert, M Van Praet, F Vaes, et al. Gasdermin D deficiency limits the Transition of atherosclerotic plaques to an inflammatory phenotype in APOE knock-out mice [J]. Biomedicines, 2022, 10(5): 1171.

[74] N Rana, G Privitera, H C Kondolf, et al. GSDMB is increased in IBD and regulates epithelial restitution/repair independent of pyroptosis [J]. Cell, 2022, 185(2): 283－298.

[75] I Rauch, K A Deets, D X Ji, et al. NAIP－NLRC4 inflammasomes coordinate intestinal epithelial cell expulsion with eicosanoid and IL－18 release via activation of Caspase－1 and－8 [J]. Immunity, 2017, 46(4): 649－659.

[76] P M Ridker, B M Everett, T Thuren, et al. Antiinflammatory therapy with canakinumab for atherosclerotic disease [J]. N Engl J Med, 2017, 377(12): 1119－1131.

[77] C Rogers, D A Erkes, A Nardone, et al. Gasdermin pores permeabilize mitochondria to augment caspase－3 activation during apoptosis and inflammasome activation [J]. Nat Commun, 2019, 10(1): 1689.

[78] C Rogers, T Fernandes-Alnemri, L Mayes, et al. Cleavage of DFNA5 by caspase－3 during apoptosis mediates progression to secondary necrotic/pyroptotic cell death [J]. Nat Commun, 2017, 8: 14128.

[79] S Ruhl, K Shkarina, B Demarco, et al. ESCRT-dependent membrane repair negatively regulates pyroptosis downstream of GSDMD activation [J]. Science, 2018, 362(6417): 956－960.

[80] A J Russo, S O Vasudevan, S P Méndez-Huergo, et al. Intracellular immune sensing promotes inflammation via gasdermin D-driven release of a lectin alarmin [J]. Nat Immunol, 2021, 22(2): 154 - 165.
[81] H B Sager, T Heidt, M Hulsmans, et al. Targeting interleukin - 1β reduces leukocyte production after acute myocardial infarction [J]. Circulation, 2015, 132(20): 1880 - 1890.
[82] S Sano, K Oshima, Y Wang, et al. Tet2-Mediated clonal hematopoiesis accelerates heart failure through a mechanism involving the IL - 1β/NLRP3 inflammasome [J]. J Am Coll Cardiol, 2018, 71(8): 875 - 886.
[83] A B S C Garcia, K P Schnur, A B Malik, et al. Gasdermin D pores are dynamically regulated by local phosphoinositide circuitry [J]. Nat Commun, 2022, 13(1): 52.
[84] J Sarhan, B C Liu, H I Muendlein, et al. Caspase - 8 induces cleavage of gasdermin D to elicit pyroptosis during Yersinia infection [J]. Proc Natl Acad Sci U S A, 2018, 115(46): E10888 - E10897.
[85] L Sborgi, S Rühl, E Mulvihill, et al. GSDMD membrane pore formation constitutes the mechanism of pyroptotic cell death [J]. Embo j, 2016, 35(16): 1766 - 1778.
[86] J Shi, Y Zhao, K Wang, et al. Cleavage of GSDMD by inflammatory caspases determines pyroptotic cell death [J]. Nature, 2015, 526(7575): 660 - 665.
[87] F Sicklinger, I S Meyer, X Li, et al. Basophils balance healing after myocardial infarction via IL - 4/IL - 13 [J]. J Clin Invest, 2021, 131(13).
[88] G Sreejit, A Abdel-Latif, B Athmanathan, et al. Neutrophil-Derived S100A8/A9 amplify granulopoiesis after myocardial infarction [J]. Circulation, 2020, 141(13): 1080 - 1094.
[89] K V Swanson, M Deng, J P Ting. The NLRP3 inflammasome: molecular activation and regulation to therapeutics [J]. Nat Rev Immunol, 2019, 19(8): 477 - 489.
[90] S Toldo, A Abbate. The NLRP3 inflammasome in acute myocardial infarction [J]. Nat Rev Cardiol, 2018, 15(4): 203 - 214.
[91] G P van Hout, L Bosch, G H Ellenbroek, et al. The selective NLRP3 - inflammasome inhibitor MCC950 reduces infarct size and preserves cardiac

function in a pig model of myocardial infarction [J]. Eur Heart J, 2017, 38(11): 828 - 836.

[92] A Volchuk, A Ye, L Chi, et al. Indirect regulation of HMGB1 release by gasdermin D [J]. Nat Commun, 2020, 11(1): 4561.

[93] Q Wang, Y Wang, J Ding, et al. A bioorthogonal system reveals antitumour immune function of pyroptosis [J]. Nature, 2020, 579(7799): 421 - 426.

[94] X Wang, X Li, S Liu, et al. PCSK9 regulates pyroptosis via mtDNA damage in chronic myocardial ischemia [J]. Basic Res Cardiol, 2020, 115(6): 66.

[95] Y Wang, W Gao, X Shi, et al. Chemotherapy drugs induce pyroptosis through caspase - 3 cleavage of a gasdermin [J]. Nature, 2017, 547(7661): 99 - 103.

[96] Y Wei, B Lan, T Zheng, et al. GSDME-mediated pyroptosis promotes the progression and associated inflammation of atherosclerosis [J]. Nat Commun, 2023, 14(1): 929.

[97] C G Weindel, E L Martinez, X Zhao, et al. Mitochondrial ROS promotes susceptibility to infection via gasdermin D-mediated necroptosis [J]. Cell, 2022, 185(17): 3214 - 3231.

[98] P C Westman, M J Lipinski, D Luger, et al. Inflammation as a driver of adverse left ventricular remodeling after acute myocardial infarction [J]. J Am Coll Cardiol, 2016, 67(17): 2050 - 2060.

[99] G F Wohlford, B W Van Tassell, H E Billingsley, et al. Phase 1B, randomized, double-blinded, dose escalation, single-center, repeat dose safety and pharmacodynamics study of the oral NLRP3 inhibitor dapansutrile in subjects with NYHA II - III systolic heart failure [J]. J Cardiovasc Pharmacol, 2020, 77(1): 49 - 60.

[100] R Xi, J Montague, X Lin, et al. Up-regulation of gasdermin C in mouse small intestine is associated with lytic cell death in enterocytes in worm-induced type 2 immunity [J]. Proc Natl Acad Sci U S A, 2021, 118(30): e2026307118.

[101] S Xia, Z Zhang, V G Magupalli, et al. Gasdermin D pore structure reveals preferential release of mature interleukin - 1 [J]. Nature, 2021, 593(7860): 607 - 611.

[102] B Xu, M Jiang, Y Chu, et al. Gasdermin D plays a key role as a pyroptosis executor of non-alcoholic steatohepatitis in humans and mice [J]. J Hepatol,

2018, 68(4): 773-782.

[103] R Yamagishi, F Kamachi, M Nakamura, et al. Gasdermin D-mediated release of IL-33 from senescent hepatic stellate cells promotes obesity-associated hepatocellular carcinoma [J]. Sci Immunol, 2022, 7(72): eabl7209.

[104] M Yan, Y Li, Q Luo, et al. Mitochondrial damage and activation of the cytosolic DNA sensor cGAS-STING pathway lead to cardiac pyroptosis and hypertrophy in diabetic cardiomyopathy mice [J]. Cell Death Discov, 2022, 8(1): 258.

[105] J Yap, J Irei, J Lozano-Gerona, et al. Macrophages in cardiac remodelling after myocardial infarction [J]. Nat Rev Cardiol, 2023, 20(6): 373-385.

[106] H Yin, J Zheng, Q He, et al. Insights into the GSDMB-mediated cellular lysis and its targeting by IpaH7.8 [J]. Nat Commun, 2023, 14(1): 61.

[107] I Zanoni, Y Tan, M Di Gioia, et al. An endogenous caspase-11 ligand elicits interleukin-1 release from living dendritic cells [J]. Science, 2016, 352(6290): 1232-1236.

[108] J H Zhang, M Xu. DNA fragmentation in apoptosis [J]. Cell Res, 2000, 10(3): 205-211.

[109] J Y Zhang, B Zhou, R Y Sun, et al. The metabolite α-KG induces GSDMC-dependent pyroptosis through death receptor 6-activated caspase-8 [J]. Cell Res, 2021, 31(9): 980-997.

[110] Y F Zhang, L Zhou, H Q Mao, et al. Mitochondrial DNA leakage exacerbates odontoblast inflammation through gasdermin D-mediated pyroptosis [J]. Cell Death Discov, 2021, 7(1): 381.

[111] Z Zhang, Y Zhang, S Xia, et al. Gasdermin E suppresses tumour growth by activating anti-tumour immunity [J]. Nature, 2020, 579(7799): 415-420.

[112] M Zhao, K Ren, X Xiong, et al. Epithelial STAT6 O-GlcNAcylation drives a concerted anti-helminth alarmin response dependent on tuft cell hyperplasia and Gasdermin C [J]. Immunity, 2022, 55(4): 623-638.

[113] M Zheng, R Karki, P Vogel, et al. Caspase-6 Is a Key Regulator of Innate Immunity, Inflammasome Activation, and Host Defense [J]. Cell, 2020, 181(3): 674-687.

[114] Z Zheng, W Deng, Y Bai, et al. The Lysosomal rag-ragulator complex licenses

RIPK1 and Caspase - 8 - mediated pyroptosis by Yersinia [J]. Science, 2021, 372(6549): eabg0269.

[115] Z Zhou, H He, K Wang, et al. Granzyme A from cytotoxic lymphocytes cleaves GSDMB to trigger pyroptosis in target cells [J]. Science, 2020, 368(6494): 943.

[116] S Zhu, S Ding, P Wang, et al. Nlrp9b inflammasome restricts rotavirus infection in intestinal epithelial cells [J]. Nature, 2017, 546(7660): 667 - 670.

[117] Y Zouggari, H Ait-Oufella, P Bonnin, et al. B lymphocytes trigger monocyte mobilization and impair heart function after acute myocardial infarction [J]. Nat Med, 2013, 19(10): 1273 - 1280.

[118] A Zychlinsky, M C Prevost, P J Sansonetti. Shigella flexneri induces apoptosis in infected macrophages [J]. Nature, 1992, 358(6382): 167 - 169.

（本章作者：项耀祖　涂梓卓　姜凯）

第三章

转录因子 BACH1 的调控机制及其在疾病中的作用

本章学习目标

1. 掌握转录因子 BACH1 的结构和功能，以及其在基因调控中的作用和机制。

2. 理解 BACH1 与其他蛋白质或转录因子的相互作用，以及在疾病生理过程中的调控作用。

3. 认识 BACH1 与疾病之间的关联，了解 BACH1 在肿瘤、心血管疾病、神经系统疾病和代谢性疾病中扮演的角色。

4. 分析转录因子 BACH1 的研究方法和技术：了解研究转录因子的实验方法和技术，如基因表达分析、蛋白质相互作用研究、转录因子结构解析等，以便更好地理解相关研究的可靠性和局限性。

5. 探索转录因子 BACH1 的应用前景，了解其在生命科学和医学领域中的潜力和应用前景，包括其作为药物靶点和个性化医学的可能性。

章　节　序

BACH1 是碱性亮氨酸拉链蛋白家族中的一种转录因子，在大多数哺乳动物组织中广泛表达。BACH1 能够调控自身的表达，并对下游靶基因起到转录激活或转录抑制的作用，在氧化应激、细胞周期调控、血红素稳态维持和免疫调控等方面起关键作用。近年来的研究发现，BACH1 在心血管疾病、干细胞自我更新与细胞分化，以及肿瘤等多种疾病中也发挥重要的调控作用。BACH1 参与缺血后血管新生、血管损伤后新生内膜形成、动脉粥样硬化、病理性心肌肥厚等心血管相关疾病的发生发展，是多种心血管疾病的相关基因。BACH1 是维持干细胞多能性和调控多种体细胞分化的关键转录因子。BACH1 通过调节上皮-间质转化和肿瘤的代谢表型变化，促进肿瘤细胞的增殖和转移。另有研究发现，BACH1 可以通过铁死亡机制抑制肿瘤生长，因此 BACH1 可能具有双重调控肿瘤生长的作用。这一章节总结了 BACH1 在不同细胞类型及疾病中的作用及调控机制，精准靶向干预 BACH1，有望为疾病的防治提供新的策略。

一、引　言

在人类细胞中，基因的表达是一个精确而复杂的过程，决定了细胞的生理状态和发展方向。然而，这个精密的调控网络背后的主导力量是什么呢？转录因子便是其中之一。转录因子是一类神奇的蛋白质，它们能够与 DNA 特定区域结合，并激活或抑制基因的转录过程。通过这种调节机制，转录因子扮演着细胞内调控器的角色，引导着基因表达的多样性和精确度。近年来，对转录因子的研究取得了显著进展，极大地推进了我们对基因调控的理解。由于转录因子可以影响数千个基因，揭示其功能和作用机制对于我们深入了解细胞的生物学过程至关重要。

通过各种先进的技术手段，如系统生物学、结构生物学和功能研究等方法，我们逐渐解析了转录因子与基因调控网络之间错综复杂的联系。在深入研究基因调控网络的过程中，科学家们不断发现新的转录因子，其中碱性亮氨酸拉链蛋白家族成员 BACH1(BTB and CNC Homology 1，BACH1)引起了广泛的关注。作为一个重要的转录因子家族成员，BACH1 在细胞内扮演着重要的调节角色。随着对 BACH1 研究的深入，我们逐渐认识到它在生物体内具有不同的作用机制和广泛的功能。BACH1 已被证实在多个生理和病理过程中发挥关键调控作用，如氧化应激、红细胞发育和干细胞多能性维持等。通过与其他蛋白质或转录因子的相互作用，BACH1 能够直接或间接地影响数百个基因的表达水平，从而调控细胞的命运和功能。目前，已有多项研究着眼于 BACH1 的异常表达与心血管疾病发生发展的密切关系，包括动脉粥样硬化、肥厚型心肌病和血管内膜新生再狭窄等。此外，BACH1 在各类肿瘤、神经系统疾病和代谢性疾病等疾病中的作用也受到了广泛关注。

转录因子的研究不仅在基础科学领域有着重要意义，也具有广泛的应用前景。异常转录因子活性与多种疾病的发生和发展密切相关。对 BACH1 的研究有助于我们更全面地理解基因调控的复杂性，以及细胞内多种信号通路之间的相互关联。同时，通过深入探索 BACH1 转录因子的功能和调控机制，我们有望揭开其在基因调控网络中的奥秘，并为疾病的诊断和治疗提供新的方向。本章将介绍 BACH1 转录因子的最新研究进展，包括其结构与功能的解析、与其他蛋白质或转录因子的相互作用、在不同生理和病理过程中的调控作用，以及与疾病之间的关联等方面。通过这些内容的介绍，我们将深入了解转录因子 BACH1 在基因调控中的重要性，并认识到其在生命科学和医学领域中的潜力和应用价值。

二、BACH1 的结构与功能

(一) BACH1 的结构

BACH1，又称 BTB - CNC 同源体 1，是“帽领型”(Cap ‘n’ Collar)碱性亮氨酸拉链蛋白家族的成员，存在于大多数哺乳动物组织中。BACH1 蛋白 N 端包含一个 BTB/POZ 结构域，与蛋白质相互作用；C 端包含一个 bZip 结构域，与 DNA 结合，并介导 BACH1 与小 MAF 蛋白(small musculoaponeurotic fibrosarcoma proteins，sMAF)结合形成 BACH1 - MAF 异二聚体。BACH1 与小 MAF 蛋白结合形成的异二聚体可以通过结合 MAF 识别元件 MAREs(MAF Recognition Elements，MAREs)来抑制氧化应激应答基因的转录，如血红素加氧酶(heme oxygenase - 1，*HO - 1*)和 NADPH 醌脱氢酶(NADPH quinone oxidoreductase，*NQO - 1*)等基因。在氧化应激刺激下，血红蛋白释放的游离血红素与 BACH1 结合，使 BACH1 出细胞核进而被泛素化降解。

(二) BACH1 的亚细胞定位

BACH1 是氧化应激应答基因的转录抑制因子，在正常生理条件下定位在细胞质和细胞核中。血红素与定位在 BACH1 C 端附近的血红素结合区域的半胱氨酸-脯氨酸(cysteine-proline，CP)基序相互作用，抑制 BACH1 - MAF 异二聚体与 DNA 的结合及其转录调节活性，并介导 BACH1 出细胞核、促进泛素蛋白连接酶 1(heme-oxidized IRP2 ubiquitin ligase 1，HOIL1)介导的 BACH1 泛素化，以及随后的蛋白酶体依赖性 BACH1 降解。

镉可以通过激活蛋白激酶 ERK（extracellular signal-related kinase，ERK）进而激活 BACH1 C 端的胞质定位序列（cytoplasmic location signal，CLS），诱导 BACH1 出细胞核。抗氧化剂则通过促进 BACH1 蛋白在酪氨酸 486 位点的磷酸化作用诱导 BACH1 出细胞核。近期的研究表明，金丝桃苷（hyperoside）、大麻二酚（cannabidiol，CBD）、无机砷（inorganic arsenic）也可以诱导 BACH1 出细胞核。虽然血红素、镉和抗氧化剂等诱导 BACH1 出细胞核的机制不同，但它们都依赖于 BACH1 与细胞核输出蛋白 CRM1（cysteine-rich motor neuron 1，CRM1）的相互作用。BACH1 出细胞核后，透明质酸结合蛋白（intracellular hyaluronic acid-binding protein，IHABP）会与细胞质中的 BACH1 共定位并在微管上形成纤维样结构，促进 BACH1 在细胞质中积累。

此外，在人类睾丸中，存在大量转录 BACH1 RNA 的剪接截断形式 BACH1t。这种选择性剪接产生了一个包含保守的 BTB/POZ、Cap ‘n’ Collar 和基本区域结构域的蛋白，但缺乏与 MARE 结合所必需的亮氨酸拉链 bZip 结构域。全长 BACH1 定位于细胞质，而 BACH1t 主要在细胞核中积累。有趣的是，BACH1t 可以招募 BACH1，通过 BTB 结构域的相互作用，将 BACH1 引入细胞核。

(三) BACH1 与 NRF2

核因子 E2 相关因子 NRF2（NF－E2－related factor 2，NRF2）也是 CNC－bZip 转录因子家族的成员，是介导细胞氧化应激应答的主要分子，其转录激活效应可抑制由活性氧（reactive oxygen species，ROS）等氧化应激引起的不利影响。BACH1 与 NRF2 竞争性结合抗氧化基因启动子区的 MAF 识别元件 MAREs。在正常生理情况下，NRF2 通过诱导人内皮细胞中谷氨酸半胱氨酸连接酶调节亚基（glutamate cysteine ligase modulatory subunit，GCLM）和系统 XC－轻链成分（light chain component of system XC－，xCT）的表达，维持血管正常的生理功能；而细胞质中的 NRF2 与 Kelch 样 ECH 相关蛋白 1（Kelch-like-ECH-associated protein 1，KEAP1）结合，促进 NRF2 的蛋白酶体依赖的降解途径，将 NRF2 维持在较低水平。当细胞处于氧化应激状态时，细胞内活性氧（ROS）增加，破坏 NRF2 的降解机制；KEAP1 与 NRF2 发生解耦联后，NRF2 的泛素化随即停止并在细胞质中积累，高水平的 NRF2 转位到细胞核中，诱导一系列抗氧化基因，如 *HO－1* 和 *NQO1* 的转录。而此时 BACH1 从 MAREs 上分离并出细胞核。在肝细胞中，乙酰化酶 6（sirtuin 6，SIRT6）可以促进 NRF2 入细胞核和 BACH1 - MAREs 的解离。此外，BACH1 转录变异体 2 的转录起始位点附近有一个功能性 MARE 位点，NRF2 过表达及 NRF2 激活因子均可通过该位点上调 *BACH1* 的表达。因此，在正常的生理条件下，BACH1 是 NRF2 的功能性抑制剂，而在氧化应激诱导条件下，BACH1 从细胞核中脱离并被降解，而 NRF2 又可恢复 *BACH1* 的表达水平。

关于 BACH1 自身和上游的调控机制，有文献指出转录因子特异性蛋白 1（Sp1 transcription factor，SP1）是 BACH1 的潜在上游因子：SP1 富集到 *BACH1* 基因启动子区，从而调控 *BACH1* 的表达。也有研究表明，BACH1 会作为一种转录抑制因子，结合到自身基因的启动子区域来抑制转录，说明 BACH1 具有自身的负反馈调控机制。此外，丝裂原活化蛋白激酶（mitogen-activated protein kinase，MAPK）家族是调控 BACH1 入细胞核以及下调 *HO - 1* 表达的上游通路。其他诱导 BACH1 活性的条件，如低氧、氧化应激等，其机制目前尚未完全明晰，需要进一步研究。

（四）BACH1 与氧化应激

BACH1 抑制许多参与氧化还原调控的基因，如 *HO - 1*、*NQO1*、*GCLC*、*GCLM* 和溶质载体家族成员 11（the light chain subunit solute carrier family 7 member 11，SLC7A11）等。其中，*HO - 1* 对高等真核生物在氧化应激条件下的细胞存活和维持细胞铁稳态至关重要。*BACH1* 基因敲除小鼠 *HO - 1* 表达水平明显升高，*BACH1* 基因缺失对三硝基苯磺酸（trinitrobenzenesulfonic acid，TNBS）诱导的结肠炎、高氧引起的肺损伤、非酒精性脂肪性肝炎、心肌缺血/再灌注损伤、博来霉素诱导的肺纤维化、神经组织功能障碍等氧化应激相关疾病具有保护作用；同时 BACH1 表达或活性的下降可抑制氧化应激诱导的胰腺 β 细胞凋亡、紫外线辐射对角质形成细胞的损伤作用、氧化损伤导致的椎间盘变性（intervertebral disc degeneration，IDD）和先兆子痫（pre-eclampsia，PE）中滋养层细胞中氧化应激诱导的细胞凋亡等。我国研究团队发现，*BACH1* 过表达可增强人血管内皮细胞和小鼠缺血下肢肌肉中活性氧（ROS）的产生，从而导致内皮细胞凋亡增加，抑制缺血下肢血管新生能力。BACH1 还通过下调人类原发性急性髓系白血病（AML）细胞中 *HO - 1* 的表达来增加抗癌药物的细胞毒性。此外，上调 BACH1 可加重氧化应激导致的 DNA 损伤，从而参与雷公藤内酯醇

(triptolide,TPL)所诱导的肾毒性。

(五) BACH1 与细胞增殖

BACH1 作为细胞周期蛋白的转录调节剂,靶向许多参与细胞周期控制和凋亡的基因,如转录因子 E2F1(E2F transcription factor 1)、周期蛋白依赖性激酶 6(cyclin dependent kinase 6,CDK6)、钙调蛋白 1(calmodulin 1,CALM1)、转录因子 TFE3(transcription factor binding to IGHM enhancer 3)、EWS RNA 结合蛋白 1(EWS RNA binding protein 1,EWSR1)和凋亡相关因子 BCL2L11(BCL2 like 11)。此外,磷酸化的 BACH1 与透明质酸介导的运动受体(hyaluronic acid-mediated motor receptors,HMMR)和 CRM1 相互作用,稳定有丝分裂时染色体排列的过程。内源性 BACH1 的缺失会损害海拉细胞(HeLa cell)分裂时纺锤体的形成。

BACH1 对细胞增殖和存活的影响因细胞类型和实验条件的不同,而有很大差异。我们发现 *BACH1* 过表达抑制内皮细胞 Wnt/β - catenin 信号通路,从而降低了内皮细胞的增殖、迁移和血管新生能力;*BACH1* 过表达还抑制内皮细胞周期蛋白 D1(cyclin D1,CCND1)的表达,并诱导细胞周期阻滞和胱天蛋白酶 3(Caspase - 3,CASP3)依赖性的细胞凋亡。然而,在氧化应激条件下,BACH1 促进了小鼠胚胎成纤维细胞的增殖,BACH1 缺失激活了 p53 的依赖性衰老;敲低 BACH1 可阻断成牙质细胞的细胞周期,显著抑制其增殖;*BACH1* 基因敲除可抑制小鼠主动脉平滑肌细胞的增殖和小鼠股动脉损伤后新生内膜中平滑肌细胞的增殖;BACH1 的上调可促进体外前列腺癌、乳腺癌和小鼠系膜细胞的增殖。BACH1 在细胞凋亡中也有着不同的作用:BACH1 功能的丧失可促进单纯疱疹病毒(herpes simplex virus,HSV - 1)诱导的细胞凋亡;BACH1 的上调可以促进脑缺血/再灌注诱导的神经细胞凋亡。在体外培养中,BACH1 的下调降低了肿瘤干细胞的增殖并触发其凋亡。

三、BACH1 在心血管功能中的作用

(一) BACH1 与血管新生

血管新生包括内皮细胞的激活、迁移、增殖和管状结构的形成等多个复杂过

程。近期的研究表明,BACH1 在缺血后血管新生中发挥重要作用。BACH1 抑制 *HO-1*,增强线粒体 ROS 产生,抑制内皮生长因子(vascular endothelial growth factor,VEGF)表达和血管新生。在肢体缺血后氧化应激条件下,BACH1 基因缺失促进血管新生。高氧抑制视网膜 VEGF 产生,是早产儿血管新生受阻视网膜病变(retinopathy of prematurity,ROP)的主要原因。人微血管内皮细胞(human microvascular endothelial cells,HMEC-1)可在高氧条件下吸收细胞外的血红素。高氧条件会抑制 HMEC-1 增殖、迁移和血管新生能力。20 μmol/L 血红素可通过抑制 BACH1 的表达,促进 VEGF 的表达和内皮细胞增殖,缓解高氧诱导 HMEC-1 的损伤作用,对 ROP 有保护作用。

研究表明,BACH1 是成年缺血性疾病小鼠模型中的血管新生负调控因子。BACH1 招募组蛋白去乙酰化酶 1(histone deacetylase 1,HDAC1)到下游靶基因上,通过去乙酰化作用抑制一系列促血管生成因子的表达。BACH1 的抗血管新生作用在很大程度上依赖于 BTB 结构域残基 81-89。因此,我们认为 BTB 结构域直接参与了多种分子相互作用,促进了 BACH1 的抗血管生成活性,该结构域有望成为血管生成相关疾病治疗的药物靶点。

一些研究表明,在缺血条件下,敲除或下调 BACH1 可以上调其他促血管生成生长因子的表达,如血管生成素-1(angiopoietin 1)和成纤维细胞生长因子 2(fibroblast growth factor 2,FGF2)。另一项研究表明,高水平的 BACH1 可以抑制胰腺癌细胞中与血管发育相关的 PI3K/AKT/VEGF、ERK1/2、eNOS、HIF1A、PTEN 等途径(通道)。相反地,还有研究发现,*BACH1* 过表达增强了卵巢和食管鳞状细胞癌的血管新生。在肺小鼠肿瘤模型中,BACH1 增强了肿瘤内血管密度和肿瘤周围淋巴管径。这些效应在时间与空间上,与 BACH1 对 *VEGFC* 基因表达的转录调控密切相关。因此,BACH1 在血管新生中具有双重作用,但这种作用取决于不同的组织和细胞类型,以及不同的病理生理条件,需要进一步研究。

(二) BACH1 和血管疾病

正常的血管功能在维护心血管健康方面起着至关重要的作用,血管的功能障碍和损伤可能导致多种心血管疾病。冠状动脉粥样硬化性心脏病(coronary heart disease,CAD),简称冠心病,其全基因组关联研究(genome wide association study,GWAS)显示,*BACH1* 位于冠心病风险位点(rs2832227)附近,可能是一个新的与疾病风险相关的基因。转录因子 MAFF(MAF bZIP transcription factor F,MAFF)是肝脏特异性网络的重要组成部分,该网络包括许多已知对小鼠和人类动脉粥样硬化产生影响的基因。在非炎症条件下,MAFF 促进低密度脂蛋白受体(low density lipoprotein receptor,LDLR)的表达。然而,在脂多糖(LPS)刺激下,MAFF 与 CAD GWAS 的候选基因 *BACH1* 发生异二聚体化,并特异性结合到 LDLR 启动子区域的 MAF 识别元件上,这可能与 LDLR 的表达下调有关。研究表明,BACH1 在调控内皮炎症和动脉粥样硬化(atherosclerosis,AS)的发展中发挥着关键作用。我们发现冠心病风险位点 rs2832227 的单核苷酸多态性与 *BACH1* 基因表达密切相关,并且 BACH1 在有症状患者的颈动脉斑块中高表达。BACH1 在人和小鼠的动脉粥样硬化斑块内皮高表达,在振荡血流剪切力较高的小鼠主动脉弓部高表达,表明 BACH1 在动脉粥样硬化病理过程中起着重要作用。主动脉内皮细胞中,敲低 BACH1 可显著抑制振荡血流剪切促进的黏附分子的表达。在通过颈动脉部分结扎术模拟血流紊乱从而诱导动脉粥样硬化的动物模型中,观察到内皮特异性敲除 *BACH1* 基因的小鼠颈动脉斑块形成显著减少,内皮炎症反应明显减轻,表明 BACH1 参与血流剪切介导的动脉粥样硬化的发生发展。BACH1 结合在 Hippo 信号通路效应分子 YAP 基因启动子区,并促进 *YAP* 的表达。振荡血流剪切力或炎症因子刺激人血管内皮细胞 BACH1 与 YAP 的结合,并促使它们进入细胞核,促进下游黏附因子及炎症因子的表达,进而促进单核细胞与内皮细胞的黏附。

内皮特异性过表达 YAP 可阻断 BACH1 缺失小鼠的抗动脉粥样硬化作用,促进 BACH1 缺失小鼠抑制的黏附分子表达和巨噬细胞浸润,表明 BACH1 - YAP 调控网络在促进内皮细胞炎症和动脉粥样硬化中发挥重要作用。筛选 BACH1 的抑制剂,发现他汀类药物可显著抑制小鼠动脉粥样硬化斑块内皮 BACH1 的表达。在内皮细胞中,过表达 BACH1 可阻断他汀类药物抑制的黏附分子和促炎因子的表达。这些研究不仅从调控 BACH1 的角度揭示了他汀类药物治疗动脉粥样硬化的新机制,而且进一步明确了调控 BACH1 表达的药理学意义。这项研究表明 BACH1 作为新的血流动力学机械传感器,激活了内皮细胞炎症并促进动脉粥样硬化发生发展,进一步深化了对内皮炎症与 AS 的认识,因此,干预 BACH1 的表达与功能,有望成为防治心血管疾病的新靶标。

BACH1 在血管损伤后新生内膜的形成中也发挥着重要作用。研究表明,在小鼠中系统性敲除 BACH1 能够通过 HO - 1 依赖机制抑制平滑肌细胞的增殖和新内膜形成。我们的研究发现，在人动脉粥样硬化斑块中的血管平滑肌细胞的开放性染色质上，存在高度富集的 BACH1 结合位点。分析单核 RNA 测序(snRNA - seq)数据，发现 BACH1 在人动脉粥样硬化斑块的平滑肌细胞中具有高转录因子活性。BACH1 在冠心病患者的冠状动脉增厚的内膜处高表达，并在小鼠股动脉血管损伤后形成的新生内膜中表达增高。血管平滑肌细胞特异性敲除 *BACH1* 基因，可以减轻小鼠股动脉血管损伤后的新生内膜增生，并且抑制损伤诱导的血管平滑肌细胞从收缩型向合成型的转换和平滑肌细胞增殖。进一步的研究发现，BACH1 结合在血管平滑肌细胞标志基因启动子区并抑制其表达。血清刺激人血管平滑肌细胞，可促进 BACH1 进入细胞核，抑制下游血管平滑肌细胞标志基因的表达，进而促使血管平滑肌细胞由收缩型向合成型转换。BACH1 通过招募组蛋白甲基转移酶 G9a 和 YAP 蛋白到血管平滑肌细胞标志基因的启动子区，并维持组蛋白 H3K9me2 的甲基化状态来抑制染色质开放性。这项研究揭示了转录因子 BACH1 调控染色质开放性的新功能，BACH1 缺失可以抑制血管平滑肌细胞向合成型转换并减少血管损伤后新生内膜增生，抑制 BACH1 有望成为防治心血管疾病的新策略。

在血管衰老过程中，BACH1 也是调控内皮细胞衰老发展的重要因素。我们课题组研究发现，BACH1 在老年小鼠的主动脉和心脏内皮细胞中表达上调。BACH1 是心脏内皮细胞衰老相关基因的主调控因子，并与内皮功能相关。BACH1 在年轻和衰老的人血管内皮细胞中的开放染色质区域有明显的共定位，同时 BACH1 在 *P21* 基因的增强子中富集，而且这些区域在衰老的内皮细胞中富集增多。BACH1 促进内皮细胞 p21 和 p53 的蛋白表达和炎症相关因子表达。这些结果表明，BACH1 可能是一个重要的转录因子，在调节人血管内皮细胞衰老的调控中发挥着关键作用。

(三) BACH1 和心脏疾病

心脏功能障碍包括心脏肥厚、心力衰竭、心肌梗死和心肌病等一系列疾病，是全球发病率和死亡率最高的病因之一。研究发现，转录因子 BACH1 在病理性心肌肥厚中的作用至关重要。BACH1 在病理性心肌肥厚及心力衰竭病人的心脏组织中的表达增高，在主动脉缩窄术(transverse aortic constriction，TAC)诱导的病理性心肌肥厚小鼠模型和体外心肌细胞肥大模型中 BACH1 表达升高。在血管紧张素Ⅱ(Ang Ⅱ)和 TAC 两种不同的病理性心肌肥厚的小鼠模型上，心肌特异性敲除 BACH1 抑制小鼠病理性心肌肥厚，改善小鼠心功能，而心肌过表达 BACH1 则加重小鼠病理性心肌肥厚。心肌特异性敲除 BACH1 显著下调血管紧张素受体 1（ATR1）和 Ca^{2+}/CaMKⅡ信号通路。在 AngⅡ等病理刺激下，BACH1 表达和进入细胞核的数量增多，促进其在 ATR1 基因启动子区的富集，并促进 ATR1 的表达；进而增强 AngⅡ- ATR1 引起的细胞内钙超载，并激活 Ca^{2+}/CaMKⅡ通路，促进小鼠病理性心肌肥厚。临床上常用的 ATR1 拮抗剂氯沙坦（Losartan）可以抑制过表达 BACH1 加重的小鼠病理性心肌肥厚。这项研究揭示了转录因子 BACH1 调控病理性心肌肥厚的新作用和新机制，抑制 BACH1 表达有望成为防治病理性心肌肥厚和心力衰竭的新策略。

缺血/再灌注损伤是在心肌梗死和中风等各种心血管疾病中发生的复杂病理过程。氧化应激在缺血/再灌注损伤中起着关键作用，引发一系列事件导致组织损伤。BACH1 通过调控 HO - 1 的表达，影响细胞的氧化还原状态，并在缺血/再灌注期间减轻氧化应激引起的损伤。BACH1 的基因敲除导致小鼠对缺血/再灌注展现出心肌保护作用，而 HO - 1 活性抑制剂锌-原卟啉消除了 BACH1 敲除对梗死缩小的效果，表明梗死面积的减小至少部分是通过 HO - 1 活性介导的。

此外，miRNA - 30c - 5p 通过调节 BACH1/NRF2 来保护心肌缺血/再灌注损伤，而且 BACH1 的过表达可以逆转 miR - 30c - 5p 介导的心肌对心肌缺血/再灌注损伤。BACH1 还可以通过调控某些基因的表达来调控病理性心肌重构。长链非编码 RNA - AZIN2 剪接变体可抑制心肌细胞增殖，BACH1 通过结合 AZIN2 - sv 的启动子来增加其表达，并在心肌梗死后加重不良的心室重塑。铁死亡是一种依赖铁离子的程序性细胞死亡事件。在由小分子 Erastin 引发的铁死亡过程中，涉及谷胱甘肽和活性铁代谢的一系列保护性基因的上调。BACH1 通过转录抑制保护性基因，推动铁死亡的进程，加重了心肌梗死和其他相关疾病的严重程度。因此，BACH1 可能是缓解包括心肌梗死在内的与铁死亡相关疾病的治疗靶点。

四、BACH1 在干细胞和细胞分化中的作用

（一）BACH1 与干细胞多能性的维持

干细胞有着自我更新和分化为不同种类细胞的独特能力，这让其成为再生

医学治疗中很有潜力的一种治疗手段。干细胞多能性的维持和分化的调节被转录因子网络严格调控，其中多能性因子 OCT4（POU class 5 homeobox 1，POU5F1）、NANOG（Nanog homeobox）和 SOX2（SRY - box transcription factor 2）等转录因子对干细胞多能性维持至关重要。近期研究发现，BACH1 在干细胞的生物功能和分化调控中起关键作用。BACH1 在胚胎干细胞（embryonic stem cells，ESCs）中高表达，其与 OCT4 在小鼠胚胎发育的特定阶段（如桑葚胚和囊胚期）同步地表达上调，并在小鼠囊胚中的内细胞团中与 OCT4 存在共定位。

我们的研究发现，BACH1 敲除的人胚胎干细胞（human embryonic stem cells，hESCs）自我更新能力降低，并表达更低水平的多能性因子 SOX2、OCT4 和 NANOG。BACH1 通过抑制 T 盒转录因子（T - box transcription factor T）、GATA 结合蛋白 6（GATA binding protein 6，GATA6）、MSX 同源框蛋白 2（msh homeobox 2，MSX2）等下游中内胚层基因，从而抑制干细胞早期分化。而 BACH1 的缺失可激活 Wnt/β - catenin 和 Nodal/Smad2/3 信号通路，促进了 hESCs 向中内胚层的分化。研究还发现，在小鼠胚胎干细胞（mouse embryonic stem cells，mESCs）中，BACH1 招募组蛋白赖氨酸甲基化酶 MLL/SET1 复合物到染色质上，维持了多能性基因上 H3K4me3 高水平，增强其启动子-增强子活性，促进了 mESCs 中多能性基因的表达。

越来越多的证据表明，肿瘤干细胞（cancer stem cells，CSCs）是肿瘤发生的原因，也是癌细胞转移的主要原因。BACH1 的表达在 CSCs 中明显增加，BACH1 的缺失通过激活透明质酸受体 CD44 的表达，明显减少了肺部 CSCs 的生长、侵袭和 CSC 样特性。慢性间歇性缺氧（chronic intermittent hypoxia，CIH）赋予了肺癌更大的转移潜力，而 BACH1 在经 CIH 暴露后的肺癌组织中表达增加。CIH 部分通过 BACH1 的介导激活线粒体 ROS，从而促进肺部 CSC 样属性的发展。

（二）BACH1 在细胞分化中的作用

1. BACH1 与红系分化

除了在干细胞中的作用外，BACH1 还与各种细胞的分化有关。在造血干细胞逐渐分化为红细胞的过程中，珠蛋白基因的表达受到严格的调控，以确保血红蛋白的正常生成。BACH1 在这一过程中发挥关键作用。在红系祖细胞中，BACH1

与珠蛋白基因的启动子结合并抑制其表达。此抑制过程是通过 BACH1 与 MAFK 形成异源二聚体，并招募三种转录共抑制复合物，即核小体重塑和去乙酰化酶（nucleosome remodeling and deacetylase，NuRD）、SIN3A（switch-insensitive 3a）和 SWI/SNF（switch/sucrose nonfermentable），到 β-珠蛋白基因的基因座控制区（locus control region，LCR）。GATA 结合蛋白 1（GATA binding protein 1，GATA1）是红细胞生成的主要调节因子，可激活红系分化所需基因的表达，如珠蛋白基因和血红素生物合成酶等。BACH1 通过抑制红系特异性转录因子 GATA1 的表达来抑制红细胞分化。血红素下调 BACH1 表达的同时又通过一种 BACH1 不敏感的机制放大 GATA1 的功能。一项针对马来西亚 47 名血红蛋白 E-β(HbE-β)地中海贫血患者的队列研究发现，BACH1 的表达与年龄和珠蛋白基因的表达水平明显相关。这一发现提示 BACH1 的表达上调可能是一种补偿作用，以恢复珠蛋白基因的表达平衡，并将 HbE-β 地中海贫血患者的氧化应激影响降低。暴露于重金属铅可能损害神经发生和氧化磷酸化（oxidative phosphorylation，OXPHOS）；而血红素的缺乏则可能通过激活 BACH1 来介导铅引起的 OXPHOS 损伤，进而加剧神经的损害。

2. BACH1 与免疫细胞分化

BACH1 在抗原呈递细胞（antigen-presenting cells，APCs）如巨噬细胞和树突状细胞的生成中起着关键作用，它们对先天性、适应性免疫以及自体免疫耐受都是至关重要的。自身免疫性脑脊髓炎是一种表现为中枢神经系统炎症和损伤的疾病；在 *BACH1* 基因敲除的小鼠中，APCs 的发育受损，导致 T 细胞反应缺陷，对自身免疫性脑脊髓炎有部分保护作用。基因表达谱和不同转录调控途径是小鼠组织中巨噬细胞特性和多样性的基础，而 BACH1 可能是调节核心巨噬细胞相关基因的转录调节因子之一。研究表明，BACH1 抑制转录因子 SPI-C（SPI-C transcription factor，SPI-C）的表达，而 SPI-C 对脾脏和骨髓巨噬细胞的发展至关重要。BACH1 与 BACH2 共同协作，通过抑制淋巴系祖细胞（common lymphoid progenitors，CLPs）中的髓系基因表达，促进了 B 细胞的分化发育。BACH1 和 BACH2 也通过抑制髓系分化、调节红系-髓系和淋巴系-髓系分化，在组成性和需求性造血中发挥作用。在感染和炎症条件下，BACH1 和 BACH2 的表达会被抑制，这表明它们可能参与了免疫反应的调节。BACH1 还参与调控巨核细胞的分化，后者负责生成血小板。在 GATA1 启动子控制下的转基因小鼠中过表达 BACH1 会导致巨核细胞成熟受损和血小板减少，这可能与 BACH1 抑制了一些 p45 靶基因的活性有关，其中包括血栓素合成酶。急性髓系白血病(acute myelogenous leukemia，AML)是一种异质性血液系统疾病，其中 MLL 基因重排(MLL gene rearrangements，MLLr)型白血病(MLLr - AML)是具有婴儿和儿童侵袭性的、无法治愈的急性白血病。在这种类型的白血病中，E3 泛素连接酶 FBXO22(F - box protein 22，FBXO22)通过靶向 BACH1，增加 BACH1 的降解以促进白血病的发生。BACH1 的过表达可以抑制 MLLr - AML 的进展。与此相呼应的是，BACH1 的杂合性缺失明显逆转了 FBXO22 缺失小鼠白血病的延迟发生。

3. BACH1 与肌细胞分化

肌肉发育是前体细胞分化为成熟肌纤维的过程。这一复杂过程涉及一系列细胞和分子事件并受到严格的调控，以确保良好的肌肉发育。牛骨骼肌发育过程中的转录和开放染色质单细胞测序分析，预测了与肌肉发育相关的特定转录因子表达模式，其中便包括 BACH1。另一项研究表明，小鼠 BACH1 的缺乏加剧了心脏毒素诱发的骨骼肌损伤。在 C2C12 成肌细胞中抑制 BACH1 的表达，会上调肌肉细胞分化抑制因子，如 SMAD2、SMAD3 和 FOXO1 的表达，从而抑制 C2C12 成肌细胞的增殖、肌管形成和肌原蛋白表达。最新的研究发现，BACH1 在干细胞向血管平滑肌细胞(VSMCs)分化的过程中起关键作用。BACH1 在人胚胎干细胞向血管平滑肌细胞的分化过程中表达量逐渐增加，当 BACH1 被敲除后，hESCs 向 VSMCs 的分化受到抑制；而 BACH1 的过表达则促进了 VSMCs 在中胚层阶段后的分化。已有的研究揭示了 BACH1 以一种依赖 bZIP 结构域的方式与共激活因子相关精氨酸甲基转移酶 1(coactivator associated arginine methyltransferase 1，CARM1)相互作用。这种相互作用有助于组蛋白 3 精氨酸 17 位点二甲基化(H3R17me2)到 VSMC 标记基因的启动子上，从而导致目标基因表达的上调。这些发现表明 BACH1 通过 CARM1 介导的 H3R17me2 调节人胚胎干细胞向血管平滑肌细胞分化。

4. BACH1 与脂质细胞分化

BACH1 还参与调节脂质细胞分化。研究表明，BACH1 在脂质生成过程中被强烈诱导。BACH1 通过抑制过氧化物酶体增殖物激活受体 γ(peroxisome proliferator-activated receptor γ，PPARγ)的表达和 PPARγ 依赖的脂质细胞分化，来调节小鼠原始胚胎成纤维细胞的脂质生成过程。环氧化二十碳三烯酸(epoxyeicosatrienoic acids，EETs)已成为肥胖和糖尿病的重要调节因子。EET

激动剂可通过抑制 BACH1 来抑制间充质干细胞(mesenchymal stem cells, MSCs)衍生的脂质细胞增殖和分化。

5. BACH1 与成牙细胞分化

成牙细胞是一种专能间充质干细胞,可形成牙质,是牙齿的关键组成部分,在维持牙齿健康方面有着关键作用。研究表明,与细胞富集区相比,BACH1 在成牙层的表达水平明显更高。人牙髓干细胞(human dental pulp stem cells, hDPSCs)是从正常牙髓组织中分离和衍生而来的,在适当的环境条件或一定的诱导下,具有向成牙本质细胞分化的能力,可部分或完全修复牙髓组织损伤。BACH1 敲除明显抑制了 hDPSCs 的细胞增殖,使细胞周期停滞,减弱碱性磷酸酶(alkaline phosphatase, ALP)活性,减少钙质沉积,下调矿化标志物的表达。用 HO-1 抑制剂锡原卟啉Ⅸ(Tin-protoporphyrin Ⅸ, SnPPⅨ)进行处理,并不能逆转由 BACH1 敲除引起的 hDPSCs 向成牙细胞分化能力的受损,这提示 BACH1 可通过一种不依赖 HO-1 的机制调节分化。相反,BACH1 的过表达增强了 hDPSCs 细胞增殖、ALP 活性和矿化标志物的表达。因此,BACH1 是 hDPSCs 增殖和成牙细胞分化的重要调节因子。通过控制 BACH1 的表达水平,或许可以发现提高 hDPSCs 再生潜力的新方法。

五、BACH1 在肿瘤中的作用

(一) BACH1 在上皮-间质转化中的作用

在胰腺导管腺癌细胞中,BACH1 降低了 FOXA1 等上皮黏附相关基因的表达,促进了上皮-间质转化(epithelial-mesenchymal transition, EMT)的发展,成为胰腺癌恶性发展的风险因素。研究发现,在人卵巢癌的病理过程中,BACH1 的表达显著升高。BACH1 通过招募高迁移性群 AT 钩蛋白 2(high mobility group AT-hook 2, HMGA2),结合到 snail 转录抑制因子 1(snail family transcriptional repressor 1, SNAIL1)和 snail 转录抑制因子 2(snail family transcriptional repressor 2, SNAIL2, 又称 SLUG)等 EMT 相关基因的启动子区域,促进卵巢癌的转移。此外,BACH1 激活磷酸化 AKT 和 p70S6K 信号通路,促进了卵巢癌细胞和移植瘤的生长。

(二) BACH1 在肿瘤代谢中的作用

肿瘤细胞最常见的代谢表型变化是有氧糖酵解增加和乳酸生成。研究表明,BACH1 参与调控代谢重编程：BACH1 抑制线粒体电子传递链基因的活性,通过增加己糖激酶 2 和甘油醛-3-磷酸脱氢酶的转录活性,促进糖酵解并抑制线粒体三羧酸循环代谢。肿瘤治疗的热点靶标之一是肿瘤细胞活跃的线粒体代谢。在三阴性乳腺癌细胞中,BACH1 显著抑制线粒体代谢。敲低 BACH1 能够减少乳腺癌细胞的肺转移,并增加肿瘤细胞对二甲双胍药物的敏感性,这些研究表明靶向抑制 BACH1 可以促进线粒体代谢重编程,使肿瘤细胞对线粒体呼吸抑制剂易感。

BACH1 在肺癌的转移过程中也发挥重要作用。研究发现,BACH1 通过增加葡萄糖摄取、糖酵解率和乳酸分泌,从而刺激小鼠和人肺癌细胞依赖糖酵解的转移。长期补充抗氧化剂如 n-乙酰半胱氨酸(N-acetylcysteine,NAC)和维生素 E(Vitamin E,VE),通过稳定 BACH1 促进肺癌转移。另外,有研究表明,大约 30%的人类肺癌具有 *KEAP1* 或 *NRF2* 基因突变,KEAP1 缺失和 NRF2 激活通过增加 BACH1 诱导肺癌转移,其中,NRF2 以 HO-1 依赖的方式抑制 FBXO22 介导的 BACH1 降解。在肺癌患者中,BACH1 表达增加与肺癌转移和患者缩短的生存时间有关。HO-1 抑制剂能够以 FBXO22 和 BACH1 依赖的方式减少肺癌转移。BACH1 还可以上调金属蛋白酶-1(matrix metallopeptidase 1,MMP-1)、金属蛋白酶-3(matrix metallopeptidase 3,MMP-3)、CXC 趋化因子受体 4(C-X-C motif chemokine receptor 4,CXCR4)、结缔组织生长因子(connective tissue growth factor,CTGF)、磷酸甘油酸激酶 2(phosphoglycerate kinase 2,PGK2)和轴突导向受体蛋白 1(roundabout guidance receptor 1,ROBO1)等的基因表达,从而促进肿瘤的转移过程。

(三) BACH1 与铁死亡

铁死亡是一种铁催化的非凋亡细胞死亡形式,由脂质过氧化介导发生。非经典的铁死亡调节通过过度激活 HO-1,给细胞过量加载铁,增加不稳定铁池(labile iron pool,LIP)启动铁死亡。另外,抑制 *NRF2* 基因可以增强细胞对铁死亡的敏感性。在肿瘤研究中,通过诱导铁死亡可以发挥抗肿瘤作用。鉴于 BACH1 参与血红素和铁相关的氧化应激反应和代谢途径,提示通过氧化应激的作用，BACH1 - NRF2 - HO - 1 可能形成调控通路，影响肿瘤细胞铁死亡。但 BACH1 对肿瘤细胞铁死亡的具体作用和机制尚未明晰。

六、BACH1 在神经性疾病中的作用

(一) BACH1 与唐氏综合征

BACH1 主要通过改变氧化还原平衡来影响唐氏综合征患者的病征。BACH1 位于第 21 号染色体上。在唐氏综合征中，第 21 号染色体的三倍体导致 BACH1 过度表达，改变了核内的 BACH1/NRF2 比例。由于在 BACH1 存在的情况下，NRF2 无法与 *HO - 1* 基因启动子区的抗氧化反应元件(antioxidative response element，ARE)位点结合，在过表达 BACH1 的三倍体细胞中，BACH1 持续结合至 ARE，阻止了 NRF2 与 ARE 的结合，减少了唐氏综合征细胞的抗氧化应答能力。

BACH1 还可能对唐氏综合征向带有阿尔茨海默病(alzheimer disease，AD)神经病理和痴呆症状的转变起作用。一方面，在成年唐氏综合征个体的脑中，随着年龄的增长氧化损伤积累，增加了其患上类似阿尔茨海默病的痴呆的风险；另一方面，BACH1 还通过抑制微管相关蛋白 tau(microtubule-associated protein Tau，MAPT)的基因表达，影响 AD 的进展。因此，在唐氏综合征中调节 BACH1 可能是一种有前景的治疗策略。

(二) BACH1 与帕金森病

中枢神经系统含有许多脂质，这些脂质可以与 ROS 反应生成有毒的氧化醛类物质，如多巴胺氧化中间产物 3,4 -二羟基苯乙醛(DOPAL)。DOPAL 对 α -突触核蛋白(SNCA)的蛋白质稳态具有高度危险性，而 SNCA 是帕金森病病理中的重要元素。对 DOPAL 等醛类物质的解毒依赖于醛脱氢酶(aldehyde dehydrogenase，ALDH)的活性。线粒体 ALDH2、ALDH1A1 和 ALDH3A1 家族成员是已知的 NRF2 靶点，因此，激活 NRF2 通路可以消除在氧化应激条件下产生的有害醛类物质。有研究显示，BACH1 在帕金森病患者的大脑的交感神经中上调表达，抑制 NRF2 的转位，促进帕金森病的进程。

七、BACH1 在其他疾病中的作用

(一) BACH1 与非酒精性脂肪性肝炎

非酒精性脂肪性肝炎(non-alcoholic steatohepatitis，NASH)的特征包括脂肪肝、肝细胞损伤和炎症反应。氧化应激在其中也起着重要作用。在基础条件下，NRF2 靶基因的持续表达为肝脏提供了一定程度的抗氧化剂和毒素保护。值得注意的是，在 NASH 的发展过程中 NRF2 被下调，而在临床前研究中，已经发现 NRF2 的上调抑制了 NASH，由于 NRF2 是一种对抗氧化应激的转录因子，NRF2 的下调可加速疾病的进展。在 NASH 的发生发展过程中，NRF2 的下调可能涉及共激活子的招募减少，或者由于 BACH1 的上调而增加启动子的竞争性结合。因此，使用药物激活 NRF2 并下调 BACH1，不失为一种多管齐下的治疗 NASH 的策略。

(二) BACH1 与溶血性疾病

红细胞溶解后，游离的血红蛋白(hemoglobin，Hb)会分解为 Hb 二聚体，这些二聚体会消耗血管中的一氧化氮(nitric oxide，NO)，导致血管收缩和灌注不足。Hb 从 $HbFe^{2+}$ 态进一步氧化为 $HbFe^{3+}$ 态的过程中，会释放出不稳定的游离血红素，引起组织氧化性损伤。在溶血过程中，肝脏中的巨噬细胞吞噬被破坏的红细胞，以防止细胞游离血红蛋白和血红素的毒性作用。这些巨噬细胞后来被称为红细胞吞噬细胞，它们具有明显区别于 IFN－γ(M1)和 IL－4(M2)诱导的巨噬细胞表型的基因表达谱。红细胞吞噬细胞识别并吞噬老化或脆弱的红细胞。在被吞噬体溶酶体降解后，血红素被转运到细胞质中，并由 HO－1 降解。当红细胞吞噬细胞摄取 Hb 复合物后，细胞内的血红素浓度将急剧增加。这种细胞内血红素应激，可引发由一系列信号通路和转录因子特别是 NRF2、BACH1 和活化转录因子 1(activating transcription factor 1，ATF1)调节的适应性反应。巨噬细胞转化为血红素诱导的红细胞吞噬细胞，可以诱导高效的伤口愈合并防止过度炎症反应的风险。这种转化在溶血性贫血、动脉粥样硬化和肿瘤等多种疾病中也经常出现。红细胞吞噬细胞对血红素应激的适应反映了一个

平衡的过程，它通常是有益的，但在某些情况下也可能导致免疫缺陷和疾病进展，成为有害的过程。因此，研究 BACH1 等关键因子的功能，对于维持溶血相关的生理和病理过程的有益平衡是有意义的。

(三) BACH1 与自身免疫性疾病

BACH1 在调节正常免疫功能和自身免疫性疾病中起着关键作用。BACH1 调节关键的巨噬细胞相关基因，如醛酮还原酶家族 1 成员 B10(Akr1b10)、胆绿素还原酶 B(Blvrb)、钙/钙调蛋白依赖性激酶 1(Camk1)和谷氨酸氨合酶(Glul)。实验性自身免疫性脑脊髓炎(experimental auto-immune encephalomyelitis，EAE)在小鼠中呈现出外周 T 细胞反应缺陷，是人类多发性硬化症(multiple sclerosis，MS)的小鼠模型。BACH1 缺陷的 EAE 小鼠可导致部分免疫性疾病的发展受到保护，并且不影响 T 细胞功能。与此同时，BACH1 缺陷在抗原呈递细胞(APCs)中上调 HO－1 的表达，并且可能影响巨噬细胞和树突状细胞的发育。因此，BACH1/HO－1 途径在先天免疫系统中起着重要作用。骨吸收细胞的生成与自身免疫性疾病——类风湿性关节炎(rheumatoid arthritis，RA)有关。在炎症条件下，BACH1 可以通过 HO－1 调节骨吸收细胞的生成。在 BACH1 缺陷小鼠的骨髓源巨噬细胞中，可以观察到诱导性的骨吸收细胞生成的损伤。因此，BACH1 可能是治疗 RA 的潜在靶点。

八、结论与展望

BACH1 在调控细胞生长、分化和凋亡等多种细胞过程中发挥关键作用。BACH1 还与氧化应激反应和细胞衰老相关，它通过控制与活性氧代谢有关的基因的表达来调节抗氧化防御系统。BACH1 通过调节氧化剂和抗氧化剂之间的平衡来影响细胞对氧化应激的响应，并可能影响衰老以及与年龄相关的疾病等的发展过程。在大多数情况下，BACH1 通过结合特定的 DNA 序列，并调节靶基因的表达来发挥功能。然而，在人类胚胎干细胞中，BACH1 可以独立于其转录因子来调控基因表达。它通过与多能性因子结合并招募去泛素化酶 USP7 来增强多能性因子的蛋白稳定性。这种相互作用有助于增强多能性因子的蛋白稳定性，并维持干细胞的自我更新能力。

在代谢性相关疾病方面，BACH1 有调控脂肪细胞相关基因、调节糖酵解和氧化磷酸化等作用，这表明 BACH1 可能影响代谢性疾病的发生发展，而糖脂代谢紊乱也是影响心血管疾病发展的关键因素，因此 BACH1 与代谢性心血管疾病方面的研究值得探索。未来可进一步探索 BACH1 在各种疾病和生理过程中的作用机制，特别是在氧化应激、细胞衰老和年龄相关疾病等方面的研究，可以深入了解 BACH1 的功能和调控网络。探索 BACH1 与其他信号通路和转录因子之间的相互作用以及 BACH1 参与的表观遗传修饰机制，以揭示其在细胞调控中的综合作用也是一个重要的研究方向。这些研究有助于进一步理解 BACH1 的生物学功能，并为开发相关疾病的治疗策略提供潜在的目标。

BACH1 在内皮功能障碍、内膜增生、心肌梗死、心肌肥厚以及肿瘤生长与转移等多种生理和病理条件下也起着重要作用。*BACH1* 基因的敲除能够改善动脉粥样硬化、内膜增生和病理性心肌肥厚等病理过程。BACH1 的抑制剂具有很好的心血管疾病治疗应用潜力。基于不同疾病状态和细胞类型，设计精准靶向 BACH1 的治疗策略，具有潜在的临床应用价值。展望未来，我们需要进一步全面地了解 BACH1 在多种功能和不同疾病中的分子机制，阐明其与其他蛋白质之间的精确信号通路和相互作用。此外，探索 BACH1 在各种疾病中的诊断和预后价值，有助于为个体化治疗策略奠定坚实基础。总之，BACH1 是一个多功能转录因子，在细胞过程和疾病发病机制中发挥着多样化的作用，其复杂的调控机制和依赖环境的功能等特点，均亟待深入研究。

本 章 小 结

BACH1 是一种碱性亮氨酸拉链蛋白家族的转录因子，在大多数哺乳动物组织中广泛存在。它能够对自身的表达进行调控，并在氧化应激、细胞周期、血红素稳态和免疫调控等多个生物过程中发挥关键作用。最新研究表明，BACH1 在心血管疾病、干细胞自我更新与细胞分化、肿瘤等多种疾病中扮演着重要的调控角色。它对维持干细胞多能性和调控分化过程起着关键作用，并与心血管疾病有密切关联，参与了缺血后血管新生、血管损伤后新生内膜形成、动脉粥样硬化、病理性心肌肥厚等进程。在肿瘤方面，BACH1 通过调节肿瘤代谢和上皮-间质转化来促进肿瘤细胞增殖和转移，同时通过铁死亡抑制肿瘤生长。本章总结了 BACH1 在不同细胞类型和疾病中的作用及调控机制，并指出精确靶向干预 BACH1 可能为疾病的治疗提供新策略。

思考与练习

1. 思考 BACH1 在基因调控中的机制，以及其与 MAF 蛋白家族的相互作用、对氧化应激响应的重要性。

2. 研究 BACH1 在某个特定疾病或生理过程中的作用：选择一个感兴趣的领域，如肿瘤发展的过程、神经系统疾病的病理机制或红细胞发育的生物学过程等，并深入了解 BACH1 在该领域中的角色及其作用机制。通过广泛查阅相关文献，加深对其作用的理解。

3. 分析 BACH1 调控网络：探索 BACH1 与其他转录因子、共调节因子和信号通路之间的关联。通过查阅文献和公开数据库，了解 BACH1 调控网络的复杂性和多样性，并思考其中的关键节点和调控机制。

4. 基于对 BACH1 的了解，思考当前尚未解决或有待深入研究的问题。提出相关的研究方向、实验设计或科学假设，并尝试寻找文献支持或构建自己的研究计划。

参考文献

[1] F Ahmad, P Liu. (Ascorb)ing Pb neurotoxicity in the developing brain [J]. Antioxidants (Basel), 2020, 9(12): 1311.

[2] M Ahuja, N A Kaidery, D Dutta, et al. Harnessing the therapeutic potential of the Nrf2/Bach1 signaling pathway in parkinson′s disease [J]. Antioxidants (Basel), 2022, 11(9): 1780.

[3] J Alam, C Wicks, D Stewart, et al. Mechanism of heme oxygenase-1 gene activation by cadmium in MCF-7 mammary epithelial cells. Role of p38 kinase and Nrf2 transcription factor [J]. J Biol Chem, 2000, 275(36): 27694-27702.

[4] J Alam, K Igarashi, S. Immenschuh, et al. Regulation of heme oxygenase-1 gene transcription: recent advances and highlights from the International Conference (Uppsala, 2003) on Heme Oxygenase [J]. Antioxid Redox Signal,

2004, 6(5): 924 - 933.

[5] M Balan, S Pal. A novel CXCR3 - B chemokine receptor-induced growth-inhibitory signal in cancer cells is mediated through the regulation of Bach - 1 protein and Nrf2 protein nuclear translocation [J]. J Biol Chem, 2014, 289(6): 3126 - 3137.

[6] B Bathish, H Robertson, J F Dillon, et al. Nonalcoholic steatohepatitis and mechanisms by which it is ameliorated by activation of the CNC-bZIP transcription factor Nrf2 [J]. Free Radic Biol Med, 2022, 188: 221 - 261.

[7] M Brand, J A Ranish, N T Kummer, et al. Dynamic changes in transcription factor complexes during erythroid differentiation revealed by quantitative proteomics [J]. Nat Struct Mol Biol, 2004, 11(1): 73 - 80.

[8] L Buee. Dementia therapy targeting tau [J]. Adv Exp Med Biol, 2019, 1184: 407 - 416.

[9] C Cai, P Wan, H Wang, et al. Transcriptional and open chromatin analysis of bovine skeletal muscle development by single-cell sequencing [J]. Cell Prolif, 2023: e13430.

[10] Y Cai, B Li, D Peng, et al. Crm1 - Dependent nuclear export of bach1 is involved in the protective effect of hyperoside on oxidative damage in hepatocytes and CCl_4 - induced acute liver injury [J]. J Inflamm Res, 2021, 14: 551 - 565.

[11] L Casares, V García, M Garrido-Rodríguez, et al. Cannabidiol induces antioxidant pathways in keratinocytes by targeting BACH1 [J]. Redox Biol, 2020, 28: 101321.

[12] L C Chang, S K Chiang, S E Chen, et al. Heme oxygenase - 1 mediates BAY 11 - 7085 induced ferroptosis [J]. Cancer Lett, 2018, 416: 124 - 137.

[13] S J Chapple, T P Keeley, D Mastronicola, et al. Bach1 differentially regulates distinct Nrf2 - dependent genes in human venous and coronary artery endothelial cells adapted to physiological oxygen levels [J]. Free Radic Biol Med, 2016, 92: 152 - 162.

[14] B Cohen, H Tempelhof, T Raz, et al. BACH family members regulate angiogenesis and lymphangiogenesis by modulating VEGFC expression [J]. Life Sci Alliance, 2020, 3(4): e202000666.

[15] S B Cullinan，J D Gordan，J Jin，et al. The Keap1 - BTB protein is an adaptor that bridges Nrf2 to a Cul3 - based E3 ligase：oxidative stress sensing by a Cul3 - Keap1 ligase [J]. Mol Cell Biol，2004，24(19)：8477 - 8486.

[16] S Dhakshinamoorthy，A K Jain，D A Bloom，et al. Bach1 competes with Nrf2 leading to negative regulation of the antioxidant response element (ARE)-mediated NAD(P)H：quinone oxidoreductase 1 gene expression and induction in response to antioxidants [J]. J Biol Chem，2005，280(17)：16891 - 16900.

[17] S J Dixon，K M Lemberg，M R Lamprecht，et al. Ferroptosis：an iron-dependent form of nonapoptotic cell death [J]. Cell，2012，149(5)：1060 - 1072.

[18] Y Dohi，T Ikura，Y Hoshikawa，et al. Bach1 inhibits oxidative stress-induced cellular senescence by impeding p53 function on chromatin [J]. Nat Struct Mol Biol，2008，15(12)：1246 - 1254.

[19] M Du，C Wu，R Yu，et al. A novel circular RNA，circIgfbp2，links neural plasticity and anxiety through targeting mitochondrial dysfunction and oxidative stress-induced synapse dysfunction after traumatic brain injury [J]. Mol Psychiatry，2022，27(11)：4575 - 4589.

[20] H Q Duong，K S You，S Oh，et al. Silencing of NRF2 reduces the expression of ALDH1A1 and ALDH3A1 and sensitizes to 5 - FU in pancreatic cancer cells [J]. Antioxidants (Basel)，2017，6(3)：52.

[21] I Elia，G Doglioni，S M Fendt. Metabolic hallmarks of metastasis formation [J]. Trends Cell Biol，2018，28(8)：673 - 684.

[22] Y Gao，X Liu，B Tang，et al. Protein expression landscape of mouse embryos during pre-implantation development [J]. Cell Rep，2017，21(13)：3957 - 3969.

[23] E L Gautier，T Shay，J Miller，et al. Gene-expression profiles and transcriptional regulatory pathways that underlie the identity and diversity of mouse tissue macrophages [J]. Nat Immunol，2012，13(11)：1118 - 1128.

[24] E L Gautier，T Shay，J Miller，et al. Gene-expression profiles and transcriptional regulatory pathways that underlie the identity and diversity of mouse tissue macrophages [J]. Nat Immunol，2012，13(11)：1118 - 1128.

[25] F Ge，Q Pan，Y Qin，et al. Single-cell analysis identify transcription factor

BACH1 as a master regulator gene in vascular cells during aging [J]. Front Cell Dev Biol, 2021, 9: 786496.

[26] E Grünblatt, P Riederer. Aldehyde dehydrogenase (ALDH) in Alzheimer's and Parkinson's disease [J]. J Neural Transm (Vienna), 2016, 123(2): 83 - 90.

[27] H Guo, Y Wang, W Jia, et al. MiR - 133a - 3p relieves the oxidative stress induced trophoblast cell apoptosis through the BACH1/Nrf2/HO - 1 signaling pathway [J]. Physiol Res, 2021, 70(1): 67 - 78.

[28] J Guo, J Qiu, M Jia, et al. BACH1 deficiency prevents neointima formation and maintains the differentiated phenotype of vascular smooth muscle cells by regulating chromatin accessibility [J]. Nucleic Acids Res, 2023, 51(9): 4284 - 4301.

[29] M Haldar, M Kohyama, A Y So, et al. Heme-mediated SPI-C induction promotes monocyte differentiation into iron-recycling macrophages [J]. Cell, 2014, 156(6): 1223 - 1234.

[30] M Hama, Y Kirino, M Takeno, et al. Bach1 regulates osteoclastogenesis in a mouse model via both heme oxygenase 1 - dependent and heme oxygenase 1 - independent pathways [J]. Arthritis Rheum, 2012, 64(5): 1518 - 1528.

[31] W Han, Y Zhang, C Niu, et al. BTB and CNC homology 1 (Bach1) promotes human ovarian cancer cell metastasis by HMGA2 - mediated epithelial-mesenchymal transition [J]. Cancer Lett, 2019, 445: 45 - 56.

[32] W Han, Y Zhang, C Niu, et al. BTB and CNC homology 1 (Bach1) promotes human ovarian cancer cell metastasis by HMGA2 - mediated epithelial-mesenchymal transition [J]. Cancer Lett, 2019, 445: 45 - 56.

[33] S Hao, X Zhu, Z Liu, et al. Chronic intermittent hypoxia promoted lung cancer stem cell-like properties via enhancing Bach1 expression [J]. Respir Res, 2021, 22(1): 58.

[34] A Harusato, Y Naito, T Takagi, et al. BTB and CNC homolog 1 (Bach1) deficiency ameliorates TNBS colitis in mice: role of M2 macrophages and heme oxygenase - 1 [J]. Inflamm Bowel Dis, 2013, 19(4): 740 - 753.

[35] B Hassannia, B Wiernicki, I Ingold, et al. Nano-targeted induction of dual ferroptotic mechanisms eradicates high-risk neuroblastoma [J]. J Clin Invest, 2018, 128(8): 3341 - 3355.

[36] S L Huang, Z C Huang, C J Zhang, et al. LncRNA SNHG5 promotes the glycolysis and proliferation of breast cancer cell through regulating BACH1 via targeting miR-299 [J]. Breast Cancer, 2022, 29(1): 65-76.

[37] X Huang, J Zheng, J Li, et al. Functional role of BTB and CNC Homology 1 gene in pancreatic cancer and its association with survival in patients treated with gemcitabine [J]. Theranostics, 2018, 8(12): 3366-3379.

[38] R Humar, D J Schaer, F Vallelian. Erythrophagocytes in hemolytic anemia, wound healing, and cancer [J]. Trends Mol Med, 2022, 28(11): 906-915.

[39] K Igarashi, M Watanabe-Matsui. Wearing red for signaling: the heme-bach axis in heme metabolism, oxidative stress response and iron immunology [J]. Tohoku J Exp Med, 2014, 232(4): 229-253.

[40] M Inoue, S Tazuma, K Kanno, et al. Bach1 gene ablation reduces steatohepatitis in mouse MCD diet model [J]. J Clin Biochem Nutr, 2011, 48(2): 161-166.

[41] K Itoh, N Wakabayashi, Y Katoh, et al. Keap1 represses nuclear activation of antioxidant responsive elements by Nrf2 through binding to the amino-terminal Neh2 domain [J]. Genes Dev, 1999, 13(1): 76-86.

[42] K Itoh, T Ishii, N Wakabayashi, et al. Regulatory mechanisms of cellular response to oxidative stress [J]. Free Radic Res, 1999, 31(4): 319-324.

[43] A Itoh-Nakadai, R Hikota, A Muto, et al. The transcription repressors Bach2 and Bach1 promote B cell development by repressing the myeloid program [J]. Nat Immunol, 2014, 15(12): 1171-1180.

[44] M Jia, Q Li, J Guo, et al. Deletion of BACH1 attenuates atherosclerosis by reducing endothelial inflammation [J]. Circ Res, 2022, 130(7): 1038-1055.

[45] L Jian, Y Mei, C Xing, et al. Haem relieves hyperoxia-mediated inhibition of HMEC-1 cell proliferation, migration and angiogenesis by inhibiting BACH1 expression [J]. BMC Ophthalmol, 2021, 21(1): 104.

[46] L Jiang, M Jia, X Wei, et al. Bach1-induced suppression of angiogenesis is dependent on the BTB domain [J]. EBioMedicine, 2020, 51: 102617.

[47] L Jiang, M Yin, J Xu, et al. The transcription factor Bach1 suppresses the developmental angiogenesis of zebrafish [J]. Oxid Med Cell Longev, 2017, 2017: 2143875.

[48] L Jiang, M Yin, X Wei, et al. Bach1 represses Wnt/β-Catenin signaling and

angiogenesis [J]. Circ Res，2015，117(4)：364 - 375.

[49] P Jiang，F Li，Z Liu，et al. BTB and CNC homology 1 (Bach1) induces lung cancer stem cell phenotypes by stimulating CD44 expression [J]. Respir Res，2021，22(1)：320.

[50] H K Jyrkkänen，S Kuosmanen，M Heinäniemi，et al. Novel insights into the regulation of antioxidant-response-element-mediated gene expression by electrophiles：induction of the transcriptional repressor BACH1 by Nrf2 [J]. Biochem J，2011，440(2)：167 - 174.

[51] S O Ka，I H Bang，E J Bae，et al. Hepatocyte-specific sirtuin 6 deletion predisposes to nonalcoholic steatohepatitis by up-regulation of Bach1，an Nrf2 repressor [J]. FASEB J，2017，31(9)：3999 - 4010.

[52] R Kanezaki，T Toki，M Yokoyama，et al. Transcription factor BACH1 is recruited to the nucleus by its novel alternative spliced isoform [J]. J Biol Chem，2001，276(10)：7278 - 7284.

[53] H Kanno，H Ozawa，Y Dohi，et al. Genetic ablation of transcription repressor Bach1 reduces neural tissue damage and improves locomotor function after spinal cord injury in mice [J]. J Neurotrauma，2009，26(1)：31 - 39.

[54] J W Kaspar，A K Jaiswal. Antioxidant-induced phosphorylation of tyrosine 486 leads to rapid nuclear export of Bach1 that allows Nrf2 to bind to the antioxidant response element and activate defensive gene expression [J]. J Biol Chem，2010，285(1)：153 - 162.

[55] H Kato，K Igarashi. To be red or white：lineage commitment and maintenance of the hematopoietic system by the “inner myeloid” [J]. Haematologica，2019，104(10)：1919 - 1927.

[56] K Kondo，Y Ishigaki，J Gao，et al. Bach1 deficiency protects pancreatic β - cells from oxidative stress injury [J]. Am J Physiol Endocrinol Metab，2013，305(5)：E641 - 648.

[57] M K Kwak，N Wakabayashi，K Itoh，et al. Modulation of gene expression by cancer chemopreventive dithiolethiones through the Keap1 - Nrf2 pathway. Identification of novel gene clusters for cell survival [J]. J Biol Chem，2003，278(10)：8135 - 8145.

[58] J Lee，A E Yesilkanal，J P Wynne，et al. Effective breast cancer combination

therapy targeting BACH1 and mitochondrial metabolism [J]. Nature, 2019, 568(7751): 254-258.

[59] J Lee, J Lee, K S Farquhar, et al. Network of mutually repressive metastasis regulators can promote cell heterogeneity and metastatic transitions [J]. Proc Natl Acad Sci U S A, 2014, 111(3): E364-E373.

[60] T Y Lee, L Muniandy, L K Teh, et al. Correlation of BACH1 and hemoglobin E/Beta-Thalassemia globin expression [J]. Turk J Haematol, 2016, 33(1): 15-20.

[61] J Li, H Shima, H Nishizawa, et al. Phosphorylation of BACH1 switches its function from transcription factor to mitotic chromosome regulator and promotes its interaction with HMMR [J]. Biochem J, 2018, 475(5): 981-1002.

[62] J Li, T Shiraki, K Igarashi. Bach1 as a regulator of mitosis, beyond its transcriptional function [J]. Commun Integr Biol, 2012, 5(5): 477-479.

[63] J Li, T Shiraki, K Igarashi. Transcription-independent role of Bach1 in mitosis through a nuclear exporter Crm1-dependent mechanism [J]. FEBS Lett, 2012, 586(4): 448-454.

[64] X Li, Y Sun, S Huang, et al. Inhibition of AZIN2-sv induces neovascularization and improves prognosis after myocardial infarction by blocking ubiquitin-dependent talin1 degradation and activating the Akt pathway [J]. EBioMedicine, 2019, 39: 69-82.

[65] Y Liang, H Wu, R Lei, et al. Transcriptional network analysis identifies BACH1 as a master regulator of breast cancer bone metastasis [J]. J Biol Chem, 2012, 287(40): 33533-33544.

[66] L Lignitto, S E LeBoeuf, H Homer, et al. Nrf2 activation promotes lung cancer metastasis by inhibiting the degradation of Bach1 [J]. Cell, 2019, 178(2): 316-329.e318.

[67] C Liu, J Yu, B Liu, et al. BACH1 regulates the proliferation and odontoblastic differentiation of human dental pulp stem cells [J]. BMC Oral Health, 2022, 22(1): 536.

[68] D Liu, G Xu, C Bai, et al. Differential effects of arsenic species on Nrf2 and Bach1 nuclear localization in cultured hepatocytes [J]. Toxicol Appl Pharmacol,

2021, 413: 115404.

[69] Y Liu, Y Zheng. Bach1 siRNA attenuates bleomycin-induced pulmonary fibrosis by modulating oxidative stress in mice [J]. Int J Mol Med, 2017, 39(1): 91 - 100.

[70] J Lu, Y Zhang, H Dong, et al. New mechanism of nephrotoxicity of triptolide: Oxidative stress promotes cGAS-STING signaling pathway [J]. Free Radic Biol Med, 2022, 188: 26 - 34.

[71] A Masato, N Plotegher, D Boassa, et al. Impaired dopamine metabolism in Parkinson's disease pathogenesis [J]. Mol Neurodegener, 2019, 14(1): 35.

[72] M Matsumoto, K Kondo, T Shiraki, et al. Genomewide approaches for BACH1 target genes in mouse embryonic fibroblasts showed BACH1 - Pparg pathway in adipogenesis [J]. Genes Cells, 2016, 21(6): 553 - 567.

[73] T S Mikkelsen, J Hanna, X Zhang, et al. Dissecting direct reprogramming through integrative genomic analysis [J]. Nature, 2008, 454(7200): 49 - 55.

[74] P Moi, K Chan, I Asunis, et al. Isolation of NF - E2 - related factor 2 (Nrf2), a NF - E2 - like basic leucine zipper transcriptional activator that binds to the tandem NF - E2/AP1 repeat of the beta-globin locus control region [J]. Proc Natl Acad Sci U S A, 1994, 91(21): 9926 - 9930.

[75] H Nishizawa, M Matsumoto, T Shindo, et al. Ferroptosis is controlled by the coordinated transcriptional regulation of glutathione and labile iron metabolism by the transcription factor BACH1 [J]. J Biol Chem, 2020, 295(1): 69 - 82.

[76] M Nishizuka, T Tsuchiya, T Nishihara, et al. Induction of Bach1 and ARA70 gene expression at an early stage of adipocyte differentiation of mouse 3T3 - L1 cells [J]. Biochem J, 2002, 361(Pt 3): 629 - 633.

[77] C Niu, S Wang, J Guo, et al. BACH1 recruits NANOG and histone H3 lysine 4 methyltransferase MLL/SET1 complexes to regulate enhancer-promoter activity and maintains pluripotency [J]. Nucleic Acids Res, 2021, 49(4): 1972 - 1986.

[78] K Ogawa, J Sun, S Taketani, et al. Heme mediates derepression of Maf recognition element through direct binding to transcription repressor Bach1 [J]. EMBO J, 2001, 20(11): 2835 - 2843.

[79] S Omura, H Suzuki, M Toyofuku, et al. Effects of genetic ablation of bach1

upon smooth muscle cell proliferation and atherosclerosis after cuff injury [J]. Genes Cells, 2005, 10(3): 277 - 285.

[80] S Omura, H Suzuki, M Toyofuku, et al. Effects of genetic ablation of bach1 upon smooth muscle cell proliferation and atherosclerosis after cuff injury [J]. Genes Cells, 2005, 10(3): 277 - 285.

[81] T Oyake, K Itoh, H Motohashi, et al. Bach proteins belong to a novel family of BTB-basic leucine zipper transcription factors that interact with MafK and regulate transcription through the NF - E2 site [J]. Mol Cell Biol, 1996, 16(11): 6083 - 6095.

[82] J Padilla, J Lee. A novel therapeutic target, Bach1, regulates cancer metabolism [J]. Cells, 2021, 10(3): 634.

[83] S Pagnotta, A Tramutola, E Barone, et al. CAPE and its synthetic derivative VP961 restore BACH1/NRF2 axis in Down Syndrome [J]. Free Radic Biol Med, 2022, 183: 1 - 13.

[84] C Pan, Q Cai, X Li, et al. Enhancing the HSV - 1 - mediated antitumor immune response by suppressing Bach1 [J]. Cell Mol Immunol, 2022, 19(4): 516 - 526.

[85] M Perluigi, A Tramutola, S Pagnotta, et al. The Bach1/Nrf2 axis in brain in down syndrome and transition to alzheimer disease-like neuropathology and dementia [J]. Antioxidants (Basel), 2020, 9(9): 779.

[86] M Pfefferlé, G Ingoglia, C A Schaer, et al. Hemolysis transforms liver macrophages into antiinflammatory erythrophagocytes [J]. J Clin Invest, 2020, 130(10): 5576 - 5590.

[87] H Sasaki, H Sato, K Kuriyama-Matsumura, et al. Electrophile response element-mediated induction of the cystine/glutamate exchange transporter gene expression [J]. J Biol Chem, 2002, 277(47): 44765 - 44771.

[88] M Sato, M Matsumoto, Y Saiki, et al. Bach1 promotes pancreatic cancer metastasis by repressing epithelial genes and enhancing epithelial-mesenchymal transition [J]. Cancer Res, 2020, 80(6): 1279 - 1292.

[89] K Siegers, B Bölter, J P Schwarz, et al. TRiC/CCT cooperates with different upstream chaperones in the folding of distinct protein classes [J]. EMBO J, 2008, 27(1): 301.

[90] S C Slater, E Jover, A Martello, et al. MicroRNA - 532 - 5p regulates pericyte function by targeting the transcription regulator Bach1 and angiopoietin - 1 [J]. Mol Ther, 2018, 26(12): 2823 - 2837.

[91] A Y So, Y Garcia-Flores, A Minisandram, et al. Regulation of APC development, immune response, and autoimmunity by Bach1/HO - 1 pathway in mice [J]. Blood, 2012, 120(12): 2428 - 2437.

[92] J Sun, A Muto, H Hoshino, et al. The promoter of mouse transcription repressor bach1 is regulated by Sp1 and trans-activated by Bach1 [J]. J Biochem, 2001, 130(3): 385 - 392.

[93] J Sun, H Hoshino, K Takaku, et al. Hemoprotein Bach1 regulates enhancer availability of heme oxygenase - 1 gene [J]. EMBO J, 2002, 21(19): 5216 - 5224.

[94] J Sun, M Brand, Y Zenke, et al. Heme regulates the dynamic exchange of Bach1 and NF - E2 - related factors in the Maf transcription factor network [J]. Proc Natl Acad Sci U S A, 2004, 101(6): 1461 - 1466.

[95] M Sun, M Guo, G Ma, et al. MicroRNA - 30c - 5p protects against myocardial ischemia/reperfusion injury via regulation of Bach1/Nrf2 [J]. Toxicol Appl Pharmacol, 2021, 426: 115637.

[96] X Sun, Z Ou, R Chen, et al. Activation of the p62 - Keap1 - NRF2 pathway protects against ferroptosis in hepatocellular carcinoma cells [J]. Hepatology, 2016, 63(1): 173 - 184.

[97] H Suzuki, S Tashiro, J Sun, et al. Cadmium induces nuclear export of Bach1, a transcriptional repressor of heme oxygenase - 1 gene [J]. J Biol Chem, 2003, 278(49): 49246 - 49253.

[98] H Suzuki, S Tashiro, S Hira, et al. Heme regulates gene expression by triggering Crm1 - dependent nuclear export of Bach1 [J]. EMBO J, 2004, 23(13): 2544 - 2553.

[99] K Suzuki, M Matsumoto, Y Katoh, et al. Bach1 promotes muscle regeneration through repressing Smad-mediated inhibition of myoblast differentiation [J]. PLoS One, 2020, 15(8): e0236781.

[100] K Taguchi, T W Kensler. Nrf2 in liver toxicology [J]. Arch Pharm Res, 2020, 43(3): 337 - 349.

[101] T Takada, S Miyaki, H Ishitobi, et al. Bach1 deficiency reduces severity of osteoarthritis through upregulation of heme oxygenase - 1 [J]. Arthritis Res Ther, 2015, 17: 285.

[102] T Tanimoto, N Hattori, T Senoo, et al. Genetic ablation of the Bach1 gene reduces hyperoxic lung injury in mice: role of IL - 6 [J]. Free Radic Biol Med, 2009, 46(8): 1119 - 1126.

[103] N Tanimura, E Miller, K Igarashi, et al. Mechanism governing heme synthesis reveals a GATA factor/heme circuit that controls differentiation [J]. EMBO Rep, 2016, 17(2): 249 - 265.

[104] R K Thimmulappa, K H Mai, S Srisuma, et al. Identification of Nrf2 - regulated genes induced by the chemopreventive agent sulforaphane by oligonucleotide microarray [J]. Cancer Res, 2002, 62(18): 5196 - 5203.

[105] T Toki, F Katsuoka, R Kanezaki, et al. Transgenic expression of BACH1 transcription factor results in megakaryocytic impairment [J]. Blood, 2005, 105(8): 3100 - 3108.

[106] C Tonelli, I I C Chio, D A Tuveson. Transcriptional regulation by Nrf2 [J]. Antioxid Redox Signal, 2018, 29(17): 1727 - 1745.

[107] P van der Harst, N Verweij. Identification of 64 novel genetic loci provides an expanded view on the genetic architecture of coronary artery disease [J]. Circ Res, 2018, 122(3): 433 - 443.

[108] L Vanella, D H Kim, K Sodhi, et al. Crosstalk between EET and HO - 1 downregulates Bach1 and adipogenic marker expression in mesenchymal stem cell derived adipocytes [J]. Prostaglandins Other Lipid Mediat, 2011, 96(1 - 4): 54 - 62.

[109] M von Scheidt, Y Zhao, T Q de Aguiar Vallim, et al. Transcription factor MAFF (MAF basic leucine zipper transcription factor F) regulates an atherosclerosis relevant network connecting inflammation and cholesterol metabolism [J]. Circulation, 2021, 143(18): 1809 - 1823.

[110] W Wang, J Feng, H Zhou, et al. Circ_0123996 promotes cell proliferation and fibrosisin mouse mesangial cells through sponging miR - 149 - 5p and inducing Bach1 expression [J]. Gene, 2020, 761: 144971.

[111] X Wang, J Liu, L Jiang, et al. Bach1 induces endothelial cell apoptosis and

cell-cycle arrest through ROS generation [J]. Oxid Med Cell Longev, 2016, 2016: 6234043.

[112] Y Wang, M Xu. miR - 380 - 5p facilitates NRF2 and attenuates cerebral ischemia/reperfusion injury-induced neuronal cell death by directly targeting BACH1 [J]. Transl Neurosci, 2021, 12(1): 210 - 217.

[113] H J Warnatz, D Schmidt, T Manke, et al. The BTB and CNC homology 1 (BACH1) target genes are involved in the oxidative stress response and in control of the cell cycle [J]. J Biol Chem, 2011, 286(26): 23521 - 23532.

[114] Y Watari, Y Yamamoto, A Brydun, et al. Ablation of the bach1 gene leads to the suppression of atherosclerosis in bach1 and apolipoprotein E double knockout mice [J]. Hypertens Res, 2008, 31(4): 783 - 792.

[115] X Wei, J Guo, Q Li, et al. Bach1 regulates self-renewal and impedes mesendodermal differentiation of human embryonic stem cells [J]. Sci Adv, 2019, 5(3): eaau7887.

[116] X Wei, J Jin, J Wu, et al. Cardiac-specific BACH1 ablation attenuates pathological cardiac hypertrophy by inhibiting the Ang II type 1 receptor expression and the Ca^{2+}/CaMKII pathway [J]. Cardiovasc Res, 2023, 119 (9): 1842 - 1855.

[117] C Wiel, K Le Gal, M X Ibrahim, et al. BACH1 stabilization by antioxidants stimulates lung cancer metastasis [J]. Cell, 2019, 178(2): 330 - 345.e322.

[118] A C Wild, H R Moinova, R T Mulcahy. Regulation of gamma-glutamylcysteine synthetase subunit gene expression by the transcription factor Nrf2 [J]. J Biol Chem, 1999, 274(47): 33627 - 33636.

[119] C Yamasaki, S Tashiro, Y Nishito, et al. Dynamic cytoplasmic anchoring of the transcription factor Bach1 by intracellular hyaluronic acid binding protein IHABP [J]. J Biochem, 2005, 137(3): 287 - 296.

[120] Y Yano, R Ozono, Y Oishi, et al. Genetic ablation of the transcription repressor Bach1 leads to myocardial protection against ischemia/reperfusion in mice [J]. Genes Cells, 2006, 11(7): 791 - 803.

[121] B Yao, Y Cai, L Wan, et al. BACH1 promotes intervertebral disc degeneration by regulating HMOX1/GPX4 to mediate oxidative stress, ferroptosis, and lipid metabolism in nucleus pulposus cells [J]. J Gene Med,

2023, 25(6): e3488.
[122] M Yeo, D K Kim, H J Park, et al. Retraction: Blockage of intracellular proton extrusion with proton pump inhibitor induces apoptosis in gastric cancer [J]. Cancer Sci, 2008, 99(1): 185.
[123] F M Yusoff, T Maruhashi, K I Kawano, et al. Bach1 plays an important role in angiogenesis through regulation of oxidative stress [J]. Microvasc Res, 2021, 134: 104126.
[124] N A Zakaria, M A Islam, W Z Abdullah, et al. Epigenetic insights and potential modifiers as therapeutic targets in β - Thalassemia [J]. Biomolecules, 2021, 11(5): 755.
[125] Y Zenke-Kawasaki, Y Dohi, Y Katoh, et al. Heme induces ubiquitination and degradation of the transcription factor Bach1 [J]. Mol Cell Biol, 2007, 27 (19): 6962 - 6971.
[126] X Zhang, J Guo, X Wei, et al. Bach1: Function, regulation, and involvement in disease [J]. Oxid Med Cell Longev, 2018, 2018: 1347969.
[127] Y Zhao, J Gao, X Xie, et al. BACH1 promotes the progression of esophageal squamous cell carcinoma by inducing the epithelial-mesenchymal transition and angiogenesis [J]. Cancer Med, 2021, 10(10): 3413 - 3426.
[128] J Zheng, G Chen, T Li, et al. Isoflurane promotes cell proliferation, invasion, and migration by regulating BACH1 and miR - 375 in prostate cancer cells in vitro [J]. Int J Toxicol, 2022, 41(3): 212 - 224.
[129] J L Zhong, C Raval, G P Edwards, et al. A role for Bach1 and HO - 2 in suppression of basal and UVA - induced HO - 1 expression in human keratinocytes [J]. Free Radic Biol Med, 2010, 48(2): 196 - 206.
[130] X N Zhu, Y S Wei, Q Yang, et al. FBXO22 promotes leukemogenesis by targeting BACH1 in MLL-rearranged acute myeloid leukemia [J]. J Hematol Oncol, 2023, 16(1): 9.

（本章作者：孟丹　魏香香）

第四章

射血分数保留型心力衰竭

本章学习目标

1. 掌握射血分数保留型心力衰竭(HFpEF)的定义。
2. 了解射血分数保留型心力衰竭(HFpEF)患者的临床特征。
3. 了解射血分数保留型心力衰竭(HFpEF)的临床诊断标准。
4. 熟悉射血分数保留型心力衰竭(HFpEF)的病理生理机制。

章节序

当前,针对射血分数降低型心力衰竭病理生理机制的研究已经相对系统和完整,加之多款特效药物的研发成功,显著降低了患者的再住院率和死亡率,取得了很好的效果。然而,心力衰竭的发病率和死亡率却未见显著下降。随着我国经济的快速增长和人口老龄化的加剧,射血分数保留型心力衰竭正在逐渐成为心力衰竭的主要类型。由于之前对射血分数保留型心力衰竭的起步较晚,导致我们对其病理生理机制的认识尚浅,研究也相对匮乏,治疗方面更是处于空白阶段。因此,时代赋予我们的任务就是针对射血分数保留型心力衰竭尽快建立一套系统的诊断和治疗方案,这就需要我们的科研与医务工作者对其病理生理机制进行深入研究。本章将简要阐述射血分数保留型心力衰竭患者的临床特征、诊断标准、病理生理机制和心力衰竭期管理,以便对其有初步认识。

一、引　言

心力衰竭是一种异质性很强的复杂临床综合征，根据左室射血分数（left ventricular ejection fraction，LVEF）可分为射血分数降低型心力衰竭（heart failure with reduced ejection fraction，HFrEF）、射血分数中间值型心力衰竭（heart failure with mid-range ejection fraction，HFmrEF）、射血分数保留型心力衰竭（heart failure with preserved ejection fraction，HFpEF）和射血分数改善型心力衰竭（heart failure with improved ejection fraction，HFimpEF）。2021 年在欧洲心脏病学会（ESC）中发表的《2021 年急性和慢性心力衰竭诊断和治疗 ESC 指南》定义了射血分数保留型心力衰竭（HFpEF）的概念。HFpEF 是指患者有心力衰竭的临床症状和（或）体征，但其左室射血分数（LVEF）正常或接近正常（LVEF≥50%）。2022 年，美国心脏病学会基金会/美国心脏协会（ACCF/AHA）在公布的心力衰竭治疗指南中指出，尽管医学界在心血管疾病的诊断和治疗方面不断进步，HFpEF 的患病率却仍然不断升高，在心力衰竭病例中的占比已超过 50%，是 65 岁及以上患者最常见的心力衰竭类型。HFpEF 患者的再入院率与 HFrEF 患者相当，年均住院次数约为 1.4 次，而其死亡风险随着并发症的增加而增加，年死亡率约为 15%。与 HFrEF 不同，目前针对 HFpEF 的治疗策略及预后的应对方法尚不明确。

二、HFpEF 患者的临床特征

HFpEF 与 HFrEF 和 HFmrEF 的不同之处在于，患者年龄较大，且多为女性，常见的并发症有房颤、糖尿病、高血压、心肌缺血、慢性肾脏病和非冠心病等。HFpEF 的潜在病因很多，各种 HFpEF 综合征的病理生理学机制不同，因此需要不同的治疗方法。可能存在心搏骤停的信号包括：有高血压病史但血压已恢复正常，对 β 受体阻滞剂或 ACE－I 不耐受，有双侧腕管综合征病史，心电图低电压和超声心动图特征，如室间隔、后壁或 RV 壁增厚、心房增大，少量心包积液或瓣膜增厚。此外，还必须排除可能与 HFpEF 综合征相似的其他疾病（如肺部疾病、贫血、肥胖和心脏衰竭）。

三、HFpEF 的临床诊断标准

病史和体格检查是评估所有心力衰竭患者的基石，包括：血压、心电图、血常规、血糖、血脂、肝肾功能和甲状腺功能等关键指标。虽然大量的临床和实验研究均证实了 B 型利钠肽(B-type natriuretic peptide，BNP)与心力衰竭良好预后之间的相关性，但是其临床诊断敏感性偏低，主要是因为 BNP 水平在肥胖患者体内偏低。由于 HFpEF 这一概念相对较新，以及其非特异性临床表现与众多并发症，加之评估心力衰竭的重要指标如 LVEF 的阈值、左室舒张功能障碍、心肌肥大和心肌纤维化等的定义尚不明确，使得 HFpEF 的诊断面临诸多挑战。

《2021 年 ESC 急性心力衰竭诊断和治疗指南》和《2021 年慢性心力衰竭诊断和治疗指南》推荐了一种简化的诊断方法，主要包括以下三点：① 具备心力衰竭的症状和体征；② LVEF≥50%；③ 存在与左室舒张功能障碍相一致的心脏结构和(或)功能异常的客观证据。

《2022 AHA/ACC/HFSA 心衰管理指南》指出 HFpEF 的诊断基础是患者具有心脏结构和功能异常的临床症状。虽然患者血 BNP 水平升高可以辅助诊断，但是部分 HFpEF 患者 BNP 水平可能正常。因此，指南建议，增加静息和运动时心脏充盈压指标(如超声舒张功能减退的指标E/e′≥15)或血流动力学参数的检测作为诊断依据。此外，有创血流动力学指标可能有助于进一步确诊。

临床综合评分系统可协助对 HFpEF 的诊断。H_2FPEF 评分是目前临床常用的综合评分体系之一，其综合了主要的临床特征：肥胖(H)、高血压(H)、年龄(E)、房颤状态(F)，以及静息多普勒超声心动图，如 E/e′(F)、肺动脉压(P)。通过这 6 个主要变量进行评分，评分范围 0～9 分，其中评分>7 分表示发生 HFpEF 的概率大于 95%。H_2FPEF 评分依赖于简单的临床特征和超声心动图，可以将 HFpEF 与非心脏源性呼吸困难区分开，并为不明原因的劳力性呼吸困难患者的进一步的诊断测试提供了指导。

鉴于 HFpEF 明确诊断的复杂性，ESC/HFA 建议采用一种新的逐步诊断程序，即“HFA-PEFF 诊断算法”。第一步，进行检测前评估(P)：包括症状和体征、临床统计学特征、诊断性实验室检查、心电图和心脏超声，以初步判断 HFpEF 的可能性。如果 LVEF 正常、无心源性呼吸困难和心脏器质性病变，且最少存在一个危险因素，则有 HFpEF 可能性。利尿钠肽升高是对评估的支持，但正常水平并不能排除 HFpEF 的诊断，需要专业人士进行全面的超声心动图检查。第二步，超声心动图和钠尿肽评分(E)，根据主要标准(2 分)和次要标准(1 分)的不同权重进行打分，以确定诊断的明确性。得分≥5 分意味着明确的 HFpEF；得分≤1 分则不可能是 HFpEF。中间分值(2～4 分)意味着诊断不确定，在这种情况下建议进行第三步(F1：功能测试)，即超声心动图或有创血流动力学运动负荷测试，以进一步明确诊断。同时建议进一步采取第四步(F2：最终病因)来确定 HFpEF 的可能具体病因或其他解释。

四、HFpEF 的病理生理机制

HFpEF 的病理生理机制包括舒张功能障碍、血管和左心室收缩硬化以及血容量扩张等。有观点认为，HFpEF 的主要病理生理机制是血流动力学改变后，心脏无法满足机体的循环需求：神经内分泌系统过度激活导致左室舒张抑制、动脉僵硬度增加；为维持心脏正常输出量，左室舒张末压代偿性升高。这一病理过程的主要分子机制涉及系统性微血管炎症、心脏代谢功能异常和细胞/细胞外结构异常等方面(图 4-1、图 4-2)。

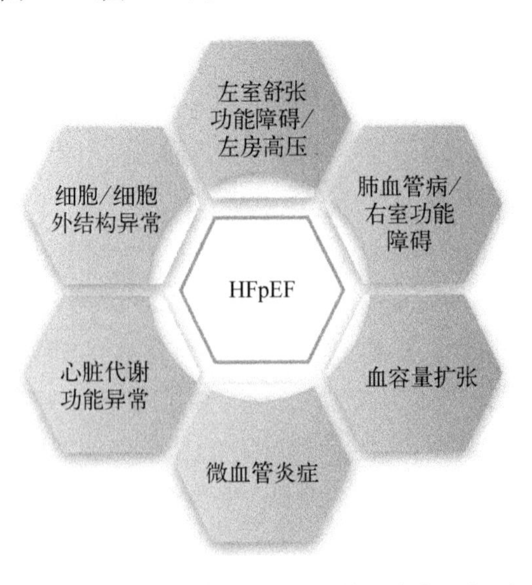

图 4-1 射血分数保留型心力衰竭的 6 种病理生理机制

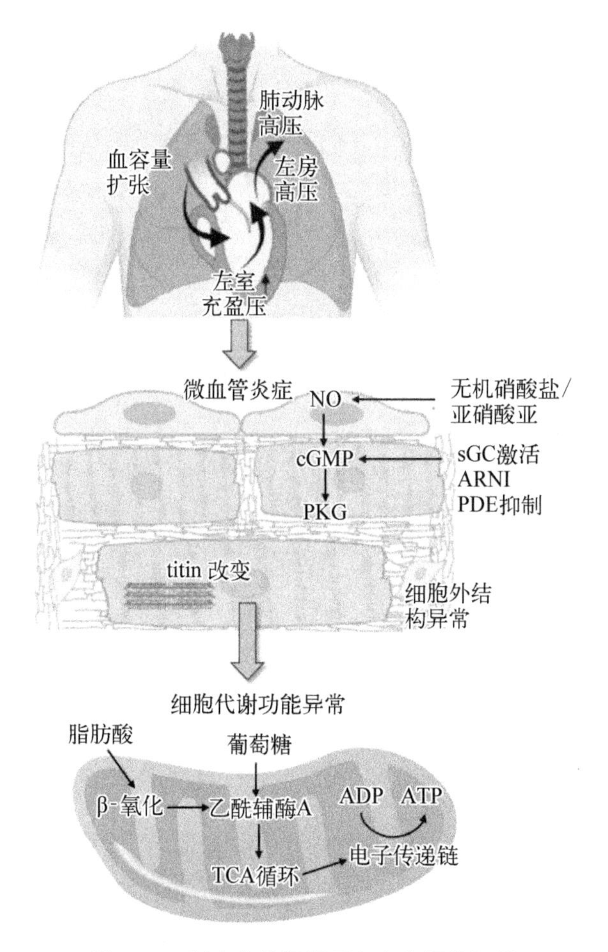

图 4-2　射血分数保留型心力衰竭的机制

(一) 血流动力学

1. *左室舒张功能障碍/左房高压*

HFpEF 的一个关键特征是左室舒张功能障碍。Zile 等人的血流动力学研究表明：与健康患者相比较，HFpEF 患者的舒张功能明显衰退，左室舒张僵硬度更高。同时，另一项大型临床样本研究也证实了这一点。在这项研究中，与高血压和健康对照组相比，HFpEF 患者的肾功能损害更严重，舒张末期容积指数和心排血量更小，舒张末期压力(EDP)更高。与健康对照组相比，高血压对照组和 HFpEF 患者的动脉弹性和心室收缩末期弹性均有所增加。相比之下，HFpEF 患者的舒张功能受损更严重，舒张僵硬度增加。一项针对 Framingham

心脏研究原始队列中1 038名参与者的常规评估发现，左室收缩功能障碍与未来HFrEF的发生有关，而左室舒张功能障碍与未来HFpEF的发生有关。运动期间异常的脉冲性主动脉负荷发生在与高血压无关的HFpEF患者中，并与应激引起的经典血流动力学紊乱相关。

在心脏没有器质性病变的情况下，左房压可以反映左室舒张末压，左房重构可以反映左室舒张功能障碍。临床研究发现，HFpEF患者运动时左房收缩储备功能障碍可能导致劳力性呼吸困难和运动能力降低。此外，左房功能障碍还与HFpEF的症状发作、患者的运动能力和预后有关。

2. 肺血管病/右室功能障碍

肺动脉压是HFpEF中肺动脉高压(pulmonary hypertension，PH)严重程度和慢性程度的标志。PH常见于心力衰竭患者中(包括HFpEF患者)，一项以社区为基础的长期临床研究显示：在HFpEF患者中，83%存在PH，并且如果存在PH，则会出现更多并发症，预后更差。PH分为毛细血管前高压和毛细血管后高压两种类型。在HFpEF患者中，大多数患者为孤立的毛细血管后高压，但也有两种情况重叠的情况。但是，识别伴有毛细血管前高压的HFpEF患者非常重要，因为他们对肺血管扩张剂治疗的反应更好。此外，肺组织结构和功能的改变已被证明是导致HFpEF患者运动不耐受和死亡的原因之一。根据诊断标准，约有30%的患者存在右室功能障碍。右室功能障碍与PH相关性很高。

3. 血容量扩张

血容量扩张被认为是HFpEF患者的主要病理生理机制。肥胖的HFpEF患者心脏容量的扩增与心包约束的增强和心室依赖性的增强有关，一项针对肥胖HFpEF患者的研究显示：与非肥胖HFpEF患者和对照组相比，肥胖HFpEF患者表现为血容量增加、左室重塑加剧、右室扩张更大、右室功能障碍更严重、心外膜脂肪厚度增加、心外膜心脏总容积更大。血容量扩张与右心扩张和心脏总容量增加有关，心包切除的动物实验模型证明了心包限制在HFpEF中的作用，其可抑制左室舒张末压的升高。

(二) 细胞/分子机制

1. 系统性微血管炎症

HFpEF是一种全身性系统综合征，肥胖、高血压和糖尿病等多种并发症是该综合征复杂临床表型的特征，可引发微循环障碍，产生全身性炎症反应。目前的 HFpEF 病理生理学范式认为，并发症通过微血管内皮炎症驱动 HFpEF 的心脏重塑。临床数据表明，全身性炎症和氮氧化物水平失衡是导致 HFpEF 的关键因素。微血管的内皮炎症、缺血和数量下降都可诱导左心室向心性肥厚、纤维化和舒张功能障碍等病理改变。

压力超负荷可引发机体出现系统性促炎状态，促进细胞外基质累积，导致细胞僵硬度增加。此外，系统性促炎状态会降低冠状动脉内皮细胞的一氧化氮合酶(nitric oxide synthase，NOS)活性，从而限制心肌细胞一氧化氮的生物利用率，抑制肌联蛋白 titin 磷酸化可使心肌细胞僵硬度升高，舒张功能障碍。此外，一氧化氮生物利用度的降低促进了成纤维细胞和肌成纤维细胞的增殖，其与浸润的巨噬细胞相互作用引起炎症反应，导致血浆中白细胞介素-6 和肿瘤坏死因子-α 升高，通过诱导型一氧化氮合成酶(iNOS)-肌醇需求酶 1α(IRE1α)-X 盒结合蛋白 1(XBP1)通路，影响基因的表达以及蛋白质的正确折叠。

2. 心脏代谢功能异常

心肌能量受损在 HFpEF 的发生和进展中的作用越来越受到关注。目前认为心力衰竭患者心肌能量受损的机制主要涉及线粒体结构和功能异常、底物利用率变化、细胞内钙超载三方面。值得注意的是，这些机制的研究数据大多来自对 HFrEF 和扩张型心肌病的研究，HFpEF 患者的心肌是否存在类似的异常仍有待进一步研究证实。

3. 线粒体结构和功能异常

衰竭心脏的特征是线粒体结构和功能异常，包括线粒体的肿胀和皱缩、细胞器呼吸不良、线粒体膜电位降低和膜通透孔打开。线粒体电子传递链的功能受损，电子传递链推动质子穿过线粒体内膜，随后激活位于线粒体内膜上的三磷酸腺苷(ATP)合成酶，该合成酶通过二磷酸腺苷(ADP)的磷酸化产生 ATP。在扩张型心肌病中，线粒体改变的结果是心肌细胞内 ATP 合成减少，能量供应减少，心室收缩和舒张都是消耗能量的过程，其中肌丝脱离，以及随后的心肌舒张和弹性恢复，均需要 ATP 的水解来提供必要的能量。

4. 底物利用率变化

在正常心肌细胞中，有大约 60%～70%的 ATP 是由血浆中游离脂肪酸的 β 氧化过程提供的。在心力衰竭的病理状态下，由于线粒体结构和功能异常以及电子传递链活性受损，心脏代谢的底物利用模式从以脂肪酸代谢为主转向以葡萄糖代谢为主。这种底物利用率的转变，导致血浆中未被利用的游离脂肪酸被转移至外周器官，造成心外膜脂肪组织（epicardial adipose tissue，EAT）堆积，这是引起心血管病的代谢危险因素之一。EAT 与其他内脏脂肪储存相比有不同的特性，它不仅能够分泌脂肪炎症因子，导致冠脉微血管功能障碍，最终引起左室舒张功能障碍；同时，EAT 还会引起胰岛素抵抗。这些心肌毒性脂质会导致线粒体功能障碍，加速心室重塑的发生发展。同时，心力衰竭还伴随着线粒体葡萄糖氧化的减少与糖酵解速率的增加，这导致了糖酵解和葡萄糖氧化之间的不匹配，这种不匹配导致心脏内乳酸和质子的产生增加，从而导致细胞内钠和钙超载，降低了心脏效率和功能。

5. 细胞内钙超载

有研究发现，与正常 ZSF1 大鼠模型对照组相比，ZSF1 -肥胖大鼠在静息和收缩时的线粒体和细胞钙水平较高。心肌的兴奋-收缩耦联始于膜去极化，通过 L 型钙通道触发 Ca^{2+} 内流，激活肌浆网释放 Ca^{2+}，随后激活肌丝，并随着粗细肌丝滑动而实现心肌的收缩。要终止 Ca^{2+} 介导的兴奋-收缩耦联，细胞膜 Ca^{2+} 的数量则必须下降，这就需要 L 型钙通道失活，并通过肌浆网 Ca^{2+} - ATP 酶（SERCA2a）将细胞膜上的 Ca^{2+} 回摄入肌浆网。此过程不仅可以由心肌葡萄糖氧化减少引起，还可能由于 SERCA2a 的功能受损导致。SERCA2a 缺乏和钙转运异常与心力衰竭进展有关。同时，在舒张功能障碍的人类心脏异体移植中，*SERCA2a* 基因表达减少，导致 *PLB* 基因表达相对增加，而在人类心脏异体移植中，L 型钙通道调节亚基的基因表达随着舒张功能障碍而减少，这很可能是一种代偿机制，旨在减少通过心脏 L 型钙通道中心孔流入的外源性 Ca^{2+}。

综上所述，这些结果表明，肌浆网钙回摄取减慢可能是 ZSF1 -肥胖动物细胞膜和线粒体钙浓度升高的原因。然而，细胞膜 Ca^{2+} 的增加不仅与兴奋-收缩耦联的改变有关，还与线粒体 Ca^{2+} 的增加有关。线粒体 Ca^{2+} 是 NADH（还原型辅酶 1）活性的调节因子，其增加或许可以解释为什么在 HFpEF 患者中观察到线粒体呼吸和氧化磷酸化减少。此外，线粒体钙积累的持续增加也可能是有害的，因为它可能会促进线粒体通透性转换孔的开放，最终导致细胞凋亡。

（三）细胞/细胞外结构异常

心脏组织由肌细胞和非肌细胞区（即细胞外结构）组成，这两者直接决定舒张期的心脏僵硬度。HFpEF 患者的心肌细胞在舒张期会发生硬度增加，同时，细胞外结构（extracellular matrix，ECM）的累积及成分改变，也会导致心脏僵硬度增加。目前的研究表明,在生理容积条件下,ECM 并非舒张压的主要决定因素,但在容积扩张时,ECM 占主导地位。但是,这并不意味着 ECM 的重要性降低。研究表明,各种心脏疾病都会导致 ECM 重塑,胶原蛋白的位置和数量、纤维交联,以及Ⅰ型和Ⅲ型胶原蛋白的相对丰度发生变化。

此外,心肌细胞和非心肌细胞之间存在着强烈的串扰,因此一者的异常通常会伴随着另一者的改变。其中,肌联蛋白 titin 是心肌被动张力的主要调节因子,在心肌细胞舒张压产生和僵硬度的调控中起关键作用。Titin 是一条从 Z 盘延伸至肌节 M 线区域的巨型分子,分子的一部分牢固地固定在 Z 盘或粗肌丝上,因此不可伸展,而 titin 的Ⅰ带跨区则起到分子弹簧的作用,在舒张期间肌节被拉伸时产生力。被动张力的产生和应力通过 titin 细丝传递,可能是肌纤维信号体复合物机械感觉功能的核心。高达 80%的左心室被动僵硬度可由 titin 引起,尤其是当肌节长度仍在生理范围内时。在心脏发育和疾病过程中,通过改变心脏肌纤维中两种主要 titin 异构体(N2BA,顺应性;N2B,刚性)的表达比例,可调节 titin 的硬度。具体而言,titin 从其顺应异构体 N2BA 转变为其刚性异构体 N2B 是导致 HFpEF 舒张功能障碍的原因之一。然而,有研究发现,在接受冠状动脉旁路移植术的 HFpEF 患者中,其 N2BA/N2B 比值与对照组并无显著差异,但是 titin 磷酸化水平却存在显著差异,这与 HFpEF 患者 titin 依赖性僵硬度增加有关。

进一步地,通过蛋白激酶(PKA 或 PKG)介导的心脏特异性Ⅰ带 titin 片段(N2－B 结构域)的磷酸化过程,可快速调节 titin 的硬度,从而改变心肌细胞的被动张力。研究表明,β－肾上腺素能激动剂、一氧化氮或利尿钠肽等因子能够引发 titin 的弹性软化,从而调节舒张功能。在衰竭的人类心脏中,被动僵硬度升高的出现,部分原因是 titin 磷酸化不足,这可能会导致机械功能障碍。

纤维化会导致心肌顺应性下降、僵硬度增加,是 HFpEF 重要的病理生理机制之一。一项针对 HFpEF 患者心肌的组织学研究显示,心肌Ⅰ型胶原含量增加、胶原交联程度和赖氨酰氧化酶(LOX)表达增强,这些因素会导致左室舒张功能障碍。HFpEF 心肌胶原沉积是成纤维细胞分化为肌成纤维细胞的结果。

本章小结

鉴于 HFpEF 病理生理机制的复杂性和不确定性,当前在临床研究、诊断和治疗手段方面尚缺乏统一的标准。然而，随着对病理生理机制的不断深入研究，治疗方案也在不断得到优化。本章阐述了目前被广泛认可的 6 种病理生理机制，其中 3 种血流动力学机制目前已针对症状，通过先进的仪器设备、现有的治疗药物以及未来可能的药物进行了有效的治疗探索；3 种分子机制则标志着我们对 HFpEF 发病机制认识的巨大进步，为临床指南纳入抗炎药物、线粒体激动剂、抗纤维化药物和早期 titin 顺应性策略等在内的新疗法打下基础。

据预测，HFpEF 将会是未来最主要的心力衰竭类型，而目前并未发现针对 HFpEF 的有效治疗药物和明确的治疗手段。因此，我们当前的核心目标是在未来几年内，通过更多深入的病理生理学探索性研究，建立起能够挽救该类心力衰竭患者生命的有效治疗方法。

思考与练习

1. HFrEF、HFmrEF 和 HFpEF 在病理生理特点、临床表现及治疗策略上有哪些区别？

2. HFpEF 的易患人群有哪些？

3. 目前 HFpEF 的诊断标准有哪些？

4. HFpEF 的主要发病机制与易患人群之间有何联系？

参考文献

[1] M Bayeva, M Gheorghiade, H Ardehali. Mitochondria as a therapeutic target in heart failure [J]. J Am Coll Cardiol, 2013, 61(6): 599 - 610.

[2] E J Benjamin, M J Blaha, S E Chiuve, et al. Heart disease and stroke Statistics - 2017 update: A report from the american heart association [J]. Circulation, 2017, 135(10): e146.

[3] B A Borlaug, G C Kane, V Melenovsky, et al. Abnormal right ventricular-pulmonary artery coupling with exercise in heart failure with preserved ejection fraction [J]. Eur Heart J, 2016, 37(43): 3293 - 3302.

[4] B A Borlaug, R A Nishimura, P Sorajja, et al. Exercise hemodynamics enhance

diagnosis of early heart failure with preserved ejection fraction [J]. Circ Heart Fail, 2010, 3(5): 588 - 595.

[5] B A Borlaug, R E Carter, V Melenovsky, et al. Percutaneous pericardial resection: A novel potential treatment for heart failure with preserved ejection fraction [J]. Circ Heart Fail, 2017, 10(4): e003612.

[6] J Butler, G C Fonarow, M R Zile, et al. Developing therapies for heart failure with preserved ejection fraction: current state and future directions [J]. J Am Coll Cardiol. Heart failure, 2014, 2(2): 97 - 112.

[7] J A Chirinos, P Zamani. The Nitrate-Nitrite-NO pathway and its implications for heart failure and preserved ejection fraction [J]. Curr Heart Fail Rep, 2016, 13(1): 47 - 59.

[8] C S Chung, H L Granzier. Contribution of titin and extracellular matrix to passive pressure and measurement of sarcomere length in the mouse left ventricle [J]. J Mol Cell Cardiol, 2011, 50(4): 731 - 739.

[9] B H Freed, V Daruwalla, J Y Cheng, et al. Prognostic utility and clinical significance of cardiac mechanics in heart failure with preserved ejection fraction: Importance of left atrial strain [J]. Circ Cardiovasc Imaging, 2016, 9(3): 10.

[10] T M Gorter, D J van Veldhuisen, A A Voors, et al. Right ventricular-vascular coupling in heart failure with preserved ejection fraction and pre- vs. post-capillary pulmonary hypertension [J]. Eur Heart J Cardiovasc Imaging, 2018, 19(4): 425 - 432.

[11] T M Gorter, D J van Veldhuisen, J Bauersachs, et al. Right heart dysfunction and failure in heart failure with preserved ejection fraction: mechanisms and management. Position statement on behalf of the Heart Failure Association of the European Society of Cardiology [J]. Eur J Heart Fail, 2018, 20(1): 16 - 37.

[12] N Hamdani, C Franssen, A Lourenço, et al. Myocardial titin hypophosphorylation importantly contributes to heart failure with preserved ejection fraction in a rat metabolic risk model [J]. Circ Heart Fail, 2013, 6(6): 1239 - 1249.

[13] P A Heidenreich, B Bozkurt, D Aguilar, et al. 2022 AHA/ACC/HFSA Guideline for the management of heart failure: executive summary: A report of

the American College of Cardiology/American Heart Association Joint Committee on clinical practice guidelines [J]. J Am Coll Cardiol, 2022, 79(17): 1757 - 1780.

[14] M M Hoeper, C S P Lam, J L Vachiery, et al. Pulmonary hypertension in heart failure with preserved ejection fraction: a plea for proper phenotyping and further research [J]. Eur Heart J, 2017, 38(38): 2869 - 2873.

[15] T B Horwich, M A Hamilton, G C Fonarow. B-type natriuretic peptide levels in obese patients with advanced heart failure [J]. J Am Coll Cardiol, 2006, 47(1): 85 - 90.

[16] R Hullin, F Asmus, A Ludwig, et al. Subunit expression of the cardiac L-type calcium channel is differentially regulated in diastolic heart failure of the cardiac allograft [J]. Circulation, 1999, 100(2): 155 - 163.

[17] M Kasner, D Westermann, B Lopez, et al. Diastolic tissue Doppler indexes correlate with the degree of collagen expression and cross-linking in heart failure and normal ejection fraction [J]. J Am Coll Cardiol, 2011, 57(8): 977 - 985.

[18] D Kolijn, S Pabel, Y Tian, et al. Empagliflozin improves endothelial and cardiomyocyte function in human heart failure with preserved ejection fraction via reduced pro-inflammatory-oxidative pathways and protein kinase Gα oxidation [J]. Cardiovasc Res, 2021, 117(2): 495 - 507.

[19] M Krüger, W A Linke. Titin-based mechanical signalling in normal and failing myocardium [J]. J Mol Cell Cardiol, 2009, 46(4): 490 - 498.

[20] M Krüger, S Kötter, A Grützner, et al. Protein kinase G modulates human myocardial passive stiffness by phosphorylation of the titin springs [J]. Circ Res, 2009, 104(1): 87 - 94.

[21] C S Lam, A Lyass, E Kraigher-Krainer, et al. Cardiac dysfunction and noncardiac dysfunction as precursors of heart failure with reduced and preserved ejection fraction in the community [J]. Circulation, 2011, 124(1): 24 - 30.

[22] C S Lam, V L Roger, R J Rodeheffer, et al. Cardiac structure and ventricular-vascular function in persons with heart failure and preserved ejection fraction from Olmsted County, Minnesota [J]. Circulation, 2007, 115(15): 1982 - 1990.

[23] C S Lam, V L Roger, R J Rodeheffer, et al. Pulmonary hypertension in heart failure with preserved ejection fraction: a community-based study [J]. J Am

Coll Cardiol, 2009, 53(13): 1119 - 1126.

[24] G Lewis, S Dodd, D Clayton, et al. Pirfenidone in heart failure with preserved ejection fraction: a randomized phase 2 trial [J]. Nat Med, 2021, 27(8): 1477 - 1482.

[25] G D Lopaschuk. Metabolic modulators in heart disease: past, present, and future [J]. Can J Cardiol, 2017, 33(7): 838 - 849.

[26] B López, A González, J Díez. Circulating biomarkers of collagen metabolism in cardiac diseases [J]. Circulation, 2010, 121(14): 1645 - 1654.

[27] T McDonagh, M Metra, M Adamo, et al. 2021 ESC Guidelines for the diagnosis and treatment of acute and chronic heart failure [J]. Eur Heart J, 2021, 42(36): 3599 - 3726.

[28] M R Mehra, P A Uber, M H Park, et al. Obesity and suppressed B-type natriuretic peptide levels in heart failure [J]. J Am Coll Cardiol, 2004, 43(9): 1590 - 1595.

[29] S Neubauer, M Horn, M Cramer, et al. Myocardial phosphocreatine-to-ATP ratio is a predictor of mortality in patients with dilated cardiomyopathy [J]. Circulation, 1997, 96(7): 2190 - 2196.

[30] H Noordali, B L Loudon, M P Frenneaux, et al. Cardiac metabolism—a promising therapeutic target for heart failure [J]. Pharmacol Ther, 2018, 182: 95 - 114.

[31] M Obokata, Y N V Reddy, S V Pislaru, et al. Evidence supporting the existence of a distinct obese phenotype of heart failure with preserved ejection fraction [J]. Circulation, 2017, 136(1): 6 - 19.

[32] T P Olson, B D Johnson, B A Borlaug, Impaired pulmonary diffusion in heart failure with preserved ejection fraction [J]. J Am Coll Cardiol, 2016, 4(6): 490 - 498.

[33] W J Paulus, C Tschöpe. A novel paradigm for heart failure with preserved ejection fraction: comorbidities drive myocardial dysfunction and remodeling through coronary microvascular endothelial inflammation [J]. J Am Coll Cardiol, 2013, 62(4): 263 - 271.

[34] B Pieske, C Tschöpe, R A de Boer, et al. How to diagnose heart failure with preserved ejection fraction: the HFA-PEFF diagnostic algorithm: a consensus

recommendation from the Heart Failure Association (HFA) of the European Society of Cardiology (ESC) [J]. Eur Heart J, 2019, 40(40): 3297 - 3317.

[35] P Ponikowski, A A Voors, S D Anker, et al. 2016 ESC Guidelines for the diagnosis and treatment of acute and chronic heart failure: The Task Force for the diagnosis and treatment of acute and chronic heart failure of the European Society of Cardiology (ESC) Developed with the special contribution of the Heart Failure Association (HFA) of the ESC [J]. Eur Heart J, 2016, 37(27): 2129 - 2200.

[36] Y N V Reddy, M J Andersen, M Obokata, et al. Arterial stiffening with exercise in patients with heart failure and preserved ejection fraction [J]. J Am Coll Cardiol, 2017, 70(2): 136 - 148.

[37] M M Redfield, B A Borlaug. Heart failure with preserved ejection fraction: A Review [J]. JAMA, 2023, 329(10): 827 - 838.

[38] S Rosenkranz, J S Gibbs, R Wachter, et al. Left ventricular heart failure and pulmonary hypertension [J]. Eur Heart J, 2016, 37(12): 942 - 954.

[39] L Sanchis, L Gabrielli, R Andrea, et al. Left atrial dysfunction relates to symptom onset in patients with heart failure and preserved left ventricular ejection fraction [J]. Eur Heart J Cardiovasc Imaging, 2015, 16(1): 62 - 67.

[40] G Santulli, W Xie, S Reiken, et al. Mitochondrial calcium overload is a key determinant in heart failure [J]. Proc Natl Acad Sci USA, 2015, 112(36): 11389 - 11394.

[41] G G Schiattarella, F Altamirano, D Tong, et al. Nitrosative stress drives heart failure with preserved ejection fraction [J]. Nature, 2019, 568(7752): 351 - 356.

[42] S Selvaraj, P L Myhre, M Vaduganathan, et al. Application of diagnostic algorithms for heart failure with preserved ejection fraction to the community [J]. JACC. Heart failure, 2020, 8(8): 640 - 653.

[43] N Sepehrvand, W Alemayehu, G J B Dyck, et al. External validation of the H(2)F - PEF model in diagnosing patients with heart failure and preserved ejection fraction [J]. Circulation, 2019, 139(20): 2377 - 2379.

[44] S J Shah, D W Kitzman, B A Borlaug, et al. Phenotype-Specific treatment of heart failure with preserved ejection fraction: a multiorgan roadmap [J]. Circulation, 2016, 134(1): 73 - 90.

[45] R Stüdeli, S Jung, P Mohacsi, et al. Diastolic dysfunction in human cardiac allografts is related with reduced SERCA2a gene expression [J]. Am J Transplant, 2006, 6(4): 775 - 782.

[46] Y T Tan, F Wenzelburger, E Lee, et al. Reduced left atrial function on exercise in patients with heart failure and normal ejection fraction [J]. Br Heart J, 2010, 96(13): 1017 - 1023.

[47] R C Wüst, H J de Vries, L T Wintjes, et al. Mitochondrial complex I dysfunction and altered NAD(P)H kinetics in rat myocardium in cardiac right ventricular hypertrophy and failure [J]. Cardiovasc Res, 2016, 111(4): 362 - 372.

[48] M R Zile, C F Baicu, W H Gaasch. Diastolic heart failure-abnormalities in active relaxation and passive stiffness of the left ventricle [J]. N Engl J Med, 2004, 350(19): 1953 - 1959.

[49] M R Zile, C F Baicu, J S Ikonomidis, et al. Myocardial stiffness in patients with heart failure and a preserved ejection fraction: contributions of collagen and titin [J]. Circulation, 2015, 131(14): 1247 - 1259.

（本章作者：陈会花）

第五章

蛋白质-生物大分子信息枢纽

本章学习目标

1. 理解蛋白质-蛋白质相互作用的生物学意义。
2. 掌握蛋白质-蛋白质相互作用的主要研究方法。
3. 理解蛋白质-DNA 相互作用的生物学意义。
4. 掌握蛋白质-DNA 相互作用的主要研究方法。

章　节　序

蛋白质一词源于希腊语中的 proteios，意思是“第一要质”或“最重要的物质”。蛋白质最早由荷兰化学家 Mulder(1802—1880)在其 *On the Composition of Some Animal Substances* 中描述，并由瑞典化学家 Berzelius(1779—1848)于 1838 年命名。

在此之前的约 150 年里，人们一直用“动物性物质(animal substances)”的概念来描述蛋白质，蛋白质被认为是肌肉、皮肤和血液的重要组成部分。Mulder 对常见的“动物性物质”进行了元素分析，发现所有的重要“动物性物质”都具有相同的基本元素组成，即 40 个碳原子，62 个氢原子，10 个氮原子和 12 个氧原子，其化学式可以表示为 $C_{40}H_{62}N_{10}O_{12}$。Mulder 将论文寄给了 Berzelius，Berzelius 表示这是“动物营养中最基础和最重要的物质”，应该称为“protein”。自此，protein 作为生命活动中复杂物质的含义一直沿用至今。

一、引　　言

蛋白质名称的含义代表了科学家对其功能重要性的认识。然而，自 1944 年 Avery(1877—1955)证明 DNA 是遗传物质后，尤其是 1953 年 DNA 双螺旋结构的发现和 20 世纪 70 年代分子生物学的蓬勃发展，蛋白质的功能重要性一度被 DNA 的光辉所掩盖。1957 年，Crick(1916—2004)提出的中心法则指出，遗传信息从 DNA 流向 RNA，再流向蛋白质，蛋白质编码的所有遗传信息位于 DNA 上，认为揭示基因的序列则能够揭示蛋白质的序列和功能。

人类基因组计划最初是由美国生物学家、诺贝尔奖获得者 Dulbecco 于 1986 年在美国《科学》杂志上发表的一篇文章中提出，主要目标是测出人类全基因组 DNA 序列，阐明其在染色体上的位置，从而在整体上破译人类遗传信息。人类基因组计划于 1990 年正式启动，历时 13 年，于 2003 年完成了人类基因组的全序列测定。基因组序列被揭示之后，科学家们发现，人类基因组中编码蛋白质的序列仅占 1.5%～2%，编码蛋白质的基因数量在 19 000～22 000 之间，剩余的 98%～99%并未含有任何蛋白质的编码信息，被命名为“非编码 DNA”。至此，科学家也认识到，基因组学只能揭示不同生物的差别，而不能说明生物体内每个细胞之间的差别；基因是相对静态的，而基因编码的产物之一——蛋白质则是动态的，具有时空性和调节性，是生物功能的主要体现者和执行者。

DNA 与其编码产物蛋白质之间是非线性关系。mRNA 模板与其蛋白质产物之间也是非线性关系，mRNA 的种类与含量不能代表蛋白质的种类与含量。蛋白质功能的发挥依赖于复杂的翻译后修饰机制、蛋白质的亚细胞定位、蛋白质与蛋白质或其他生物大分子之间的相互作用等。因此，蛋白质功能的复杂性不是通过解析基因组的序列就能够阐述清楚的。

科学发展进入 21 世纪后基因组时代，目前，蛋白质研究的核心内容是揭示生物体内成千上万种蛋白质的具体功能及其实施功能的机制，蛋白质功能的研究也成了当前生物科学极富挑战性的研究领域之一。我国《国家中长期科学和技术发展规划纲要(2006—2020 年)》“重大科学研究计划”蛋白质研究指出：蛋白质是最主要的生命活动载体和功能执行者，对蛋白质复杂多样的结构功能、相互作用和动态变化的深入研究，将在分子、细胞和生物体等多个层次上全面揭示生命现象的本质，是后基因时代的主要任务。同时，蛋白质科学研究成果将催生一系列新的生物技术，带动医药、农业和绿色产业的发展，引领未来生物经济的发展。此外，《国家重大科技基础设施建设中长期规划（2012—2030 年）》亦强调了蛋白质科学研究的重要性，提出要建成蛋白质科学研究设施，以支撑高通量、高精度、规模化的蛋白质制取与纯化、结构分析、功能研究等工作；探索预研系统生物学研究设施及合成生物学研究设施建设，满足从复杂系统角度认识生物体的结构、行为和控制机理的需要，综合解析生物系统运动规律，破解改造和设计生命的科学问题。这些举措无不彰显了蛋白质研究在国家基础设施与科学研究当中的战略重要性。

二、蛋白质-蛋白质相互作用

蛋白质是细胞功能的执行者和信息传递的枢纽。单一的蛋白质可以与其他的蛋白质发生相互作用，参与蛋白质复合物的形成。蛋白质复合物是不同的蛋白质分子之间通过非共价键，如氢键、范德华力、离子键（盐桥）、疏水相互作用等组成的蛋白质-蛋白质相互作用（protein-protein interaction，PPI）结合力维系的。有的蛋白质复合物包含多于 2 种蛋白质分子形成的多聚体。几乎所有生物过程都涉及蛋白质-蛋白质相互作用。蛋白质复合物广泛存在于各种生物系统中，并执行多种多样的生物学功能，如 DNA 转录、mRNA 翻译和细胞信号转导等。单一的蛋白质在不同的生理条件下可以参与多种复合物的构成，从而执行不同的细胞功能。相同的蛋白质复合物也可以在不同的生理条件下执行不同的生物学功能，这取决于细胞周期的阶段、细胞所处的细胞营养环境，以及蛋白质复合物在细胞内的定位等多种因素。

三、蛋白质-蛋白质相互作用的检测方法

蛋白质的结构决定了其生物学功能的多样性与复杂性。要了解蛋白质-蛋白质相互作用及其在原子细节上的特异性，首先需要了解蛋白质复合物和蛋白质-蛋白质界面的三维（3D）结构。通过探究蛋白质的 3D 结构，可以揭示蛋白质如何与

其底物或受体相互作用，以及如何调节其他蛋白质的功能。蛋白质复合物的 3D 结构数据可以通过多种方法获得，核磁共振(nuclear magnetic resonance，NMR)波谱、冷冻电子显微镜(cryogenic electron microscopy，CryoEM)技术和 X 射线晶体衍射(X - ray Diffraction，XRD)技术等是研究蛋白质-蛋白质复合物结构的主要实验技术。

(一) 核磁共振波谱

1938 年，哥伦比亚大学的 I. Rabi 准确地测量并描述了核磁共振(NMR)现象。随着 NMR 技术的发展，其在蛋白质研究领域的应用也日益广泛，不仅限于蛋白质本身，还拓展至蛋白质与其小分子配体(如有机小分子、多肽、核酸和脂质等)，以及蛋白质-蛋白质的相互作用。相较于冷冻电子显微镜技术和 X 射线晶体衍射技术，NMR 技术可在生理溶液条件下解析蛋白质复合物的动态结构，适用于研究弱相互作用和瞬时结合。

在早期的 NMR 研究中，为了获得分子的系列特征性一维(1D)图谱，常选用化学修饰方法在一些特异性位点上选择性地增强某些核(如^{15}N、^{13}C、^{19}F)的丰度或减少^{1}H 的丰度，用以进行配体结合、构象变化和动力学分析研究。在 20 世纪 70 年代末到 80 年代初出现的同核二维(2D)核磁共振技术，极大地简化了小分子量的蛋白质的结构分析流程，使其无须特殊的标记即可以进行。然而，对于大分子量的蛋白质，^{1}H 化学位移重叠和线宽增加的现象会逐渐加剧，这增加了大分子量蛋白质研究的难度。在生物样品同位素标记技术(如对蛋白质进行^{15}N 和^{13}C 均匀标记)，应用于 NMR 后，在异核多维核磁共振实验室中，^{1}H 的化学位移将会沿着 N 或 C 的化学位移在三维(3D)甚至四维(4D)空间上分散，改善了^{1}H 谱峰重叠的现象，使得可研究的蛋白质分子量提高至 2.5×10^{4}。

目前，NMR 技术在硬件方面出现的超低温探头以及高场磁体等，为蛋白质研究提供了更高的灵敏度和分辨率，但是对于更大分子量蛋白质的研究仍有局限性。

(二) 冷冻电子显微镜技术

自 1933 年透射电子显微镜诞生后，它便成为物理学家、生物学家、材料学家等观测微观结构的重要工具。但若样品中含有水分，则会导致样品无法在透射电子显微镜所要求的高真空环境下保存，且含有水分的生物样品也会被电子束强大的辐射作用破坏。如何运用电子显微镜对含水样本进行观察，一直是科学家亟待解决的问题。在这一背景下，将含水样本冷冻成冰成为解决这一问题的思路之一，而冷冻电子显微镜技术也成为该研究领域的新方向。1974 年，Glaeser 首次发现了冷冻于低温下的生物样品可以在真空的透射电子显微镜内耐受高能电子束辐射，并保持高分辨率结构。目前，冷冻电子显微镜与图像处理技术相结合，已发展成为研究生物大分子复合物结构的一项强大技术。与 X 射线晶体衍射技术不同，冷冻电子显微镜不需要大规模的蛋白质表达纯化与结晶过程，分辨率更高，适用范围更广，因此成为蛋白质复合物研究的强有力工具，尤其对于那些包括多种不同的组分的生物复合物而言，由于其并不适合进行结晶处理，因此冷冻电子显微镜技术成为揭示其空间组织和功能修饰的唯一可行方法。此外，与 NMR 相比，冷冻电子显微镜在检测大分子量的蛋白质方面也具有显著优势，其检测范围可以从约 200 RD 到数百兆道尔顿不等。

（三）X 射线晶体衍射技术

1836 年，英国科学家 Faraday（1791—1867）发现于充满稀薄空气的玻璃管中输送电流时会产生一种绚丽的辉光，被称为“阴极射线”或“法拉第暗空间”。1861 年，英国科学家 Crookes（1832—1919）同样发现通电的阴极射线管在放电时会产生亮光。但两位科学家都未能揭示这一发光现象的原因。1895 年 10 月，德国实验物理学家 Röntgen（1854—1923）在研究中也发现了干板底片“跑光”现象，他用 Crookes 的阴极射线管进行实验，不仅重现了发光现象，还发现即便是使用不是很厚的书本、木板或硬橡胶，甚至是铜、银、金、铂、铝等金属，都不能遮挡这种光线。这一发现使其推测，这种未知的射线具有特别强的穿透力。Röntgen 利用这种新发现的射线拍摄了其夫人的手的照片，照片上清晰地显示出手的骨骼结构。1895 年 12 月 28 日，Röntgen 在维尔茨堡物理和医学学会递交了第一篇研究文章 *On a New Kind of Rays*，因为当时还无法确定这一新射线的本质，他把这一新型射线称为 X 射线。此后，Röntgen 还发表了关于 X 射线的一系列研究论文。Röntgen 也因为 X 射线的发现获得了 1901 年的诺贝尔奖物理学奖。1912 年，德国物理学家 Laue（1879—1960）发表了 *Interferenz-Erscheinungen bei Röntgenstrahle*（《X 射线的干涉现象》）一文，证明了 X 射线的波动性和晶体内部结构的周期性。布拉格父子，即 Bragg（1862—1942）与其子 Bragg（1890—1971）在 X 射线研究晶体结构方面的工作充分显示了 X 射线衍射用于分析晶体结构的有效性。

截至 2024 年，X 射线晶体衍射技术仍是测定蛋白质结构的主要技术。在已知的所有蛋白质结构中，约有 85%是通过 X 射线晶体衍射技术进行阐明的。而且，随着近年来计算技术的进步和计算机程序的广泛应用，以及蛋白质数据库中已知蛋白质结构数量的不断增加，新结构的解析比过去更加容易和高效，例如，使用分子置换的方法，借助计算机就可以从单个数据集或从 PDB 下载的搜索模型中解析出大分子结构。X 射线晶体衍射技术也是研究蛋白质与配体相互作用，蛋白质-蛋白质复合物结构的强大技术。在结晶条件和蛋白质结构已知的大多数情况下，随着科学技术的进步，X 射线晶体衍射技术已能够实现对配体复合物结构的常规化测定。

除结构层次分析蛋白质复合物之外，还有多种其他验证蛋白质-蛋白质相互作用的手段，如 GST pull - down、蛋白质免疫共沉淀、酵母双杂交、双分子荧光互补等。

（四）GST pull - down

GST pull - down 是最常用的蛋白质-蛋白质相互作用检测方法之一。GST 代表谷胱甘肽- S -转移酶(glutathione S - transferase)，是一种常用的融合标签蛋白。该技术借助基因工程的手段，外源过表达并分离纯化获得目标蛋白质。具体流程包括：首先，克隆目标蛋白质编码序列，构建 GST 标签蛋白融合表达载体，选择合适的表达系统(如原核、昆虫细胞或动物细胞等)来表达外源蛋白，并通过体外分离纯化获得高纯度的 GST 标签融合蛋白。接下来，将携带 GST 标签的融合蛋白与谷胱甘肽共价耦联的琼脂糖凝胶介质进行孵育，使其结合。随后，将此复合物与含有可能表达其相互作用蛋白的细胞蛋白提取液或已知的相互作用蛋白再次进行孵育，以便捕获潜在的互作蛋白。最后，通过凝胶电泳与蛋白质免疫印迹实验，明确 GST 标签融合蛋白与待测的已知或未知的蛋白质之间是否具有相互作用。

（五）蛋白质免疫共沉淀

蛋白质免疫共沉淀(Co - immunoprecipitation，Co - IP)与 GST pull - down 技术都属于亲和层析，原理都是依据蛋白质-蛋白质之间的相互作用。相较于 GST pull - down，Co - IP 在检测蛋白质相互作用时更具优势，因为它在生理条件下进行,能更真实地反映蛋白质间的相互作用情况。该技术主要利用抗体与抗原蛋白质的特异性结合来实现检测目的,缺点是利用 Co-IP 不能明确两个蛋白质之间的相互作用是直接的还是间接的。在进行 Co-IP 实验时,通常的操作方法是将抗体与含有目标蛋白及其潜在相互作用蛋白的细胞裂解液进行孵育,并进一步通过抗体与琼脂糖凝胶介质上共价耦联的 protein A 或 protein G 相互作用,从而实现目标蛋白及其相互作用蛋白的富集。最后,通过凝胶电泳与蛋白质免疫印迹实验等技术手段,可以进一步验证并明确两种或多种蛋白质之间是否具有相互作用。

(六) 酵母双杂交

酵母双杂交(yeast two hybrid, Y2H)技术广泛应用于蛋白质-蛋白质相互作用检测,是一种非常成熟的蛋白质检测技术。该技术通常可以与其他一种或两种方法同时使用,用于检测细胞中发生的多种相互作用。酵母双杂交系统操作简单,能够在短时间内产生高质量的研究结果。酵母双杂交系统利用两种带有营养缺陷型标记的酵母蛋白表达系统,将待检测的两种蛋白质分别与转录因子的激活结构域或 DNA 结合结构域进行融合表达。通过在酵母中同时表达的两种蛋白质的相互作用,激活转录因子调控的下游报告基因的表达,从而明确蛋白质间是否具有相互作用。

(七) 蛋白质片段互补分析

蛋白质片段互补分析(protein-fragment complementation assays,PCA)技术是一种在活细胞中直观、快速地分析蛋白质之间相互作用及定位的新技术。蛋白质片段互补测定是基于蛋白质报告系统,如荧光蛋白或荧光素酶,通过自发重建这些蛋白的高级结构来实现的。当将报告系统中的荧光蛋白或荧光素酶截断成 N 端和 C 端后,任何一端均不能单独发挥其原有的作用。将荧光蛋白或荧光素酶的 C 端与其 N 端分别与待测的蛋白片段构建成融合蛋白,当这些融合蛋白在细胞内相遇且其对应的 N 端与 C 端能够正确互补时,便会触发可测量的荧光信号(即双分子荧光互补测定,BiFC)或酶促生物发光(即生物发光互补测定,BiLC)。报告系统能否成功重建,主要取决于连接它们的蛋白质片段之间的距离,通过检测这些信号的活性即可判断目标蛋白之间是否发生了相互作用。

（八）双分子荧光互补

双分子荧光互补（bimolecular fluorescence complementation，BiFC）是蛋白质片段互补分析中的一种重要方法。明确蛋白质复合物的亚细胞定位对于理解该复合物的功能及其作用机制至关重要。然而，传统的检测方法如免疫共沉淀等，往往无法提供复合物复杂的空间定位信息。相比之下，BiFC凭借其独特优势，能够监测蛋白质复合物的相互作用，并揭示其亚细胞区室化的详细情况。

荧光蛋白由大约220～240个氨基酸残基组成，包含11个β折叠形成的桶状结构，桶状结构内部容纳着一个由三个氨基酸经独特的翻译后修饰形成的发光基团。美国Hole海洋生物学实验室的Shimomura（1928—2018）、哥伦比亚大学的Chalfie（1947—）和加州大学圣地亚哥分校的Tsien（1952—2016）三位科学家在荧光蛋白的发现与应用中作出了卓越贡献。经过科学家对绿色荧光蛋白结构与功能研究发现，可以将荧光蛋白分别表达成没有活性的N端和C端，通过两个待测蛋白分别构建与荧光蛋白的N端与C端相融合的表达载体，在细胞内同时表达的两种相互作用蛋白导致的荧光蛋白的N端与C端发生分子内的互补，从而形成具有荧光活性完整的荧光蛋白分子，通过荧光蛋白的表达与否，明确蛋白质间是否具有相互作用。

（九）荧光共振能量转移

检测两种蛋白质间的距离也是佐证蛋白质相互作用的一种检测方法，是能够检测活体内生物大分子之间纳米级距离和纳米级距离变化的方法，也是较早被应用的一项检测技术。荧光共振能量转移（fluorescence resonance energy transfer，FRET）技术将两种具有不同激发光和发射光的荧光蛋白分别与待测蛋白构建成融合蛋白。当这两种融合蛋白分子在细胞内发生相互作用时，两个荧光分子之间的距离被拉近，利用其中一种荧光分子受到激发之后的发射光光谱与另一种荧光分子受到激发之后的发射光光谱重叠，从而引起被两个相互作用蛋白拉得很近的荧光分子（距离在10 nm以内），发生非放射性的能量转移，从而明确蛋白质间是否具有相互作用。

（十）等温滴定量热法

等温滴定量热法（isothermal titration calorimetry，ITC）是近年兴起的一种

研究生物热力学与生物动力学的新型技术手段,也是研究蛋白质间相互作用及结合力常数的重要方法。ITC 通过高自动化、高灵敏度的微量热量仪,能够连续、准确、实时地监测和记录溶液中溶质分子变化过程中的量热曲线,并记录热力学和动力学信息。

ITC 的仪器,包括通过绝热装置隔开的样品池和加入稀释溶液的对照参比池。在恒温条件下,通过注射器将一种单一蛋白质溶液滴定到含有另外一种单一蛋白质溶液的样品池中,如果这两种蛋白质间存在相互作用,则会释放或吸收热量,而且热量值与这两种蛋白的结合量成正比。当样品池中的蛋白质溶液被注射器中的蛋白质溶液分子饱和时,热量信号逐渐减弱,最后只能观察到滴定的背景溶液的热量,通过量热曲线,不仅能明确两种蛋白质间是否有相互作用,而且可以计算出两种蛋白质分子的结合力和结合常数。

(十一) 表面等离子体共振

表面等离子体共振(surface plasmon resonance,SPR)是一种基于光学的、不需要标记的分子互相作用检测技术,可用于实时检测两个或更多分子间的结合作用,常被用于蛋白质-蛋白质相互作用的检测,也可以用于检测蛋白质与其他非蛋白质分子间的相互作用。

基于 SPR 检测原理开发的生物传感芯片,通过与生物薄膜技术相结合,可以在金属膜表面添加能与靶分子特异性结合的生物表面基质。然后,在生物表面基质层上包被特定的靶分子,如蛋白质。SPR 基于表面等离子体共振的原理,在全内反射的条件下,入射光造成薄金层等离子体发生共振,导致反射光在某一特定角度(SPR 角)的能量低至几乎为零。SPR 角对金膜溶液在 100～200 nm 范围内的折光率变化非常敏感,分子间可逆的结合/解离能够造成金膜附近折光率的实时变化,SPR 生物传感器便能对溶液中特定的生物分子与结合在生物传感器表面的靶分子相互作用进行实时测量。与传统的检测技术手段相比,SPR 生物传感器具有检测灵敏度高、样品无须标记和纯化、样品溶液用量小、能够实时监测化学生物反应过程等优点。

(十二) 领近连接技术

领近连接技术(proximity ligation assay,PLA)由 Simon 及其研究团队于 2002 年研发,该技术利用免疫学的原理,结合了酶联免疫吸附试验(enzyme-linked immunosorbent assay，ELISA）的特异性和PCR的灵敏度，展现出高特异性和高灵敏度的特点，被应用于检测蛋白质-蛋白质间的相互作用、细胞外囊泡检测和翻译后修饰等方面。邻位连接技术使用了一对DNA邻位探针，每个探针都由抗体-寡聚核苷酸（Ab－Oligo）组成，即高亲和力寡核苷酸与特异性抗体相结合的PLA探针。根据应用方式的不同，PLA技术可以分为直接法和间接法两种。在直接法中，探针与待测蛋白的抗体（一抗）直接耦联。而在间接法中，则将二抗与寡聚核苷酸耦联，两种待检测的蛋白分子首先与其各自对应的一抗结合，然后，通过带有一条短序列特定DNA单链标记的二抗分子（PLA探针）与一抗分子的恒定区相结合。如果两个蛋白质分子间存在相互作用，两个PLA探针就能够相互靠近，产生所谓的邻近效应（proximity）。此时，向体系中加入一段分别与连接在二抗上的DNA互补的寡聚脱氧核苷酸作为连接子（connector oligonucleotides）。在互补配对的作用下，PLA探针上的DNA与该段连接子DNA互补。接着在连接酶的作用下，连接子DNA形成环状单链DNA分子，并能够通过滚环复制产生多连体。最后，加入带有荧光标记的探针，实现对新生成的DNA片段的检测。这一过程不仅验证了蛋白质-蛋白质相互作用的存在，还为其提供了直观的检测手段。

除了实验的手段外，当前还有许多基于计算与生物信息学的方法被用以预测蛋白质-蛋白质相互作用。

（十三）ZDOCK和M－ZDOCK

蛋白质-生物大分子复合物的三维（3D）结构的解析，有助于对其分子机制的深入了解。蛋白对接技术是一种预测蛋白质相互识别和相互作用的技术。在很多情况下，可以利用蛋白质对接技术，如对接程序ZDOCK和M－ZDOCK，对那些实验手段尚未确定的蛋白质复合物进行分子对接建模，预测蛋白质-蛋白质复合物和对称多聚体的结构，以了解其分子基础。

ZDOCK是一种基于快速傅里叶转化相关性技术的刚性蛋白对接算法。M－ZDOCK，能够基于未结合（或部分结合）单体的结构，预测循环对称性（Cyclic Symmetry，Cn）的多聚体结构。通过采用基于网格的快速傅里叶变换方法，M－ZDOCK能够在完全对称的多聚体空间中搜索最佳结构，相较于ZDOCK，其在准确性和运行时间上都有所提高。

（十四）AlphaFold－Multimer

AlphaFold是DeepMind推出的开源人工智能系统，相较于其他的蛋白质预测软件，AlphaFold 可以更加准确地预测蛋白质的结构。尽管当前 AlphaFold 已能高精度地预测出绝大多数结构良好的单链蛋白，但在面对更为复杂的蛋白质复合物预测时，其仍面临诸多挑战。AlphaFold - Multimer 的推出，在保持原有 AlphaFold 在单链蛋白预测上的高精度的同时，显著提高了蛋白质复合物预测的多聚体相互作用的准确性。

四、蛋白质与 DNA 相互作用

蛋白质能够通过离子键、静电相互作用、氢键、疏水相互作用等作用力与 DNA 分子发生相互作用，与 DNA 分子能够结合的蛋白质包括组蛋白、转录因子、DNA 甲基化酶和染色质重塑复合物等。蛋白质与 DNA 分子的相互作用在各种各样的生命活动过程中发挥着核心作用，如基因转录、染色体包装、重排、DNA 分子的复制和 DNA 分子损伤修复等。因此，研究蛋白质和 DNA 分子之间形成的复合物的性质，解析 DNA -蛋白质复合物的组成部分与作用方式也是揭示其分子基础的关键。近年来，针对 DNA 结合蛋白高质量结构的测定，特别是蛋白质与 DNA 的复合物结构的解析，包括特定的碱基序列是如何被蛋白质特异性识别，以及 DNA 结构在结合时是如何被修饰等的研究有了巨大的发展。同时，为了更全面地理解蛋白质与 DNA 之间的复杂相互作用，研究人员已经开发了多种技术手段。

五、蛋白质与 DNA 相互作用的检测方法

（一）染色质免疫沉淀

染色质免疫共沉淀（chromatin immunoprecipitation，ChIP）是一种广泛应用于研究组蛋白修饰、转录因子对基因转录调控等领域的工具，它能够深入分析组蛋白修饰和转录因子与 DNA 的结合位点。该技术利用抗体与抗原的相互作用，通过亲和介质耦联的抗体，将目标蛋白质抗原及与抗原结合的 DNA 片段共同沉淀下来。

在实验过程中，首先采用甲醛或其他交联试剂处理样本，以稳定活细胞中DNA与蛋白质之间的相互作用。随后，利用抗体下拉得到DNA-蛋白质复合物。进一步处理包括解交联，DNA的分离、提取和纯化，最终获得与蛋白质相结合的DNA片段。这些DNA片段可通过定量PCR进行特异性扩增和检测，或者用于构建测序文库，并利用二代测序技术进行分析。

ChIP-seq技术可以将二代测序得到的DNA片段(sequenced fragments)匹配到参考基因组上，通过分析DNA片段在基因组上的分布情况，推断蛋白质与DNA的结合位点。在基因组上，蛋白质结合概率越高的位置，检测到的DNA片段数量就会越多，将覆盖到参考基因组的DNA片段堆叠情况以柱状图的形式标示出来，即可得到蛋白质与DNA结合的特征峰图谱。这种图谱为研究蛋白质与DNA的相互作用提供了直观、准确的依据。

(二) 电泳迁移率变动分析

电泳迁移率变动分析(electrophoretic mobility shift assay，EMSA)用于研究与已知DNA寡核苷酸探针结合的蛋白质，并可用于评估两者相互作用的亲和力或特异性。根据实验设计特异性和非特异性的DNA寡核苷酸探针。将DNA寡核苷酸探针与待测蛋白样本混合孵育，样本中可以与DNA寡核苷酸探针特异结合的蛋白质则与探针形成蛋白-DNA寡核苷酸探针复合物。在随后的非变性琼脂糖凝胶电泳或聚丙烯酰胺凝胶电泳过程中，由于分子筛效应，这些蛋白质-DNA复合物因其较大的分子量而展现出比单独游离DNA分子更慢的迁移速率。由于DNA的迁移速率在与蛋白质结合时会下降，使得该测定方法也被称为凝胶迁移实验或凝胶阻滞实验。进一步地，若在DNA寡聚核苷酸探针与待测蛋白样本的混合物中再添加蛋白质特异性抗体，将会产生更大的抗体-蛋白质-DNA复合物，这些复合物在电泳过程中的迁移速率将更慢。

(三) DNase Ⅰ足迹分析

DNase I足迹分析[Deoxyribonuclease I (DNase I) footprinting]是一种体外鉴定DNA结合蛋白特定位点的方法，使用该技术不仅能分析鉴定与特定DNA序列结合的靶蛋白，还能识别这些靶蛋白所结合的DNA序列。DNase I足迹分析的原理是DNA与蛋白质的相互作用能够抑制DNase I对DNA上结合位点的催化降解，从而能够在DNase I处理后保持这些结合位点序列完整。

随后，通过变性琼脂糖凝胶电泳技术分离处理DNA片段，并利用同位素标记的DNA片段的放射自显影技术，我们就可以直观地观察并分析这些结合位点。

目前，DNase I足迹分析已拓展至定量研究领域，能够绘制出DNA上每个单独蛋白质结合位点的结合曲线。对于存在协同作用的多位点系统，该技术可以通过对所有位点的结合曲线进行分析，来解析协同作用的复杂机制。

在转录调控层面，转录因子通常与基因的启动子区域结合，通过激活或抑制RNA聚合酶的活性来调控靶标基因的转录过程。凝胶阻滞实验可以明确转录因子与DNA是否能够直接结合，DNase I足迹分析实验则能够鉴定与蛋白质相互作用的结合位点的DNA序列，从而揭示基因转录调控的机制。经典的DNase I足迹分析实验需要使用同位素对DNA分子进行标记，由于放射性元素对实验人员健康具有危害性，传统的同位素标记DNA分子方法已逐渐被多种非放射性标记方法所取代，如荧光标记技术。

本章小结

蛋白质的分布遍布整个机体，从肌肉、骨骼、皮肤到头发，几乎身体的每一个部位或组织中都有蛋白质。蛋白质可以是为各种生物反应提供动力的酶，蛋白质可以是在血液中携带氧气的血红蛋白，蛋白质也可以是保护人体健康的抗体……在人体中至少有10 000种不同的蛋白质在维持着机体的功能和健康，蛋白质的功能包括催化代谢反应、DNA复制、对刺激作出反应、为细胞和生物体提供结构支撑，以及物质的转运等多个方面。

蛋白质是包含一个或多个氨基酸残基长链的生物大分子，由20种氨基酸的基本结构单元组成。机体并不储存氨基酸，而是通过内源性或外源性途径获取。内源性氨基酸途径包括机体自身合成和分解代谢生成两种方式；而外源性途径则主要依赖于从外部环境中摄取。异亮氨酸、亮氨酸、赖氨酸、甲硫氨酸、苯丙氨酸、苏氨酸、色氨酸和缬氨酸这8种氨基酸被称为必需氨基酸，机体无法自行合成，必须通过外源获取。蛋白质之间的差异主要取决于其一级结构氨基酸序列，而氨基酸序列由其基因的核苷酸编码序列决定，并往往决定了蛋白质折叠后形成的具有活性的特定的三维(3D)结构。蛋白质在核糖体上被翻译成多肽链，并折叠形成其天然构象，在细胞中，大量的蛋白质单个分子作为基本元件，组装形成复杂的蛋白质复合物分子，通过蛋白质-蛋白质、蛋白质- DNA 相互作用及与其他分子的相互作用，执行 DNA 复制、信号传递等多样化的生物学过程。

蛋白质的研究历程，见证了从最初的重要地位，到一度被忽视，再到如今对其功能重要性的重新认识。这一过程，也是科学家们对生物大分子间彼此独立及协同作用分子机制认识不断深化的过程。蛋白质的折叠、与其他分子的相互作用等，都与其所处的微环境密切相关。作为细胞中至关重要的生物大分子之一，蛋白质既是信息的传递者，也是功能的执行者。在后基因组时代，功能基因组学与蛋白质组学的相关研究仍是生物学领域的热点与难点，也是揭示生命活动的众多分子基础的突破口。

思考和练习

1. 生物体内的蛋白质不仅与其他蛋白质分子相互作用，还常与 DNA 分子结合形成复合物，请简述这些相互作用及结合的生理意义。

2. 鉴定蛋白质复合物有多种方法，如结构生物学方法、生物化学方法以及在体与体外的鉴定方法等。请简述每种方法的主要用途及其特点。

3. 请列举并简述当前主要的用于检测 DNA -蛋白质之间相互作用的方法。

参考文献

[1] W R Algar, N Hildebrandt, S S Vogel, et al. FRET as biomolecular research tool-understanding its potential while avoiding pitfalls [J]. Nat Methods, 2019, 16(9): 815 - 829.

[2] B Dey, S Thukral, S Krishnan, et al. DNA-protein interactions: methods for detection and analysis [J]. Mol Cell Biochem, 2012, 365(1): 279 - 299.

[3] W Feng, L Pan, M Zhang. Combination of NMR spectroscopy and X - ray crystallography offers unique advantages for elucidation of the structural basis of protein complex assembly [J]. Sci China Life Sci, 2011, 54(2): 101 - 111.

[4] R A C Ferraz, A L G Lopes, J A F da Silva, et al. DNA-protein interaction studies: a historical and comparative analysis. Plant Methods. Vol 17; 2021: 82.

[5] S Fredriksson, M Gullberg, J Jarvius, et al. Protein detection using proximity-dependent DNA ligation assays [J]. Nat Biotechnol, 2002, 20(5): 473 - 477.

[6] A C Gingras, R Aebersold, B Raught. Advances in protein complex analysis using mass spectrometry [J]. J Physiol, 2005, 563(Pt 1): 11 - 21.

[7] A Hamdi, P Colas. Yeast two-hybrid methods and their applications in drug discovery [J]. Trends Pharmacol Sci, 2012, 33(2): 109 - 118.

[8] H Hartley. Origin of the word 'protein' [J]. Nature, 1951, 168(4267): 244.

[9] B Hoffmann, F Löhr, A Laguerre, et al. Protein labeling strategies for liquid-state NMR spectroscopy using cell-free synthesis [J]. Prog Nucl Magn Reson Spectrosc, 2018, 105: 1 - 22.

[10] R E Kattan, D Ayesh, W Wang. Analysis of affinity purification-related proteomic data for studying protein-protein interaction networks in cells [J]. Brief Bioinform, 2023, 24(2): 1 - 10.

[11] T K Kerppola. Visualization of molecular interactions using bimolecular fluorescence complementation analysis: characteristics of protein fragment complementation [J]. Chem Soc Rev, 2009, 38(10): 2876 - 2886.

[12] A G Ngounou Wetie, I Sokolowska, A G Woods, et al. Protein-protein interactions: switch from classical methods to proteomics and bioinformatics-based approaches [J]. Cell Mol Life Sci, 2014, 71(2): 205 - 228.

[13] I M Nooren, J M Thornton. Diversity of protein-protein interactions [J]. Embo j, 2003, 22(14): 3486 - 3492.

[14] P J Park. ChIP-seq: advantages and challenges of a maturing technology [J]. Nat Rev Genet, 2009, 10(10): 669 - 680.

[15] J B Pereira-Leal, E D Levy, S A Teichmann. The origins and evolution of functional modules: lessons from protein complexes [J]. Philos Trans R Soc Lond B Biol Sci, 2006, 361(1467): 507 - 517.

[16] D Plewczyński, K Ginalski. The interactome: predicting the protein-protein interactions in cells [J]. Cell Mol Biol Lett, 2009, 14(1): 1 - 22.

[17] D W Ritchie. Recent progress and future directions in protein-protein docking [J]. Curr Protein Pept Sci, 2008, 9(1): 1 - 15.

[18] O V Stepanenko, V V Verkhusha, I M Kuznetsova, et al. Fluorescent proteins as biomarkers and biosensors: throwing color lights on molecular and cellular

processes [J]. Curr Protein Pept Sci，2008，9(4)：338－369.

[19] K Terpe. Overview of tag protein fusions：from molecular and biochemical fundamentals to commercial systems [J]. Appl Microbiol Biotechnol，2003，60(5)：523－533.

[20] J Vierstra，J A Stamatoyannopoulos. Genomic footprinting [J]. Nat Methods，2016，13(3)：213－221.

（本章作者：高娟　李进　张峰　朱玉娇）

第六章

细胞外囊泡

本章学习目标

1. 了解并掌握细胞外囊泡的基本概念和生物学功能。

2. 掌握研究细胞外囊泡的基本技术手段。

3. 了解细胞外囊泡的产业化瓶颈及其潜在的解决方案。

4. 掌握细胞外囊泡领域的发展前沿及未来发展方向。

5. 能够自主检索我国在该领域内的创造性成果，熟读并学习我国科学家创新创业的先进案例，树立创新报国的意识。

章 节 序

自 2013 年诺贝尔生理学或医学奖被授予研究细胞内部囊泡运输体系的科学家之后，这一领域的研究受到了世界各国科学家的关注。作为细胞的一类天然产物，细胞外囊泡(extracellular vesicles，EVs)在多种生理和病理过程中发挥重要的调控作用，充分了解和认识细胞外囊泡对于开发疾病治疗新策略具有重要的意义。随着研究的不断深入，人们对细胞外囊泡的认识和应用也随之增强，已有部分研究进入临床试验阶段。然而，距离将细胞外囊泡应用到临床还有很长一段距离，许多关键问题仍未解决。本章将全面介绍细胞外囊泡的基本内涵、研究的基本技术手段，深入探讨细胞外囊泡在生命医学研究中的前沿进展及瓶颈问题，以期为大家提供一定的理论指导，为研究人员提供相关的进展汇报，进一步促进对细胞外囊泡的认识和理解，以期为重大疾病的治疗提供新的手段和策略。

一、引　　言

细胞外囊泡是一类存在于生物体中发挥重要作用的天然纳米级囊泡，具有较好的生物相容性，能够穿透生理屏障，并且具有较低的免疫原性，在药物递送和疾病治疗领域发挥出了独特的优势，极具转化前景。近年来，对利用细胞外囊泡进行生物学修饰及工程化改造等技术的研究，有望实现药物的靶向递送。因此，越来越多的科研人员及公司开始关注并进行细胞外囊泡相关技术的开发与应用。自其被发现以来的短短数十年间，对细胞外囊泡的研究已迅速迈入临床试验阶段，未来有可能成为继细胞治疗、基因治疗之后的新型手段，促使生物医药行业发生新一轮的变革。

二、细胞外囊泡的基本概念及研究历史

(一) 基本概念与分类

细胞外囊泡(EVs)是一种由细胞分泌的天然纳米级囊泡，具有双层膜结构，其直径在 40～1 000 nm 之间，能够包裹核酸物质、蛋白质、代谢物等生物活性分子，参与多种生理及病理过程，并发挥重要的调节作用。

根据国际细胞外囊泡协会指南(MISEV2018)(最新版的指南 MISEV2023 中对细胞外囊泡的相关内容做了更新和补充，在此只讨论概念，故引用MISEV2018)，细胞外囊泡有多种分类方法：根据物理性质(如粒径大小)，可将细胞外囊泡分为大囊泡(粒径＞200 nm)、小囊泡(粒径＜200 nm)；根据生化组分，可将细胞外囊泡分为 $CD63^+/CD81^+$- EVs、Annexin A5 - EVs 等；根据生物发生过程，可将细胞外囊泡分为外泌体、微囊、凋亡小体等，外泌体来源于内体，通过膜脱落形成多囊体，微囊形态不规则，源自质膜脱落，通过质膜的外膜脱落和分裂形成。

(二) 研究历史

细胞外囊泡的发现与命名源于凝血相关的研究。早在 20 世纪 40 年代，科学家 Chargaff 发现在特定的离心条件下(离心机产生的重力加速度: 31 000 g),能够产生一种促进血液凝固活性的沉淀物,并推测该沉淀物中可能包含各种微小的血细胞分解产物。随后,在 1967 年,英国伯明翰大学的 Wolf 利用电子显微成像技术,首次观察到这些能在高速离心条件下沉降,并具有凝血功能的微小颗粒,他将其命名为"血小板尘埃"(platelet-dust)。1971 年,Crawford 在无血小板的人和动物血浆中分离出具有扁平膜囊样结构的血小板微粒,并指出这些微粒内含有脂质,且携带蛋白质等生物分子。这些研究不仅首次揭示了独立于血小板存在的无细胞成分及其结构,还预示着这些结构在生物学功能上的重要性。此外,后续研究亦证实,这种囊状膜结构并非哺乳动物特有,在单胞菌、杆状菌及酵母等生物体内同样存在具有生物学功能的囊泡。直至 20 世纪 80 年代,"外泌体"这一术语才被正式提出。其中,1981 年,Trams 在研究中发现,从正常及肿瘤细胞系中分离出的膜脱落囊泡具有一定的酶活性,并提议将其命名为外泌体。同年,Johnstone 和 Stahl 实验室亦报道了转铁蛋白通过囊泡被细胞内化,并与其受体蛋一同在内吞作用下,以囊泡形式重新循环回质膜的现象。在 1996 年,Raposo 发现细胞外囊泡能够参与细胞间的抗原传递,且在免疫反应和免疫调节中发挥重要的作用。自此以后,人们对细胞外囊泡的研究正式迈入新的阶段,并不断取得新的突破。

(三) 生物发生

以外泌体为例,其生物发生过程主要为: 质膜内陷形成早期内体,内体膜向腔内出芽形成腔内囊泡(intralumenal vesicles, ILVs),多囊泡体(multivesicular bodies, MVB)与质膜融合释放囊泡至细胞外环境。MVB 的形成受到两种主要机制的驱动: 运输所需内体分选复合物(endosomal sorting complex required for transport, ESCRT)依赖途径和 ESCRT 非依赖途径。

ESCRT 依赖途径是膜形成和断裂的主要驱动因素,它在 MVB 成熟过程中形成主要的分拣机制。该途径由 ESCRT 复合物(ESCRT - 0、ESCRT - Ⅰ、ESCRT - Ⅱ 和 ESCRT - Ⅲ)以及其他辅助蛋白质(如 Alix、VPS4 等)组成。ESCRT - 0 含有泛素结合结构域,负责识别泛素化的蛋白质,并形成复合物,随后与 ESCRT - Ⅰ 和 ESCRT - Ⅱ 相互作用,诱导内体膜出芽状形成 ILVs。最后,ESCRT - Ⅲ 复合物参与推动外泌体的脱落。此外,一些 ESCRT 成员如 Tsg101 在 MVB 形成和外泌体分泌中发挥着重要作用,缺失 Tsg101 会显著减少肿瘤细胞的外泌体分泌。

2009 年，Stuffers 等发现 ESCRT 相关蛋白的缺失并不影响 MVB 的形成，表明外泌体的生物发生存在 ESCRT 非依赖的途径。目前已知脂质筏、四膜蛋白家族（如 CD9、CD63、CD81）和热休克蛋白等因子均参与外泌体的生成和分泌。其中，脂鞘醇可以诱导内体膜向内弯曲，抑制中性鞘氨磷脂酶（nSMase）活性，引起少突胶质细胞中脂鞘醇减少，从而降低外泌体的分泌。四膜蛋白家族成员则能在缺乏 ESCRT 复合物的情况下参与货物的分选过程。例如，CD63 以一种与脂鞘醇无关的方式参与将货物（如黑素体）分拣到内囊泡。此外，我国科学家还鉴定出一条由 RAB3 调节的 ESCRT 非依赖通路，这一发现进一步拓宽了我们对细胞外囊泡生物发生的认识和理解。

三、细胞外囊泡的分离与鉴定

（一）分离方法

随着科学研究的不断深入，目前已有多种方法可用于从细胞、组织及体液中分离细胞外囊泡（表 6 - 1）。这些方法既包括传统的经典方法，也涵盖了最新的技术手段。本部分将从这两个方面对细胞外囊泡的分离技术进行阐述。

表 6 - 1　细胞外囊泡的分离方法

方法名称	主要应用
差速离心	经典方法，可用于细胞培养液、组织及体液中细胞外囊泡的分离。最大缺点是耗时长，需要高速离心机
密度梯度离心	适用于细胞外囊泡的纯化。主要缺点是损耗大，回收率低
尺寸排阻层析	被普遍接受的分离方法，尤其是对于血液样本中细胞外囊泡的分离优势显著。主要缺点是提取量少
沉淀法	快速便捷但存在争议，尤其是对于血液样本中细胞外囊泡的分离因纯度较低而存在争议
膜亲合法	方便快捷，纯度较高。成本相对较高
其他	基于微流体的免疫亲和捕获、基于微流体的膜过滤等

常规的细胞外囊泡(EVs)的分离方法有：① 差速离心法(differential centrifugation)：最早由Svedberg于1947年使用。随着生命科学的发展，差速离心法已成为生物化学和分子生物学中常用的分离方法之一。② 密度梯度离心法(density gradient centrifugation)：通常与差速离心联合使用，可以将细胞外囊泡与蛋白质、类脂样颗粒等分离。③ 尺寸排阻层析(size-exclusion chromatography)：一种基于颗粒尺寸差异的液相色谱分离技术。在此方法中，大颗粒在色谱柱中停留时间短，而小颗粒在色谱柱中停留时间较长，基于不同时间点收集组分，从而实现大小囊泡的分离。④ 超滤法(ultrafiltration)：依赖于特定孔径的超滤膜，对不同分子量的颗粒进行分离。其中，分子量小于滤膜孔径的分子直接通过，而高分子量的分子则被截留，以此实现细胞外囊泡与生物流体的分离。⑤ 免疫亲和捕获(immunoaffinity)：基于抗原和抗体之间的特异性结合，通过预先涂覆有特异性抗体的微球或板材，实现对目标细胞外囊泡(尤其是肿瘤来源的EVs)的高效捕获。⑥ 沉淀法：使用特定的沉淀剂(如聚乙二醇)在低速离心条件下促使细胞外囊泡的聚集与沉淀，从而实现分离。

此外，随着科学技术的不断进步，科学家们不断提出新的细胞外囊泡的分离和纯化方法。例如，基于微流体技术的分离方法以其高效、低成本的优势，在颗粒分离、药物递送和诊断研究等领域展现出广阔的应用前景。其中，微流体免疫亲和捕获和膜过滤技术更是为细胞外囊泡的分离提供了新的思路。同时，低真空过滤法及双重尺寸排阻色谱法等新兴技术的出现，也进一步提升了细胞外囊泡的分离效率与纯度。

值得注意的是，在实际操作中，各种方法不是孤立的，而是根据研究的具体需求和来源的多样性，进行灵活组合与运用，以实现最佳的分离效果。例如，Ryu等联合差速离心法和沉淀法，从癌症患者体内分离出细胞外囊泡，并验证了这种联合方法对于从人血清中提取细胞外囊泡是可行的；Nordin等创造性地将超滤法与尺寸排阻层析相结合，分离出具有较高产量、较好生物物理特性的细胞外囊泡；Koh等将差速离心法与尺寸排阻层析结合，从血液中分离出较高纯度的细胞外囊泡。此外，研究人员还探索使用三种或更多方法的组合，以便获得更高纯度的细胞外囊泡并尽可能减少了蛋白质污染。

(二) 形态学鉴定

电子显微镜成像技术是对细胞外囊泡进行形态学鉴定的金标准。目前，可用于对细胞外囊泡进行形态学鉴定的电子显微镜类型主要有：透射电子显微镜、扫描显微镜、原子力显微镜等。透射电子显微镜（transmission electron microscope，TEM）可以提供高分辨率的图像，能够将细胞外囊泡的结构细节展示出来，包括膜结构、内容物负载等，是定性细胞外囊泡尤其是外泌体的金标准。在透射电子显微镜下，细胞外囊泡尤其是外泌体呈现双层膜、杯状形态。扫描显微镜能够展示细胞外囊泡的表面结构。原子力显微镜可以用于观察细胞外囊泡的表面结构及拓扑结构信息。

（三）定量分析

细胞外囊泡的定量分析包含颗粒数、颗粒大小、内容物含量等。目前，经典的检测技术有动态光散射、高分辨流式细胞术、荧光标记的单颗粒检测技术等。其中，基于动态光散射开发的纳米颗粒追踪系统是使用最为广泛的定量方法之一。该方法基于颗粒物的布朗运动进行相对定量检测，因而结果的特异性相对较差。如果需要进行精准定量，可以考虑采用纳米流式细胞术、全自动外泌体荧光检测分析系统等高精度检测手段，使用荧光抗体标记细胞外囊泡的蛋白标志物，实现精准定量。

随着研究技术的不断发展，相对定量的方式很难满足研究需求，精准定量正在发挥越来越重要的作用。除了直接检测细胞外囊泡的颗粒数及粒径，在研究中还可以通过检测细胞外囊泡中的蛋白质、脂质、RNA 等组分含量，实现对其含量的间接定量。具体实施原则可以参考国际细胞外囊泡协会发布的研究指南 MISEV2018 及 MISEV2023。

四、细胞外囊泡的生物学功能

细胞外囊泡被视为天然的分子“cargo”，能够运载多种生物活性分子、介导细胞与细胞间的分子信息交流、引起脏器之间的交叉对话，从而广泛调节机体的代谢过程及生命活动，在细胞间通讯、信号转导、基因表达调控、免疫反应调节等多个环节发挥重要作用。

（一）介导细胞间通讯

作为一种天然的细胞产物，细胞外囊泡广泛参与多种不同细胞间的分子交流，通过传递分子信息进而影响细胞命运。

1. 影响细胞活力与凋亡

无论是在正常生理状态还是在病理条件下，细胞外囊泡均能在一定程度上调节细胞活力与凋亡。在正常生理状态下，干细胞来源的细胞外囊泡能够有效缓解细胞凋亡，增强细胞活力，例如，间充质干细胞分泌的细胞外囊泡能够通过靶向 PTEN/AKT 通路，缓解心肌细胞凋亡。在病理状态下，例如，大气污染物暴露引发呼吸系统释放出的细胞外囊泡，其能够通过传递非编码 RNA 进一步诱发心肌细胞凋亡；又如卵巢释放的细胞外囊泡能够运载 miRNA－122－5p，从而引发颗粒细胞凋亡。

2. 影响细胞增殖

细胞外囊泡在细胞增殖过程中发挥着一定的调节作用，其具体机制随病理环境的不同而有所不同，但癌症相关的细胞外囊泡通常具有促进细胞增殖的功能。例如，外泌体运载长链非编码 RNA——LINC00461，能够调节 BCL－2 的表达，进而促进多发性骨髓瘤细胞增殖。来自癌症相关的成纤维细胞的细胞外囊泡可以传递 miR－500a－5pj 进而靶向 USP28，从而促进乳腺癌细胞增殖。从非肿瘤系细胞中得到的囊泡具有不同的功能，例如，从 ox－LDL 处理后的巨噬细胞分离出的外泌体能够传递 miR－106a－3p，促进细胞增殖并抑制细胞凋亡。

3. 影响细胞活化状态与功能

越来越多的研究证实，细胞外囊泡对部分特殊类型的细胞具有重要的调节作用，能够影响细胞的活化状态，从而调节细胞功能。间充质干细胞来源的外泌体能够传递环状 RNA——circDIDO1，进而调控 PTEN/AKT 信号通路，最终抑制人肝纤维化中肝星状细胞的激活。除了干细胞相关的囊泡，其他细胞类型来源的细胞外囊泡也具有重要的功能。例如，将树突状细胞来源的外泌体静脉注射给小鼠后，该外泌体能够介导树突状细胞和内皮细胞间的分子通讯，通过加速肿瘤坏死因子 α(TNFα)的产生，激活 NF－κB 通路，加重动脉损伤和内皮炎症。此外，外泌体能够介导心肌细胞和巨噬细胞之间的通讯。在心功能障碍模型中，外泌体运载 miR－34－5p 介导心肌细胞和巨噬细胞之间的分子交流，且这种交流是双向的。巨噬细胞可以通过产生细胞外囊泡运载 Toll 样受体 9(Toll-like receptors 9)，减轻败血症诱导的心肌细胞凋亡。在脓毒症引起的心肌病中，MAPK 信号参与巨噬细胞极化，从而调节心肌细胞凋亡过程。

此外，癌症相关的细胞外囊泡在介导基质细胞与肿瘤组织之间的交流中，发挥重要的调节作用。现有研究证实,癌症相关的细胞外囊泡能促进基质活化。肝星状细胞分泌的细胞外囊泡能够运载 miR－126－3p 到肝癌细胞,影响肿瘤细胞的迁移及球状体的生长,从而在微环境的调控中发挥作用。

(二) 信号转导

如上所述,细胞外囊泡能够运输多种生物活性分子参与细胞间的分子交流。这种分子交流能够开启受体细胞中的信号转导,激活不同的信号通路,影响特定信号分子的表达,从而影响细胞的命运。

1. Wnt 信号通路

细胞外囊泡能够通过其内容物,实现对信号通路的调节。成纤维细胞来源的细胞外囊泡能激活 Wnt 信号通路,进而促进乳腺癌细胞的增殖和迁移。在缺氧状态下,结直肠癌细胞来源的细胞外囊泡能够调节 Wnt4,进而影响内皮细胞中的 β-连环蛋白信号传导,促进血管新生,进而影响结直肠癌发育。

2. NF－κB 通路

NF－κB 通路是被公认的经典促炎信号通路。近期有研究报道,黑色素瘤衍生的 EVs 诱导淋巴内皮细胞 ERK/NF－κB/ICAM－1 信号通路活化,会影响肿瘤微环境,促进肿瘤细胞远端黏附转移。在星形孢素诱导凋亡状态下,骨髓间充质干细胞产生的 EVs,可通过 AMPK/SIRT1/NF－κB 信号通路途径抑制巨噬细胞炎症反应和破骨细胞形成。脂肪变性肝细胞来源的 EVs,通过递送 miR－1 抑制 KLF4 的表达,活化 NF－κB 信号通路,促进内皮炎症反应和动脉粥样硬化的发生。

3. PTEN/AKT 信号通路

来自褪黑激素刺激的间充质干细胞来源的 EVs,通过上调 PTEN 的表达并抑制 AKT 磷酸化,抑制炎症反应,促进血管生成、胶原蛋白合成,以及糖尿病创面愈合。在缺氧条件下,间充质干细胞衍生的携带 miR－144 的 EVs,通过靶向 PTEN/AKT 通路,改善心肌细胞凋亡。结直肠癌细胞会分泌携带miR－21－5p 和 miR－200a 的 EVs,EVs 通过调节 PTEN/AKT 和 SCOS2/STAT1 通路协同诱导巨噬细胞 M1 极化和 PD－L1 表达,导致 $CD8^+$ T 细胞活性下降,使肿瘤细胞逃逸免疫攻击。

(三) 基因表达调控

细胞外囊泡可以通过携带 mRNA 和非编码 RNA 等核酸物质,将其输送到邻近细胞或远处靶细胞中，调控受体细胞的基因转录、翻译和翻译后修饰，参与各种生理病理过程。越来越多的研究表明，EVs携带的非编码RNA，主要包括微RNA(miRNA)、长非编码RNA(lncRNA)和环状RNA(circRNA)，广泛参与机体各种细胞的生物过程。miRNA是EVs携带的最丰富的非编码RNA，为一段非编码RNA单链序列(约有22个核苷酸)，通过诱导沉默复合物降解或抑制靶基因翻译，进而抑制下游靶基因的表达。例如，急性心肌梗死诱导产生的EVs会携带miR-503与PGC-1β和SIRT3直接结合，从而引发线粒体代谢功能障碍，进而导致心肌细胞死亡并加剧心脏损伤。在尼古丁刺激下，血清EVs中miR-155表达水平显著增加，加剧了内皮炎症反应及细胞凋亡，驱动动脉粥样硬化进程，提示EVs作为细胞间通讯介质，发挥着基因表达调控的作用。

EVs转运的lncRNA主要通过与miRNA或转录因子结合，干扰相关信号通路，从而调控靶细胞的基因表达水平，在调节肿瘤细胞增殖、血管生成、侵袭和转移中发挥关键作用。LncRNA FAL1在透明细胞性肾细胞癌患者的血清EVs中高度表达，并通过与miR-1236的竞争结合，促进癌细胞的增殖和转移。膀胱癌细胞分泌的EVs携带一种lncRNA LNMAT2，可与A2B1直接结合，上调PROX1表达，刺激患者淋巴管生成和癌细胞淋巴结转移。

circRNA在EVs中较为富集和稳定，可以在循环系统和尿液中被检测到。透明细胞性肾细胞癌患者分泌的EVs中，circRNA-100338水平显著上调，并可转移至人脐静脉内皮细胞，刺激细胞增殖、血管生成和血管形成，促进肿瘤转移。circRNA-133则富集于结直肠癌患者血浆外泌体中，通过作用于GEF-H1/RhoA轴，促进癌细胞发生转移。

(四) 免疫反应调节

细胞外囊泡在免疫反应调节中发挥关键作用。源自抗原呈递细胞的EVs，通过携带与抗原肽结合的主要组织相容性复合体Ⅱ来激活T细胞。调节性T细胞通过各种途径释放携带包括CTLA4、PDL1、FASL、CD39和CD73等免疫调节分子的EVs，发挥免疫调节作用。此外，EVs可以通过递送miRNA或转录因子影响免疫细胞中的基因表达，介导肿瘤或病原体的免疫逃逸，从而促进癌症的进展和转移。

EVs还参与巨噬细胞和中性粒细胞极化的调控，参与多种疾病的病理生理过程。EVs可诱导巨噬细胞分化为M1或M2表型，是炎症反应的重要调控机制。例如，多形核中性粒细胞来源的 EVs，通过激活 NF-κB 信号诱导巨噬细胞发生 M1 极化，从而引发巨噬细胞焦亡；结直肠癌细胞来源的 EVs，通过下调 PTEN 的表达，激活 PI3K/AKT 信号通路，诱导巨噬细胞发生 M2 极化；脂肪细胞分泌的 EVs，将 miR-34a 转运到巨噬细胞中，通过抑制 KLF4 的表达抑制巨噬细胞 M2 极化。

此外，EVs 可以通过运输细胞因子或其他促炎介质直接作用于靶器官，来调节免疫反应。例如，心肌梗死后 M1 型巨噬细胞会释放携带 miR-155 的 EVs 到达内皮细胞，抑制 SIRT2/AMPKα1 及 RAC2/PAK1 信号通路，从而抑制血管生成，加剧心功能不全。总之，EVs 通过多种途径影响免疫细胞的表型和免疫调节功能，调控机体免疫反应。

五、细胞外囊泡的应用进展

因其具有良好的生物相容性、易获得性、易改造等特性，细胞外囊泡在疾病诊断、药物递送、分子药物研究等方面展现出巨大的潜力，以下对细胞外囊泡的应用进展进行总结。

（一）诊断的生物标志物

不同来源及病理生理条件下细胞释放的 EVs，可以反映初始细胞的类型，携带特定信息到邻近或远处细胞执行功能，诱导目标细胞发生表型改变。因此，EVs 携带的核酸和蛋白质表达改变，可以作为不同疾病状态的生物标志物。研究表明，与健康人相比，肾细胞癌患者血浆中 EVs miR-149-3p 和miR-24-3p 水平上调，而 miR-92a-1-5 水平明显下调。血浆外泌体蛋白 PKM2 能够在肝脏肿瘤病灶形成之前就被检测到，其有望成为疾病早期诊断及预后评价的生物标志物。

EVs 广泛存在于血液或其他体液中，可作为监测患者生存及预后的非侵入性生物标志物。循环 EVs 中的 NID1 随着肝细胞癌的进展水平逐步增加，可用于区分早期和晚期肝癌患者。透明细胞性肾细胞癌发生转移后，患者的血清 EVs 中前列腺特异性膜抗原 PSMA 水平显著升高，可反映肿瘤原发灶及转移灶血管新生情况，有助于实时监测癌细胞的转移情况。

（二）药物递送载体

细胞外囊泡能够穿越体内的各种生物屏障，实现细胞间的物质运输和信息传递，且具有较低的免疫原性，使得其在作为药物递送载体方面具有极大的临床应用潜力。利用心脏靶向肽处理的EVs装载姜黄素，能够特异性地将姜黄素输送到心脏，提高姜黄素的生物利用度，可以获得更高的心脏保护效率。利用工程化改造EVs，可以同时递送抗癌药物5-FU和miR-21抑制剂至结直肠癌细胞，有效逆转常规给药易出现5-FU耐药性的问题。总之，改造EVs作为药物递送载体，为解决常规治疗存在的药物代谢快、毒副作用大及耐药性等问题，提供了一个新的开发方向。

（三）临床研究进展

近期有研究报道，间充质干细胞及其分泌的EVs在临床治疗方面有极大的应用潜力。接受间充质干细胞治疗的慢性重症脑卒中，患者循环EVs水平显著增加，并且与患者运动功能和磁共振成像指标改善显著正相关。间充质干细胞来源的EVs雾化治疗，能够用于COVID-19肺炎患者肺部病变的吸收，可缩短患者的平均住院时长。这些临床研究提示细胞外囊泡在临床治疗应用方面存在广阔的前景，但仍需要更多的临床试验来进行验证。

本章小结

本章内容围绕细胞外囊泡的基本概念、生物学发生路径及生物学功能等展开，并对当下的研究热点进行总结，可为从事以细胞外囊泡为核心的基础研究、药物开发及临床研究等相关的人员提供参考。对细胞外囊泡的研究仍在不断深入，不断有新的技术和新的方法涌现，期望本章内容能够启发相关工作人员在该领域不断前进和创新。

思考与练习

1. 细胞外囊泡和外泌体有何区别？

2. 细胞外囊泡作为药物递送载体的优势有哪些?

3. 目前,在细胞外囊泡领域产业化或临床转化过程中,遇到的瓶颈问题有哪些?

4. 细胞外囊泡的研究历史对你有何启发?

参考文献

[1] S Aaronson, U Behrens, R Orner, et al. Ultrastructure of intracellular and extracellular vesicles, membranes, and myelin figures produced by Ochromonas danica [J]. J Ultrastruct Res, 1971, 35(5): 418 - 430.

[2] O Y Bang, E H Kim, Y H Cho, et al. Circulating extracellular vesicles in stroke patients treated with mesenchymal stem cells: a biomarker analysis of a randomized trial [J]. Stroke, 2022, 53(7): 2276 - 2286.

[3] E I Buzas. The roles of extracellular vesicles in the immune system [J]. Nat Rev immunol, 2023, 23(4): 236 - 250.

[4] S Cai, B Luo, P Jiang, et al. Immuno-modified superparamagnetic nanoparticles via host-guest interactions for high-purity capture and mild release of exosomes [J]. Nanoscale, 2018, 10(29): 14280 - 14289.

[5] M Catalano, L O'Driscoll. Inhibiting extracellular vesicles formation and release: a review of EV inhibitors [J]. J Extracell Vesicles, 2020, 9(1): 1703244.

[6] E Chargaff, R West. The biological significance of the thromboplastic protein of blood [J]. J Biol Chem, 1946, 166(1): 189 - 197.

[7] S García-Silva, A Benito-Martín, L Nogués, et al. Melanoma-derived small extracellular vesicles induce lymphangiogenesis and metastasis through an NGFR-dependent mechanism [J]. Nat Cancer, 2021, 2(12): 1387 - 1405.

[8] C Harding, J Heuser, P Stahl. Receptor-mediated endocytosis of transferrin and recycling of the transferrin receptor in rat reticulocytes [J]. J Cell Biol, 1983, 97(2): 329 - 339.

[9] F Jiang, Q Chen, W Wang, et al. Hepatocyte-derived extracellular vesicles promote endothelial inflammation and atherogenesis via microRNA - 1 [J]. J Hepatol, 2020, 72(1): 156 - 166.

[10] C Li, Y Q Ni, H Xu, et al. Roles and mechanisms of exosomal non-coding

RNAs in human health and diseases [J]. Signal Transduct Target Ther, 2021, 6(1): 383.

[11] V Luga, L Zhang, A M Viloria-Petit, et al. Exosomes mediate stromal mobilization of autocrine Wnt-PCP signaling in breast cancer cell migration [J]. Cell, 2012, 151(7): 1542 - 1556.

[12] L Ma, J Wei, Y Zeng, et al. Mesenchymal stem cell-originated exosomal circDIDO1 suppresses hepatic stellate cell activation by miR - 141 - 3p/PTEN/AKT pathway in human liver fibrosis [J]. Drug Deliv, 2022, 29(1): 440 - 453.

[13] J Z Nordin, Y Lee, P Vader, et al. Ultrafiltration with size-exclusion liquid chromatography for high yield isolation of extracellular vesicles preserving intact biophysical and functional properties [J]. Nanomedicine, 2015, 11(4): 879 - 883.

[14] B T Pan, R M Johnstone. Fate of the transferrin receptor during maturation of sheep reticulocytes in vitro: selective externalization of the receptor [J]. Cell, 1983, 33(3): 967 - 978.

[15] Y Pan, X Hui, R L C Hoo, et al. Adipocyte-secreted exosomal microRNA - 34a inhibits M2 macrophage polarization to promote obesity-induced adipose inflammation [J]. J Clin Invest, 2019, 129(2): 834 - 849.

[16] C Thery, K W Witwer, E Aikawa, et al. Minimal information for studies of extracellular vesicles 2018 (MISEV2018): a position statement of the International Society for Extracellular Vesicles and update of the MISEV2014 guidelines [J]. J Extracell Vesicles. 2018, 23; 7(1): 1535750.

[17] E G Trams, C J Lauter, N Salem, et al. Exfoliation of membrane ecto-enzymes in the form of micro-vesicles [J]. Biochim Biophys Acta, 1981, 645(1): 63 - 70.

[18] F Urabe, N Kosaka, K Ito, et al. Extracellular vesicles as biomarkers and therapeutic targets for cancer [J]. Cell Physiol, 2020, 318(1): c29 - c39.

[19] G van Niel, G D'Angelo, G Raposo. Shedding light on the cell biology of extracellular vesicles [J]. Nat Rev Mol Cell Biol, 2018, 19(4): 213 - 228.

[20] G van Niel, S Charrin, S Simoes, et al. The tetraspanin CD63 regulates ESCRT-independent and dependent endosomal sorting during melanogenesis [J]. Dev Cell, 2011, 21(4): 708 - 721.

[21] H Wang, T Wang, W Rui, et al. Extracellular vesicles enclosed - miR - 421 suppresses air pollution ($PM_{2.5}$) - induced cardiac dysfunction via ACE2 signalling [J]. J Extracell Vesicles, 2022, 11(5): e12222.

[22] D Wei, W Zhan, Y Gao, et al. RAB31 marks and controls an ESCRT-independent exosome pathway [J]. Cell Res, 2021, 31(2): 157 - 177.

[23] O P B Wiklander, M Brennan, J Lötvall, et al. Advances in therapeutic applications of extracellular vesicles [J]. Sci Transl Med, 2019, 11(492): eaav8521.

（本章作者：王红云　关龙飞　陈怡晴）

第七章

纳 米 医 学

本章学习目标

1. 了解纳米医学的含义。
2. 掌握纳米技术在医学中的应用。
3. 掌握纳米药物的特点。
4. 掌握纳米药物的被动靶向和主动靶向作用。
5. 了解常用的纳米药物。
6. 了解纳米诊断试剂和生物传感器在医学中的应用。

章 节 序

纳米是一种长度单位，1 nm 等于 10^{-9} mm，通常用来表示分子、原子和纳米颗粒的大小。如果一根头发的直径是 0.06 mm，轴向将其平均切成 6 万根，那每根的直径就是 1 nm。纳米技术是一种基于纳米尺度的科学技术，包括制造、操控和加工纳米级别材料或器件的方法和技术。1965 年，诺贝尔物理学奖得主 Feynman 就曾预测了纳米技术的出现及其美好前景。20 世纪 90 年代，纳米技术开始崭露头角。1990 年，第一届国际纳米科学与技术会议在美国巴尔的摩召开，标志着纳米技术正式登上历史舞台，并在后续的 30 年间蓬勃发展。纳米技术现已广泛应用于医学、药学、化学、制造业等诸多领域。纳米医学是纳米技术在医学领域中的应用，其内容涵盖了纳米材料、纳米药物及纳米生物传感器等方面。随着纳米医学在疾病诊断、检测和治疗方面的不断突破，其成果给疾病患者带来了新的希望。

一、引　言

纳米医学是纳米技术的一个分支，是将纳米科学和技术的原理与方法应用于医学的新兴科学，具有明显的交叉学科属性。1991 年，Drexler、Peterson 和 Pergamit 在专著 *Unbounding the Future* 中第一次提到了“纳米医学”（Nanomedicine）这一术语。纳米医学是指利用纳米技术（即在纳米尺度上操作物质的技术）来研究、开发和应用医学产品和设备的科学领域。这个领域涉及的范围很广，包括但不限于用纳米粒子来运输药物、进行疾病的早期诊断、治疗癌症等，所使用的纳米材料粒径通常在 1～100 nm 之间。

纳米材料将现代医学带进了纳米时代，不仅使传统诊疗技术实现了从微米尺度到纳米尺度的转变，也让医学诊疗信息的准确度、精密度和速度都有了质与量的飞跃。例如，在体外细胞水平开发诊断试剂时，纳米材料可充当载体，运输更多的探针、显影剂等生物试剂，这对检测的选择性与灵敏性均有大幅提升。将二氧化硅纳米粒子均匀分散在聚乙烯吡咯烷酮（polyvinyl pyrrolidone，PVP）溶液中，利用梯度原理可快速分离与获取靶细胞。例如，将从怀孕 8 周的孕妇身上采集血样后，将微量的胎儿细胞分离出来，进一步进行染色体或 DNA 的分析，能在孕早期检测胎儿是否有遗传缺陷。由于纳米尺度的材料存在小尺寸效应、量子尺寸效应及界面效应，使其具有不同于其他粒子的物理性质与化学性质。在体内，纳米粒子可通过包封治疗性的药物，达到靶向、缓释、控释的目的，从而实现靶向治疗。纳米药物载体是一种新型载体，通常由天然或合成的高分子材料制成。目前，已上市或处于临床研究阶段的纳米制剂主要包括脂质体、纳米晶体、胶束和纳米粒子等。这些纳米药物可提高药物的体内递送效率、提高药物稳定性、延长体内循环时间、增加药物安全性，因而常被应用于递送难溶性药物、抗肿瘤药物、基因药物等。截至 2022 年年底，全球已获批上市的纳米药物制剂多达 60 多种，处于临床研究阶段的纳米药物制剂超过了 200 种，其中以抗肿瘤药物为主，包括抗病毒药物、抗炎药物、蛋白多肽类药物、核酸药物以及疾病诊断成像试剂。此外，基于纳米材料与技术的“智能药物递送系统”也在研发中。这些“智能药物递送系统”通过对特定疾病外部刺激（如光、热、磁等）及内部环境响应（如 pH、酶、氧化应激等），能实现药物的靶向递送及在靶组织的定时、定量释放药物。纳米药物不仅可作为治疗药物，还可实现对疾病的早期检测和预防。例如，注射超顺磁性纳米粒子可作为核磁共振检查的造影剂，有助于增强成像效果，使待测部位扫描的图像更加清晰。从药物递送到医学成像，大量的纳米药物正在进行临床试验，其治疗领域涵盖了恶性肿瘤、心脑血管、炎症等多种疾病，为现代医学的发展开辟了一条崭新的道路。

二、纳 米 药 物

纳米药物是指利用纳米制备技术将原料药等制成具有纳米尺度的颗粒，或者以适当载体材料与原料药结合形成具有纳米尺度的颗粒及其最终制成的药物制剂。作为一种药物形式，纳米药物包含至少一种尺寸小于 100 nm 的成分。广义的纳米药物可分为两类：第一类是纳米药物载体，即指将原料药包载、分散，以共价或非共价结合的方式与纳米载体材料结合形成的各种纳米颗粒，如纳米粒子、胶束、脂质体等；第二类是纳米药物，即指利用纳米技术直接将原料药物加工成纳米尺度的颗粒，或者基于新的纳米结构或纳米特性，开发的具有高效低毒的、具有治疗或诊断作用的新型纳米颗粒药物，如纳米混悬液。

（一）纳米药物的特点

1. 改善难溶性药物溶解度

难溶性药物大多数需要通过酸碱反应生成盐后才可溶解，把这些难溶性药物制成纳米乳剂后，可以提高药物的溶解度。大多数化疗药物（如紫杉醇、顺铂、多西他赛等）的水溶性较差、治疗指数低，易产生多药耐药的现象。将难溶性药物包裹在亲水纳米载体中可提升其递送效率。

2. 增强药物稳定性，减轻毒副作用

将药物包载于纳米载体中可增加其物理和化学稳定性，避免在胃肠道中被破坏，减轻或避免药物的不良反应。此外，随着纳米药物有效成分含量的提高，药物用量也会大幅降低。

3. 提高吸收速率

纳米药物可以进入毛细血管，在血液循环系统中自由流动。不同于传统药物，因其小尺寸效应和较大的比表面积，纳米药物不但更容易进入细胞，还可被组织与细胞以胞饮的方式吸收，提高了生物利用率。

4. 靶向性

纳米药物的靶向性主要分为被动靶向和主动靶向两种。

被动靶向是指利用特定组织、器官的生理结构特点，使药物在体内能够产生自然的分布差异，从而实现靶向效应。例如，实体瘤的高通透性和滞留效应(enhanced permeability and retention，EPR)促进了纳米药物在肿瘤中的积累，这种效应是基于实体肿瘤内新生血管较多且血管壁间隙较宽(其内皮细胞有100～800 nm 大小的间隙)，结构完整性被破坏和淋巴系统失调，从而使肿瘤组织透过性更好。因此，纳米药物通过传递或扩散可进入肿瘤内部，而不需要任何特定的配体附着在纳米载体的表面。

被动靶向是设计用于靶向实体肿瘤或其微环境的纳米药物的必要条件。延长药物的循环时间对于避免纳米粒子与血清蛋白或免疫系统产生不必要的相互作用来说至关重要，可防止药物进入体内后被过早清除。通常在纳米粒子中加入聚乙二醇(polyethylene glycol，PEG)可延长纳米药物在体内的循环时间，避免纳米粒子被网状内皮系统(reticuloendothelial system，RES)快速识别，保持其“隐形”性能。

主动靶向是用化学或生物的方法来修饰纳米颗粒的表面，使其特异性地与靶器官高度表达的受体或其他细胞因子相结合。主动靶向提供了高亲和力配体附着在纳米载体的表面。一些配体已被广泛用于纳米粒子的修饰，包括小分子化合物(叶酸和碳水化合物)、生物大分子(多肽、蛋白质、抗体、适配体和寡核苷酸)。与未修饰脂质体相比，用 IgM 配体修饰的脂质体的靶向效率提升了 100倍。叶酸受体在许多肿瘤细胞中高表达，将叶酸分子修饰在纳米粒子上，修饰后的纳米粒子能够与其叶酸配体紧密结合。这样一来，纳米粒子就能被肿瘤细胞特异性地识别和摄取，而不会被正常细胞所摄取。叶酸受体也在巨噬细胞中过度表达，巨噬细胞存在于炎症性疾病中，如银屑病、克罗恩病、动脉粥样硬化和类风湿性关节炎。因此，叶酸介导的靶向也可用于递送抗炎药物。主动靶向药物可最大限度地减少与正常细胞的结合，从而避免毒副作用。

5. 刺激-响应性药物释放

通过在纳米粒子表面进行功能性的修饰，改变纳米载体的结构或构象，使其对物理、化学或生物刺激作出反应，从而促进药物的释放。刺激-响应性纳米载体类似于生物系统的反馈机制，利用对物理、化学参数的调节，产生一系列生化信号(图7-1)。刺激因素既可以是内部(病理、生理微环境)刺激,也可以是外部(温度、光、超声、磁场和电场)刺激。内部刺激也包括靶组织中pH、氧化还原状态、离子强度和剪切应力的变化等。例如,在实体瘤中,肿瘤细胞外pH比正常细胞pH更低。胞内细胞器(如核内体和溶酶体)的pH也不同于细胞质或血液的pH。设计pH敏感的纳米药物,可增强药物在肿瘤细胞内的释放,提升治疗效果。此外,热疗可增加血管通透性,促进抗癌药物深入肿瘤内部。局部热疗的温度范围为37～42℃。温度敏感的纳米药物在特定温度下可加速药物的释放,从而最大限度地减少化疗药物的整体暴露。

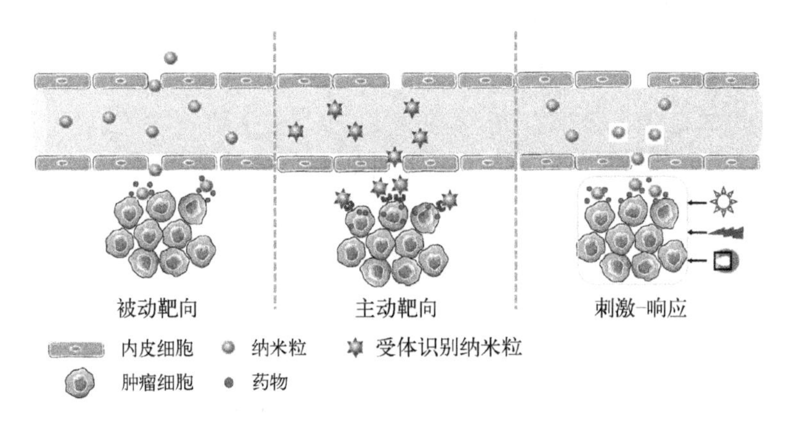

图7-1 纳米药物的靶向性:刺激-响应性药物释放示意图

(二) 常用的纳米药物类型

图7-2所示为常用纳米粒子的种类。

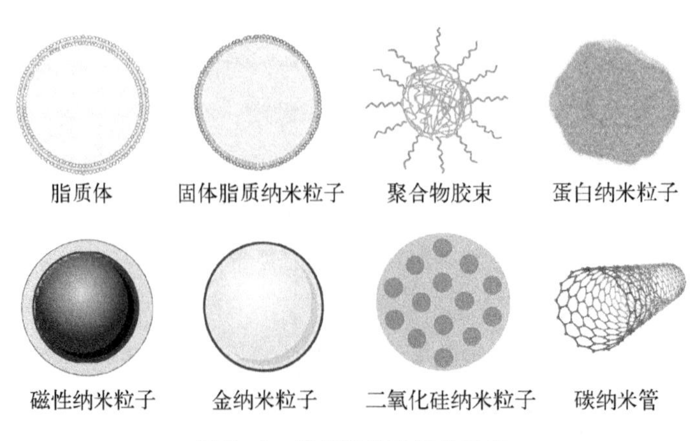

图7-2 常用纳米粒子的种类

1. 脂质纳米粒子

脂质纳米粒子是纳米载体中常用的一种类型，是指将药物包封于类脂质双分子层内而形成的微型泡囊体。当两性分子如磷脂和鞘脂分散于水相时，分子的疏水尾部发生聚集，避开水相；而亲水头部暴露在水相，形成具有双分子层结构的封闭囊泡。脂质纳米载体通常利用磷脂，由一个或几个脂质双分子层组成，具有极性水“核”、亲脂双分子层隔室和亲水外层。其内部可以包含脂溶性药物，而水溶性药物可以包载于双层区域。其中，阳离子脂质体已被用作基因载体。PEG 可被修饰在脂质体表面，以改善脂质体在生物体内的循环时间和生物利用度。而固体脂质纳米粒子则使用高熔点脂质，在室温和体温下都是固体，具有良好的生物相容性和可生物降解性，与其他脂质/胶束纳米结构相比，其副作用大大减少。固体脂质纳米粒子的强度更高、结构更加稳定，可保护药物，避免其降解。早在 1995 年，Doxil®（一种直径约 100 nm 的装载阿霉素脂质体的药物）就成为美国食品药品管理局（FDA）批准的第一个纳米治疗药物。阿霉素、柔红霉素和长春新碱相继被开发成纳米制剂，用以改善药物毒性。几种脂质纳米载体如 Myocet®、DaunoXome®、DepoCyt®、Marqibo® 和 Mepact®，已被批准用于临床。值得注意的是，这 6 种获批的脂质纳米载体都是非 PEG 化的，因此对肿瘤都不具有主动靶向性。然而，阿霉素、柔红霉素和长春新碱的纳米制剂延长了这些药物的半衰期，并大大改善了它们的毒副作用。

2. 蛋白纳米粒子

人血清白蛋白（human albumin，HA）分子中的氨基被 1-乙基-3-(3-二甲基氨丙基)碳二亚胺和 N-羟基琥珀酰亚胺[1 - ethyl - 3 -(3 - dimethylaminopropyl)-car - bodiimide/N - hydroxysuccinimide，EDC/NHS]系统活化后，与环辛四烯羧酸（CySCOOH）形成稳定的共价连接，得到一种小于 10 nm 的纳米微球 HA@CySCOOH。这种白蛋白纳米粒子能够用于近红外荧光成像、多模态成像和光热肿瘤消融。静脉注射 HA@CySCOOH 后，在 4T1 荷瘤小鼠中未见肿瘤复发。紫杉醇的水溶性很差，常溶解在 Cremophor EL（一种聚氧基化蓖麻油）中，但该溶剂是药物频繁致敏的原因之一。通过将紫杉醇掺入白蛋白纳米粒子中，可改善药物的溶解度，并且避免使用致敏性的蓖麻油。与此同时，紫杉醇的药代动力学特征被改变。紫杉醇白蛋白纳米粒子是一种药物递送系统，它利用特殊的机制将药物紫杉醇送达肿瘤部位。紫杉醇被包裹在微小的蛋白质纳米粒子中，这些纳米粒子通过与肿瘤细胞上的 gp60 受体结合，以胞吞作用的形式实现药物递送。在临床试验中，与紫杉醇溶液相比，紫杉醇纳米粒子可提高乳腺癌患者的缓解率。与吉西他滨单药治疗相比，紫杉醇纳米粒子联合吉西他滨可提高胰腺癌患者的生存率。目前，仅有一种紫杉醇白蛋白纳米粒子，即（nab-paclitaxel，商品名：Abraxane®）进入了临床，用于治疗乳腺癌、非小细胞肺癌和胰腺癌。自组装蛋白质纳米粒子还包括铁蛋白家族蛋白质、丙酮酸脱氢酶和病毒样颗粒（virus-like particles，VLPs），它们在纳米疫苗的开发中显示出了巨大的潜力。VLPs 是由病毒蛋白组成的自组装纳米复合物，可作为安全高效的抗原递送平台。VLPs 具有良好的免疫学特性，并且可以根据病毒大小和重复的表面几何形状进行免疫学识别。基于 VLPs 的疫苗已成功上市，如针对人乳头状瘤病毒（HPV）的 Cervarix® 和 Gardasil®、抗肝炎病毒的 Sci-B-Vac™。

3. 聚合物胶束

聚合物胶束是由两亲性嵌段共聚物在水溶液中自组装形成的，具有疏水核心和亲水外壳。疏水核心包裹了水溶性低的药物，而亲水外壳则可保护药物并保持胶束的稳定性。常用的疏水性聚合物，包括聚乳酸（polylactic acid，PLA）、聚乳酸乙交酯酸[poly（lactide-co-glycolic acid），PLGA]和聚丙烯酸（polyacrylic acid，PAA）；而常用的亲水性聚合物，包括 PEG、壳聚糖、透明质酸（hyaluronic acid，HA）和聚乙烯吡咯烷酮（polyvirryl pyrrolidone，PVP）。聚合物胶束载体因其化学上的多功能性，成为纳米医学治疗中很有前途的工具。例如，用于递送顺铂的 PEG-聚乙醇酸聚合物纳米粒子 NC-6004（Nanoplatin®）在临床试验中表现了很好的效果。与游离药物相比，NC-6004 的神经毒性和恶性程度较低，用于治疗胰腺癌的Ⅲ期临床试验正在进行。此外，其他几种聚合物胶束如 NK-012 或 NK-105 也正在进行临床试验。在聚合物的选择上，应考虑生物相容性较好的纳米载体类型。PEG 是一种亲水性和生物惰性聚合物，常用于提高纳米粒子的稳定性。PLGA 纳米粒子已被用于包封紫杉醇（paclitaxel，PTX）、9-硝基喜树碱、顺铂、阿霉素、氟哌利多醇和雌二醇等抗癌药物，并已在体内和体外进行了抗肿瘤作用评估。将 PTX 包封在 PLGA 胶束中，可增强其在体内和体外的抗肿瘤活性，提高 PTX 的治疗效果。通过 PTX 携带叶酸修饰的 PEG-PLGA 纳米粒子可将 PTX 递送到 HEC-1A 人子宫内膜腺癌细胞中。与游离药物相比，PTX 纳米粒子显示出更好的抗肿瘤作用。使用阳离子聚乙烯亚胺（polyethyleneimine，PEI）的支链和线性聚合物，可用于递送基因药物。体内研究结果表明，该聚合物可引起补体激活，形成 b-PEI 复合物。

在大鼠气管内给药后，含有小干扰 RNA(siRNA)的脂肪酸修饰 PEI 纳米粒子可提高白细胞和肺泡巨噬细胞的基因敲低效率。研究发现，阳离子聚合物胶束可与 siRNA 通过静电络合形成复合物，用于卵巢癌动物模型中致癌基因(*POSTN*、*FAK* 和 *Src* 家族)的敲除。目前，市场上已经有 3 种聚合物胶束纳米药物：Genexol® PM、Nanoxel® M 和 Paclical®。Genexol® PM (Sorrento Pharmaceutics)是一种不含氢化蓖麻油溶剂的紫杉醇胶束制剂。2007 年，在韩国、菲律宾、印度和越南批准用于人类，是最早的聚合物纳米药物，其适应证包括转移性乳腺癌、非小细胞肺癌和卵巢癌。与含有氢化蓖麻油的紫杉醇制剂相比，Genexol® PM 体内毒性更小。Nanoxel® M 是一种用于肿瘤治疗的多西他赛聚合物胶束制剂，于 2012 年获得批准。Paclical® 于 2015 年在俄罗斯获得批准用于治疗卵巢癌，该产品也以 Cynviloq 的名称在一些国家销售。

4. 磁性纳米粒子

磁性纳米粒子(magnetic nanoparticles，MNPs)是一种具有磁性且尺寸处于纳米尺度的颗粒，多含有铁或铁氧化物。由于其特殊的磁学性质，可用于细胞分离、免疫诊断和药物靶向递送等方面。有研究使用四氧化三铁(Fe_3O_4)纳米粒子治疗乳腺癌，借助于外加磁场的作用，将药物递送至指定的部位进行释放并迅速富集于肿瘤细胞内。这既可以减低药物的用量，大大提高药物疗效，又可以减少毒副作用，尤其是对难溶性药物分子的递送具有重要意义。

磁热疗是一种利用磁性纳米材料的特殊性质来治疗疾病的医疗方法，在临床应用中已经取得了一定的成效和进展。在外加交变磁场作用下，磁性纳米粒子可产生热效应，而组织或细胞对温度变化敏感，利用这种磁热方式治疗可使细胞结构和蛋白功能改变，此即磁热疗。磁热疗可以用于肿瘤治疗，传统的肿瘤热疗方法，包括使用射频、微波、超声波等手段，容易导致周边组织的温度升高或具有一定的损伤性。而磁热疗的优势是将磁性纳米粒子先累积，富集在肿瘤组织中，再施加外部磁场，以非侵入性的方式使其产热，消除肿瘤，解决了传统疗法中的靶向性差、穿透能力弱等问题。目前，常用于肿瘤磁热疗的纳米粒子主要是四氧化三铁(Fe_3O_4)和三氧化二铁(Fe_2O_3)。此外，也对磁性纳米粒子的抗肿瘤靶向药物递送开展了研究。将载有多柔比星(doxorubicin，DOX)的磁性纳米粒子经尾静脉注射至大鼠体内，在注射过程中将一块永磁铁置于肿瘤部位。结果发现，磁性纳米粒子具有更好的肿瘤消融效果，其效果是对照药物的 10 倍。磁性材料还可作为 RNA 或 DNA 的载体，在外加磁场下定向移动，实现基因的转运

（磁转染）。此外，将磁性纳米材料开发为补铁剂的药物也正在研制。

5. 金纳米粒子

金纳米粒子（gold nanoparticles，AuNPs）是直径为 1～100 nm 的金颗粒，也被称为胶体金。作为纳米家族的重要成员之一，金纳米粒子具有低毒、易于表面修饰、生物相容性强、独特的光学性质等优点，其具有与各种有机分子结合的潜力，并且使用不同材料对其表面进行修饰可以进一步增强其结合能力。胶体金具有局部表面等离子体共振效应，表现出易于调节的光学特性。由于甲氨蝶呤（methotrexate，MTX）在循环系统中溶解度差、扩散快、半衰期短（$T_{1/2}$），在临床使用中受到了限制。有研究用金纳米粒子包载 MTX 后，发现该纳米粒子在 Lewis 肺癌（LL2）细胞中的聚集更多，抗肿瘤活性更高。针对人胶质瘤细胞系 LN－229，负载卟啉/DOX 金纳米粒子较单独使用卟啉或 DOX 时的抗肿瘤活性更强。

6. 介孔二氧化硅纳米粒子

介孔二氧化硅纳米粒子（mesoporous silica nanoparticles，MESNPs）具有比表面积大、热稳定性好、孔径可调、生物相容性好、分子大小和形状可控、双面（内外双面）等特点。介孔二氧化硅纳米粒子可调控孔隙的形状和大小、包载多种药物，因此可作为药物的优良载体。介孔二氧化硅纳米粒子的直径一般为 50～200 nm，由于该材料具有介孔，很难再对粒径进行压缩。通常选择非水介质在介孔二氧化硅纳米粒子的孔壁上负载药物。

例如，通过自组装工艺将介孔二氧化硅纳米粒子与 DOX 和十六烷基三甲基溴化铵接枝，制备具有 pH 响应的纳米粒子。在正常条件下（pH 7.4），该纳米粒子中药物的释放率仅为 2%，而 pH 为 4 时释药率为 26%，说明酸性介质更有利于药物的释放。在给药 1 小时后，大量纳米粒子通过 EPR 效应进入肿瘤细胞 MCF－7/ADR 中。2 天后，药物被释放到肿瘤细胞 MCF－7/ADR 的细胞核中。该纳米粒子对诱导耐药细胞的凋亡具有更好的效果。研究者们开发了一种新的纳米粒子，这种粒子是由超顺磁性的氧化铁纳米粒子包覆在超声响应的介孔二氧化硅中构成的。这种特殊的纳米粒子可以用于治疗癌症，具体来说，它们能够响应超声波，并释放一氧化氮（NO）气体。NO 气体在医学上被认为具有治疗癌症的潜力。该纳米粒子具有出色的被动肿瘤靶向能力，核磁共振介导的肿瘤定位性能和独特的超声触发 NO 释放性能，通过控制特定肿瘤部位释放 NO 气体，可以更有效地杀伤肿瘤细胞，并且这种方法相对安全。特异性控制释放则意味着可以将NO气体精确地递送到肿瘤细胞所在的位置，避免影响到周围的健康组织。

三、纳米成像试剂

（一）聚合物纳米粒子

一些高分子聚合物纳米粒子可用于细胞、动物的成像和示踪。将抗体、细胞穿膜肽、小分子化合物等靶向物质修饰到聚合物纳米粒子上，可以得到具有靶向功能的纳米粒子。将叶酸分子修饰在含有不同发射波长共轭基团的PLGA纳米粒子上，可靶向识别乳腺癌肿瘤细胞MCF-7的表面受体，呈现较高的荧光亮度。

凝血酶激活肽仅对凝血酶活性有反应，有研究利用其合成的生物标志物检测血栓形成。通过将凝血酶激活肽衍生物与PEG结合来制备纳米复合物，这种复合物对凝血酶具有选择性。该多肽片段在凝血酶的作用下，从纳米复合材料中释放出来。将纳米复合材料通过皮下注射至小鼠体内3个小时后，收集小鼠尿液，观察局部血凝块的荧光成像，其强度衰减可显示血栓形成。

有研究利用碳纳米结构（包括富勒烯、碳点、碳纳米管和石墨烯点）独特的电学和拉伸性能尝试进行体内成像。例如，由于其独特的光学和化学性质，单壁碳纳米管可以被用作一种高分辨率的成像剂，特别是在皮肤下肿瘤血管进行高分辨率的活体显微成像以及在动物体内进行成像。

（二）金属纳米粒子

金属纳米粒子具有独特的表面等离子效应。贵金属纳米粒子的双光子荧光、表面增强拉曼散射以及表面增强荧光效应，可用于增强成像信号、降低输入能量、减少对生物体的不良影响等。金属纳米粒子笼呈中空多孔状，将anti-EGFR和PEG修饰在金纳米笼中，可以连接在靶细胞表面并通过受体介导作用进入细胞内。利用金属纳米粒子标记进行双光子成像，可以快速观察纳米粒子在细胞和组织中的分布情况。金属纳米粒子的电子能级跃迁表面、等离子体共振等物理现象会导致它们对光的吸收和散射特性发生变化，其粒径变化会引起其颜色的改变。而相互间诱导偶极也会影响金属纳米粒子的凝聚体，这种凝聚也会引起其颜色的改变。利用这种特性，金属纳米粒子可用于基因、蛋白质等生物分子的分析、检测和疾病的诊断。

将金属纳米粒子与烷巯基化的寡核苷酸耦联，可以得到纳米金标寡核苷酸探针。该探针具有很窄的熔解温度范围且“熔点曲线”很陡，因此，通过温度的调节可辨别互补、错配、缺失、插入等各种不同情况下的 DNA 靶片段，并具有很高的选择性。与传统方法相比，采用金标银染法检测 DNA 靶片段可将信号放大 105 倍。金属纳米粒子进入细胞后，往往以凝集体形式存在于细胞质中，使用 anti－EGFR 抗体连接的金纳米粒子，能特定识别癌细胞，其亲和性比正常细胞高 6 倍，并伴随有表面等离子体共振吸收峰的红移。将金标 anti－EGFR 和非恶性表皮细胞混合培养后，与金纳米粒子连接，并用表面等离子体共振散射及表面等离子体共振吸收波谱进行表征，可用于口腔癌的在体和体外诊断。具有核-壳式结构的磁性纳米粒子，通常由铁、钴、镍等金属的氧化物组成磁性核，由高分子材料组成壳。由于磁性纳米粒子具有良好的磁导向性，可用于纳米诊疗试剂的靶向递送。例如，聚乙烯亚胺修饰的氧化铁纳米粒子带有正电，可以有效负载带负电的 DNA，并成功将其递送至细胞内，不仅实现了细胞的磁转染，还可以进行磁共振成像。磁性纳米药物载体在交变磁场中产热后，药物释放速度显著提升，能够同时发挥化疗和热疗的双重作用，从而消融肿瘤。采用油/水微乳化法制得氨基修饰、硅包被的磁性纳米粒子后，以戊二醛作为交联剂，可将该磁性纳米粒子与氨基修饰的单链 DNA 连接，也可利用生物素-链亲和素之间特异性结合的反应，实现磁性纳米粒子与单链 DNA 的耦联。由于 GPⅡb/Ⅲa 受体在血小板表面过表达，环精氨酰-甘氨酰-天冬氨酸[cyclo(arginyl-glycyl-aspartic acid)，cRGD]肽可靶向活化的血小板。将 cRGD 肽修饰在 Fe_3O_4@PLGA 的表面，注射该磁性纳米粒子 10 分钟后发现该区域 T2 信号下降，50 分钟后略有上升。结果表明，cRGD 肽修饰的磁纳米造影剂可在血栓壁内蓄积，并呈现更为清晰的图像。

（三）量子点

量子点(quantum dots，QDs)是一类在三个维度上尺寸(通常在 2～8 nm 之间)均在纳米数量级的晶体颗粒。与传统的有机荧光染料相比，荧光量子点具有极其优良的光谱特性。量子点激发光谱宽，单个激发波长可同时激发多个发射波长。荧光量子产率高，可通过调节尺寸和成分对目标进行动态检测。此外，一个量子点还可以耦联两种或两种以上的生物分子或配体，如蛋白质、多肽、核酸、小分子等。DNA 标记的量子点可在 DNA 芯片上进行单核苷酸多态性分析以及多色杂交。不同颜色量子点标记的 DNA 探针可用于芯片杂交检测，对细胞进行分析和监控。也有研究将免疫球蛋白 G(IgG)、链亲和素等耦联到量子点探针表面，用于靶向识别细胞中的特异性分子靶点。SK－BR－3 乳腺癌细胞与 anti－Her2 结合后，再与耦联 IgG 的 QD535 及 QD630 共培养，可选择性地标记 anti－Her2 结合的细胞。量子点表面可结合两亲性共聚物、肿瘤抗原和 PEG 后，利用量子点表面抗体/肿瘤细胞表面抗原结合，实现主动靶向。而量子点在肿瘤中的渗透和蓄积可实现被动靶向，进而实现体内肿瘤靶向成像。采用前列腺癌小鼠模型，在小鼠尾静脉注射该量子点探针后，通过光线照射，小鼠体内的量子点即可发光并显示出肿瘤的位置和大小。这种功能化纳米探针可在活体动物中快速识别目标组织。

此外，纳米探针结合传统医学成像方法如光学成像、磁共振成像(magnetic resonance imaging，MRI)、X 射线成像、超声成像(ultrasound，US)、计算机断层扫描(computed tomography，CT)、光声成像(photoacoustic imaging，PA)等，可以实现在同一纳米粒子中引入多种成像模式，使它们能够有效地作为多模式成像造影剂，为疾病诊断提供精确的信息，如用于 CT/MRI/US 成像的金纳米粒子；用于 MRI/CT 和 PA/MRI/ PET/生物发光的氧化铁纳米粒子；用于 UC/MR/CT 和 UC/MR/CT/SPECT 的稀土上转换发光纳米粒子。一些纳米粒子配方可纳入适当的放射性核素。将 PVP 包覆在平均尺寸为 12 nm 的银纳米粒子上，通过化学吸附 ^{125}I 进行放射性标记。该纳米粒子被静脉注射到小鼠体内，可通过无创性的全身 SPECT 成像，研究纳米粒子在小鼠体内的分布。也有研究通过 ^{125}Cd 标记的碲化镉/硫化锌(CdTe/ZnS)核壳纳米粒子，用于体内 SPECT/CT 成像。

四、纳米生物传感器

纳米生物传感器是指可以将生物特异性识别产生的物理、化学及生物效应转化为光电等信号，并对信号进行放大，通过信号变化实现目标物质检测的纳米结构体系。纳米生物传感器是一种高特异性、高灵敏度、体积小巧、响应快速的生物监测装置。纳米材料提供了较高的表面体积比,使大量的生物可识别分子特异性地结合待测样本。除了使用纳米材料作为介质外,生物传感器的介质还包含有生物大分子,如酶、抗体等。纳米生物传感器可通过将尖端插入活细胞内,在不破坏细胞自身结构和功能的前提下,动态地获取活细胞内多种反应的生理信息。生物传感器利用活检细胞、血液、尿液、汗液、痰液或其他从人体收集的体液样本用来诊断和分析疾病,检测新的微生物和传染病。例如,利用 ATP 酶作为分子马达(分子机器)的纳米传感器被用于监测人体细胞中的药物释放、细胞代谢以及肺部小血管内 NO 和 CO 水平变化。该传感器进入人体细胞后,能连续监测目标成分的变化情况,可用于高血压、心脏病的诊断和治疗。含有可卡因适配体的金纳米粒子结合可卡因后,发生金纳米粒子的聚集,在检测指纹中的可卡因时,可根据金纳米粒子聚集产生的不同散射光而发生颜色的改变,判断是否有可卡因的存在。利用三聚氰酸与三聚氰胺之间的强氢键作用,将三聚氰酸衍生物修饰于金纳米粒子表面,可改变金纳米粒子的聚集态。在婴幼儿乳制品质检中,仅需 1 分钟即可检测是否含有三聚氰胺。

(一) 含荧光分子的纳米生物传感器

含有荧光分子的纳米生物传感器(photonic explorers for bioanalysis with biologically localied embedding,PEBBLE)是利用惰性材料包载荧光探针等物质的球形传感器,其直径在 20～200 nm 之间,较细胞体积小,因此对细胞的损伤较小。根据包裹的荧光探针不同,可用于检测 pH、酶、葡萄糖及微量元素。通过 PEBBLE 技术,将 pH 敏感染料与 PAA 纳米颗粒相连,可用于细胞内 pKa 和 pH 的测定。

在含有多孔聚丙烯酰胺的纳米粒中加入 Ca^{2+} 敏感的罗丹明荧光物质,形成的 PEBBLE 传感器,在 pH 6～9 范围内具有较好的传感稳定性。该传感器实现了纳摩尔级别的溶液和细胞内的 Ca^{2+} 测量和成像。将有机改性二氧化硅纳米粒子与 pH 响应型疏水有机染料组合,形成以吡啶基为质子受体的石脑油-乙烯基吡啶衍生物。发生质子化后,该传感器通过荧光从高能(蓝色)到低能(黄色)的红移来响应质子变化,从而增强选择性和灵敏度。采用疏水性基质,如有机改性硅酸盐或聚癸基甲基丙烯酸酯包封氧敏感铂(铂Ⅱ)基染料辛基卟啉酮的传感器,可用于测定人血浆样品中氧含量。

（二）量子点生物传感器

CdSe/ZnSe/ZnS（核-壳-壳）量子点被巯基乙酸覆盖，可用于人卵巢癌细胞内 pH 的测定。该量子点的发射强度随着 pH 的上升而增加。使用 CdSe/ZnS（核/壳）量子点和有机磷水解酶（organophosphorus hydrolase，OPH）可检测氧含量。带负电荷的量子点和带正电荷的 OPH，通过静电吸引结合在一起。OPH/QDs 生物耦联物的发光强度在氧离子存在下被减弱。也有用双光子荧光显微镜，将 CdSe 量子点作为荧光纳米温度计。该量子点的双光子发光对温度敏感，在磷酸缓冲盐以及活细胞中通过调控温度即可发光成像。另有研究设计了一种麦芽糖化学传感器。在该传感器中每个 QDs 通过 C 端寡组氨酸片段连接到大肠杆菌麦芽糖结合蛋白（maltose binding protein，MBP），而 β-环糊精-QSY9 暗猝灭剂则附着在 MBP 的糖结合位点上，导致 QDs 荧光共振能量转移猝灭。添加麦芽糖分析物使 β-环糊精- QSY9 从 MBP - QDs 络合物中分离出来，从而增强发光。用罗丹明染料分子标记的 cRGD 肽结合到 CdSe/ZnS 量子点表面，通过蛋白酶选择性切割 cRGD 肽，消除了荧光共振能量转移猝灭过程对量子点发光颜色的影响，从而恢复了量子点的原色。用荧光染料和具有不同波长发光量子点的寡核苷酸微球标记 DNA，通过改变量子点的数量和比例，可以获得每个靶标 DNA 的荧光光谱特征。也有研究用 CdSe/ZnS 量子点制作的芯片检测 DNA 中的单碱基对突变。

此外，还有利用无机稀土纳米荧光传感器检测蛋白质的等电点；利用光纤纳米荧光生物传感器检测环境 pH、DNA、重金属离子；利用光纤纳米免疫生物传感器检测抗原等。这些纳米生物传感器体积小、响应速度快，具有广泛的应用前景。

本章小结

随着纳米科技的飞跃发展，其将对传统医学产生了深远的影响，一个全新的纳米医学时代正向我们阔步走来。传统药物制剂、老式处方和递送系统存在很大局限性，如药物溶解性不佳、渗透性差和生物利用率低等，导致药物进入体内后的治疗效果不佳。纳米技术有望克服传统医学的局限性，使药物、诊断试剂能准确到达疾病的目标部位、改变药代动力学性质、减少非特异性分布及毒副作用。人们已着手利用纳米技术设计具有良好生物相容性、靶向性更好的纳米药物，开发新型纳米仿生材料用于组织修复和替换，研发集诊断和治疗为一体的灵敏度、响应性更好的临床诊疗试剂，从而为疾病的预防和治疗提供更好的方法，并结合个性化、精准治疗，提高疗效和安全性。

目前已有一些负载药物的纳米粒子被开发并用于各种疾病的治疗。但仍需注意的是，必须对纳米试剂的安全性、有效性进行严格的审查与监管。纳米医学是一个新兴的研究方向，随着纳米技术和材料的发展，其将对传统医学带来一场深刻的变革，使患者能够获得更安全、更有效的靶向治疗与精准治疗。

思考与练习

1. 纳米药物有哪些特点？
2. 阐述纳米药物的被动靶向与主动靶向作用。
3. 列举 5 种纳米药物种类及其特点。
4. 刺激-响应性纳米粒的触发因素有哪些？
5. 什么是量子点？量子点在医学中有哪些应用？

参考文献

[1] S Aftab, A Shah, A Nadhman, et al. Nanomedicine: An effective tool in cancer therapy [J]. Int J Pharm, 2018, 540(1-2): 132-149.

[2] M Cagel, E Grotz, E Bernabeu, et al. Doxorubicin: nanotechnological overviews from bench to bedside [J]. Drug Discov Today, 2017, 22(2): 270-281.

[3] W C W Chan. Nanomedicine 2.0 [J]. Acc Chem Res, 2017, 50(3): 627-632.

[4] E H Chang, J B Harford, M A Eaton, et al. Nanomedicine: past, present and future: a global perspective [J]. Biochem Bioph Res Co, 2015, 468(3): 511-517.

[5] G Chen, I Roy, C Yang, P N Prasad. Nanochemistry and nanomedicine for nanoparticle-based diagnostics and therapy [J]. Chem Rev, 2016, 116(5): 2826-2885.

[6] D Guidance. Guidance for industry considering whether an FDA-regulated product involves the application of nanotechnology [J]. Biotechnology Law Rep, 2014, 30(5): 613 - 616.
[7] P Decuzzi, D Peer, D D Mascolo, et al. Roadmap on nanomedicine [J]. Nat Nanotechnol, 2021, 32(1): 012001.
[8] S A Dilliard, D J Siegwart. Passive, active and endogenous organ-targeted lipid and polymer nanoparticles for delivery of genetic drugs [J]. Nat Rev Mater, 2023, 8(4): 282 - 300.
[9] M Germain, F Caputo, S Metcalfe, et al. Delivering the power of nanomedicine to patients today [J]. J Control Release, 2020, 326: 164 - 171.
[10] Z Jin, Y Wen, Y Hu, et al. MRI-guided and ultrasound-triggered release of NO by advanced nanomedicine [J]. Nanoscale, 2017, 9(10): 3637 - 3645.
[11] I Menon, M Zaroudi, Y Zhang, et al. Fabrication of active targeting lipid nanoparticles: challenges and perspectives [J]. Mater Today Adv, 2022, 25: e2306246.
[12] S Mignani, X Shi, K Guidolin, et al. Clinical diagonal translation of nanoparticles: case studies in dendrimer nanomedicine [J]. J Control Release, 2021, 337: 356 - 370.
[13] M J Mitchell, M M Billingsley, R M Haley, et al. Engineering precision nanoparticles for drug delivery [J]. Nat Rev Drug Discov, 2021, 20(2): 101 - 124.
[14] E Nance. Careers in nanomedicine and drug delivery [J]. Adv Drug Deliv Rev, 2019, 144: 180 - 189.
[15] J K Patra, G Das, L F Fraceto, et al. Nano based drug delivery systems: recent developments and future prospects [J]. J Nanobiotechnol, 2018, 16(1): 71.
[16] D Pretorius, V Serpooshan, J Zhang. Nano-Medicine in the cardiovascular system [J]. Front Pharmacol, 2021, 12: 640182.
[17] C Schmidt, J Storsberg. Nanomaterials-tools, technology and methodology of nanotechnology based biomedical systems for diagnostics and therapy [J]. Biomedicines, 2015, 3(3): 203 - 223.
[18] S Soares, J Sousa, A Pais, et al. Nanomedicine: principles, properties, and regulatory issues [J]. Front Chem, 2018, 6: 360.

[19] M Su，Q Dai，C Chen，et al. Nano-Medicine for Thrombosis：a precise diagnosis and treatment strategy [J]. Nanomicro Lett，2020，12(1)：96.

[20] A Wicki，D Witzigmann，V Balasubramanian，et al. Nanomedicine in cancer therapy：challenges，opportunities，and clinical applications [J]. J Control Release，2015，200：138－157.

[21] M Yan，J Du，Z Gu，et al. A novel intracellular protein delivery platform based on single-protein nanocapsules [J]. Nat Nanotechnol，2010，5(1)：48－53.

（本章作者：姜继宗　李珊珊　贝毅桦）

第八章

基因编辑技术

本章学习目标

1. 了解基因编辑技术的定义和发展历程。
2. 理解基因编辑技术的原理和操作方法。
3. 掌握 CRISPR/Cas 系统的构成和应用。
4. 了解基因编辑技术的应用。
5. 探究基因编辑技术在未来的发展方向和应用前景。

章　节　序

基因编辑技术是一门前沿的科技，它为我们打开了探索基因世界的大门。正如《易经》所言："天行健，君子以自强不息；地势坤，君子以厚德载物。"在这个科技日新月异的时代，我们不仅要不断地探索新的科技，更要秉持谦逊与勤勉，方能在科技海洋中稳健前行。基因编辑技术的应用广泛，从医疗到农业再到环境保护，其都有着重要的意义。这项技术可以精准地定位和修改特定的基因，为人类和动物的基因治疗提供了新的可能性，为农业生产提供了新的突破口，也为生态环境保护提供了新的思路和方法。然而，基因编辑技术的发展也面临一些伦理和法律方面的问题。古语所言："以德报怨，以直报怨，以德报德，以直报德。"在发展基因编辑技术的同时，我们必须坚守道德和法律的底线，确保基因编辑技术的发展始终符合人类的共同价值观与长远利益。基因编辑技术无疑是一个充满希望和挑战的领域。它要求我们以无畏的勇气和深邃的智慧，不断前行，探索未知的领域，为人类的未来贡献力量。

一、引　言

基因编辑是人类历史上最新颖、发展最迅速的技术之一。人类基因编辑技术的出现，标志着生命科学领域的一个重要突破。基因编辑技术是一种能够精确修改生物基因的技术，它能够切除、替换或插入特定的基因序列，从而实现对基因组的精准编辑。基因编辑技术的出现，给人类带来了前所未有的机会和挑战。它可以帮助我们深入探究遗传病和免疫疾病等难以治愈的疾病，同时也可以增强人类的认知能力、身体素质、反应速度等，为人类创造更加美好的未来。基因编辑技术正在迅速发展，并引起了世界各国的广泛兴趣和讨论。其应用领域非常广泛，包括医学、农业、环境保护和能源等多个领域，展现出无限广阔的应用前景与巨大潜力，这一技术将在未来的科技发展中扮演重要角色。

二、基因编辑技术的发展历史

（一）基础研究阶段

基因编辑技术近年来备受关注，但其发展历史却始于 20 世纪的基础研究阶段。在这个阶段，科学家们通过不断尝试和实验，逐渐发展出一系列基因编辑方法，探索了基因编辑技术的理论和实践基础，为后续的技术突破和应用拓展奠定了坚实的基础。

早期的基因编辑研究主要集中在基因诱变、RNA 干扰和基因敲除等方法的开发和优化。基因诱变通过化学物质或辐射等方式诱发基因突变，以揭示特定基因的功能和调控机制；RNA 干扰则利用 RNA 分子靶向特定基因的 mRNA，抑制其转录和翻译过程，进而探究基因表达的调控和功能；基因敲除则是通过人工干预基因组，使目标基因失活或被删除，以明确其在生物体内的具体作用和功能。

这些早期的基因编辑方法在理论和实践上都存在一些局限性：基因诱

变受限于突变的随机性和无法精确定位等问题；RNA干扰则面临临床应用难度高、效果不稳定等挑战；基因敲除则因技术难度和对基因组整体结构的影响等问题而受到限制。随着DNA序列和基因组的逐渐解码，基因编辑技术的研究重心也逐渐向基于DNA序列的精细操作方向转移。在这个过程中，锌指核酸酶（ZFNs）、转录活化样效应核酸（TALENs）和CRISPR/Cas9等新型基因编辑技术应运而生，它们以更高的精度和效率，成为基因编辑技术研究的重要突破。

在基础研究阶段，科学家们还通过在不同生物体中的基因编辑实验，探索了基因编辑技术的适用性和局限性。以小鼠、果蝇和斑马鱼等模式生物为例，科学家们利用基因编辑技术构建了多个基因突变体系，研究了这些基因的功能和调控机制。同时，科学家们也在研究中逐渐发现了基因编辑技术的一些潜在风险和安全隐患，如不可逆性影响、基因编辑的外显性和不可控性等问题，这也引起了科学家们对基因编辑技术的安全性和伦理问题的关注。

（二）技术突破阶段

基因编辑技术的突破阶段可以追溯到2012年，那时科学家发现了CRISPR/Cas9系统。这个系统是一种天然的防御机制，可以防止病毒或外部DNA的细胞入侵。科学家们发现，这个系统可用来进行基因编辑。随后的数年间，科学家们不断探索这个系统，并对其进行改进。他们发现，通过将一个指向特定基因的RNA序列导入细胞内，CRISPR/Cas9系统能准确地剪切这个基因。然后，细胞会自然地修复该基因，使其成为所需的序列。这项技术被称为基因剪切。

基因剪切技术的突破激发了科学家们对基因编辑应用潜力的广泛兴趣，他们开始探索基因编辑的更多应用。科学家们发现，将一个特定的DNA序列和CRISPR/Cas9系统一起导入细胞，可以将任何基因序列精确地插入细胞中。这项技术被称为基因插入。

科学家们还发现，将一个特定的RNA序列和CRISPR/Cas9系统一起导入细胞，可以靶向一个特定的基因序列，并将其替换成所需的序列。这项技术被称为基因替换。

这些技术的突破使得科学家们能够更深入地探索生命科学、生物学和农业领域，开发了新的治疗方法和改良作物以及动物品种等。总的来说，基因编辑技术在突破阶段已经取得了巨大的进展，但其应用仍面临安全性、精确性等多方面的挑战，以及需进一步拓展应用领域并评估其潜在的风险与局限。因此，科学家们需要持续投入研究，不断优化这项技术，以推动其更广泛、更安全的应用。

（三）应用拓展阶段

随着 Cas 蛋白在基因组工程中的应用，科学家已成功挖掘出一系列可编程 Cas 蛋白，如 Cas12、Cas13 和 Cas14，进一步提高了 CRISPR/Cas 介导的基因组编辑的精准性。目前，基因编辑技术已经更加广泛和深入地应用在不同的领域，并且有望解决更多的健康和环境问题。随着科学家们不断改进和创新技术，基因编辑技术已经在新的应用领域中取得了一些令人瞩目的成果。

在医学领域，基因编辑技术的应用前景非常广阔。它可以用于治疗单基因病和遗传性疾病，如囊性纤维化、长链脂肪酸缺乏症等。已成功应用于 β-地中海贫血病和免疫缺陷病等疾病的治疗中。此外，基因编辑技术还可以用于癌症治疗，通过改变肿瘤细胞的基因，增强其对药物的敏感性。

在农业领域，基因编辑技术也有着巨大的应用前景。它可以用于改良农作物的产量、品质和抗病性，以及提高动物养殖的效率和健康状况。例如，水稻、玉米、小麦、大豆和马铃薯等作物的基因经过编辑后，更适应多样化的环境和气候条件，显著提升了产量和品质。此外，基因编辑技术还可以用于提高动物养殖的效率和健康状况，比如改良猪的肉质和抗病性。

在环境保护领域，基因编辑技术也有着潜在的应用前景。它可以用于改变生物体的基因，以增强其适应环境变化和抗污染物的能力。例如，已经利用基因编辑技术，改变了某些植物和微生物的基因，使其能够吸收和分解有毒物质，从而减轻环境污染问题。

然而，基因编辑技术的应用仍面临一些挑战。例如，如何确保基因编辑技术的精确性和安全性，以及如何平衡技术的利益和风险等问题。因此，科学家们需要不断进行研究和探索，以便更好地发展和应用这项技术。总的来说，在基因编辑技术的应用拓展阶段将会有更多的应用领域和更广阔的应用前景。科学家们将不断地进行技术创新和改进，以便更好地应对现实世界中的健康和环境问题。

三、基因编辑技术的演进

(一) 初始酶切技术阶段

酶切技术阶段开始于20世纪70年代,当时科学家们开始使用限制性内切酶将DNA切割为特定的片段,从而实现基因组的编辑。限制性内切酶是一类具有特异性的酶,它们可以识别DNA链上的特定序列并将其切割为特定的片段。通过使用限制性内切酶,科学家们可以实现对基因组的切割和连接。这种技术虽然具有一定的精准性,但是受限于限制性内切酶的特异性和切割位点的局限性,无法对基因组进行精确编辑。

(二) 转基因技术阶段

20世纪80年代,科学家们开始将外源基因导入生物体内,从而实现对生物体基因组的编辑。这种技术被称为转基因技术。通过转基因技术,科学家们可以实现对生物体性状的精确调控,如提高农作物产量、增强抗虫抗病能力、延长货架期等。转基因技术的基本原理是将外源基因插入生物体基因组中,从而实现对生物体性状的调控。具体来说,科学家们将目标基因从一个物种中提取出来,然后将其插入另一个物种的基因组中。这种技术虽然具有一定的风险和争议,如可能对环境和人类健康造成潜在威胁等,但是其应用领域非常广泛,并且在基础研究和工业生产中得到了广泛的应用。

(三) 锌指核酸酶(ZFNs)技术阶段

20世纪90年代,科学家们开始使用锌指核酸酶(ZFNs)来切割DNA并导入外源基因,从而实现对基因组的编辑。与转基因技术相比,ZFNs技术具有更高的精确性和特异性。ZFNs是通过将非序列特异性切割域与定位于锌指上的特异性DNA结合域融合而组装的。这种具有特异性DNA结合性质的锌指蛋白最早于1985年在非洲爪蟾卵母细胞的转录因子Ⅲa中被发现。设计锌指结构域的功能特异性包括一系列Cys2His2锌指(ZFs),这些ZFs通过它们的锌指结构域与同源DNA序列高度相似的DNA序列发生特异性相互作用。一般来说,单个

ZFs由大约30个氨基酸组成，包括2个反平行的β折叠和1个α螺旋。

Cys2-His2-ZF是一种适应性DNA识别结构域，被认为是真核转录因子中最常见的DNA结合基序。每个锌指单元可选择性地识别三个碱基对的DNA序列，通过其α螺旋残基与DNA主沟槽的相互作用，产生特异性的碱基配对。第二类限制性内切酶 *Fok* Ⅰ可以形成切割DNA的结构域，并且可以形成二聚体，直接针对基因组内的序列进行有效的基因编辑。由于 *Fok* Ⅰ核酸酶需要二聚化才能切割DNA，因此通常需要2个ZFNs分子以适当的方向结合到目标位点上，识别的特定碱基对数量增加了1倍。

在真核细胞中，ZFNs对DNA的切割实现后，基因组的某些特定位点可能会发生DNA双链断裂（double-strand break，DSB），这会在后续的内源性非同源末端联合修复（non-homologous end joining，NHEJ）或同源重组（homologous recombination，HR）修复系统中产生所需的改变。然而，ZFNs技术的应用受限于其设计和构建的复杂性，以及成本较高等问题。

（四）转录活化样效应因子（TALENs）技术阶段

2010年前后，科学家们开始使用转录活化样效应因子（transcription activator-like effector nucleases，TALENs）来切割DNA并导入外源基因，从而实现对基因组的编辑。TALENs是另一种工程核酸酶，是由转录活化因子和限制性内切酶组成的蛋白复合体，包括核酸酶、转录激活因子和位点特异性重组酶等，它可以识别和切割DNA链上的特定序列，展现出比ZFNs更高的特异性和效率。

与ZFNs类似，TALENs由一个非特异性DNA切割结构域和一个可定制的序列特异性DNA结合结构域组成，以生成双链断裂（DSB）。这个DNA结合结构域由转录激活因子样效应物（transcription activator-like effector，TALE）中高度保守的重复序列组成，TALE最初是在植物病原性细菌 *Xanthomonas* 中发现的一种蛋白质，其可以自然地改变寄主植物细胞中的基因转录。TALE结合DNA的中心区域包含33～35个氨基酸序列。除了位于第12位和第13位的两个高变氨基酸外，每个重复的氨基酸序列在结构上都很相似。DNA结合的特异性是由重复可变二残基（repeat-variable di-residues，RVDs）决定的，ND、HN、NH和NP是TALE蛋白中的RVDs序列，其中ND特异性结合C核苷酸，HN结合A或G核苷酸，NH结合G核苷酸，而NP结合所有核苷酸。RVDs和目标位点的连续核苷酸之间存在“一对一”的对应关系，构成了一个非常简单的

TALE－DNA识别密码。

功能性核酸酶*Fok* Ⅰ被人工地融合到DNA结合域中，以创建位点特异性的DSB，从而刺激DNA重组，实现TALEN诱导的靶向基因组修饰。为了切割目标DNA的两条链，*Fok* Ⅰ裂解域必须二聚化。因此，与锌指蛋白类似，这样的TALEN模块是成对设计的，以结合相对的DNA靶标位点，并在两个结合位点之间保持适当的间隔（12～30 bp）。尽管TALENs技术在精准度上超越了ZFNs技术，但其发展仍然存在一些障碍。例如，克隆重复的TALE序列的主要技术障碍之一是设计大规模相同的重复序列。为了解决这个限制，已经建立了一些策略来促进快速组装自定义的TALE序列，包括"Golden Gate"分子克隆、高通量固相组装和无连接克隆技术等。

（五）CRISPR/Cas技术阶段

成簇规律间隔短回文重复序列（clustered regularly interspaced short palindromic repeat，CRISPR）在1987年被发现于大肠杆菌基因组中，被认为是特殊的序列元素，由29个核苷酸重复单元和32个核苷酸"间隔"序列组成，每当细菌接触噬菌体DNA时就会出现。当时，科学家由于缺乏足够的DNA序列信息，尤其是移动遗传元件的信息，无法预测这种不寻常序列的生物学功能。1993年，CRISPR在古菌中被观察到。随后，在不同系统分类的古菌和细菌基因组中都发现了CRISPR，并发现了4个常规存在于CRISPR区域相邻的基因。这些基因被认为与CRISPR有关，并被定义为CRISPR相关基因1～4（cas1～cas4）。进一步的研究和分析表明，CRISPR系统属于不同的类别，具有多种重复模式、基因集和物种范围。随后的比较基因组学分析表明，CRISPR和Cas蛋白相互合作，提供了一种获得性免疫系统，以保护原核细胞免受病毒的入侵，类似于真核生物RNA干扰（RNAi）系统。一般来说，CRISPR/Cas系统可基于Cas基因的结构变化和它们的组织方式被分为两类。具体而言，第一类CRISPR/Cas系统由多蛋白效应器复合物组成，而第二类仅包含单个效应器蛋白。

CRISPR系统中最常用的亚型是Ⅱ型CRISPR/Cas9系统，它依赖于来自链球菌的单个Cas蛋白（SpCas9），能够特异性地针对特定的DNA序列进行切割和编辑，因此是一种有吸引力的基因编辑工具。在机理上，CRISPR/Cas9系统由两个组件组成，一个单链引导RNA（sgRNA）和一个Cas9内切酶。sgRNA通常包含20个碱基（bp）序列，以特异性方式与目标DNA位点相匹配，并且必须在上游具有一短的DNA序列，用于与所使用的Cas9蛋白兼容，被称为“原间隔相邻基序”（protospacer adjacent motif，PAM）或“NGG”或“NAG”。sgRNA通过碱基配对与目标序列结合，Cas9蛋白精确地切割DNA以生成DSB。在DSB之后，DNA-DSB修复机制启动基因组修复。通过NHEJ或HDR通路，使用CRISPR/Cas9系统可以进行有针对性的基因组修饰，包括引入小的插入和缺失。Cas9蛋白除了针对双链DNA的有目的切割，还被用于多种用途，如荧光成像、碱基编辑和转录激活。与Cas9蛋白类似，Cas10蛋白也具有多种应用，如荧光成像、碱基编辑和RNA追踪。作为一种不同于Cas9和Cas10的核酸酶，Cas12蛋白通过识别T富集的PAM序列，不依赖tracrRNA，从而提高了基因组编辑的效率。因此，Cas12系统进一步扩展了基因编辑的应用，如碱基编辑和检测转录变异。Cas13蛋白也被用于多种用途，如成像、碱基编辑和检测转录变异。最新的研究表明，Cas14蛋白在不需要相邻PAM序列的情况下提高了基因组编辑效率，还能进行转录回归和碱基编辑。

CRISPR/Cas9系统有三种常见的基因组编辑策略，第一种是基于质粒的CRISPR/Cas9策略，使用质粒来编码Cas9蛋白和sgRNA，将Cas9基因和sgRNA组装到同一个质粒中。这种策略在Cas9和sgRNA的表达上具有更长的持续时间，并且可以避免多次转染。但是，编码的质粒需要导入目标细胞的细胞核内部，这是该系统面临的关键挑战之一。第二种是直接向细胞内传递Cas9信使RNA（mRNA）和sgRNA，其最大的缺点在于mRNA的不稳定性会导致mRNA的短暂表达和基因修饰的持续时间短。第三种是直接传递Cas9蛋白和sgRNA，该策略具有快速作用、稳定性好等优点。目前，CRISPR/Cas9技术已成为基因编辑领域的主流技术，但一些细胞类型（如神经元）难以使用CRISPR/Cas9介导的编辑改变DNA，这限制了其在神经系统疾病基因治疗中的应用。

CRISPR/Cas12系统通过其RuvC结构域切割双链DNA（dsDNA）或单链DNA（ssDNA），且不需要tracrRNA的辅助。Cas12蛋白仅依赖crRNA即可在单链和双链DNA上高效执行切割。该蛋白含有RuvC和核酸酶叶（NUC）结构域，用于靶序列的切割。类似于Cas9蛋白，Cas12蛋白在识别PAM序列后，会结合潜在靶位点并启动R环的形成，促进crRNA与目标DNA链之间的碱基配对。在此过程中，Cas12匹配目标序列的17个碱基（或更少），并引导R环的建立。一旦R环形成，Cas12便利用PAM序列的帮助，通过其RuvC结构域切割非靶向链。然而，关于Cas12的RuvC结构域在切割靶向DNA链方面的具体机制仍未得到充分研究。

CRISPR/Cas13 系统是一种 RNA 靶向的 CRISPR 系统，主要分为多个亚型，包括 Cas13a 和 Cas13b。与其他 CRISPR 系统（如 CRISPR/Cas9 的 DNA 靶向）不同，Cas13 系统能够识别并切割特定的 RNA 序列。Cas13a 蛋白通过与单个 crRNA 结合被激活，靶向并切割 RNA 片段，这与 Cas12 蛋白通过precrRNA 处理后激活的机制类似。Cas13a 在靶向 RNA 时具有较高的活性，常用于 RNA 的检测和编辑。相比之下，Cas13b 蛋白表现出更高的精确性和特异性，特别是在识别复杂的 RNA 序列时。这是因为 Cas13b 在 RNA 定位时需要特定的多聚腺苷酸化信号序列（polyadenylation signal sequence，PAS），该信号在 RNA 的 5′端带有 A、U 或 G 碱基，而在 3′端与类似 PAM 序列（如 NAN/NNA）的结构相结合，这增强了 Cas13b 在识别 RNA 靶标时的精确性和特异性。目前，CRISPR/Cas13 系统已在基因组编辑和诊断领域有着广泛的应用。

CRISPR/Cas14 系统中的 Cas14 蛋白比其他已知的 Cas 蛋白要小得多，含有 400～700 个氨基酸。由于其尺寸小，Cas14 蛋白可以在没有 PAM（仍需短的单链 PAM，即 ssPAM）的情况下定位剪切 ssDNA，并对具有 ssDNA 基因组或移动基因元件（mobile genetic elements，MGEs）的病毒提供免疫保护。与 Cas9 不同，Cas14 蛋白不需要 tracrRNA，只需 crRNA 即可定位和切割 ssDNA。相比 Cas9、Cas12 和 Cas13，Cas14 在没有 PAM 序列的情况下展现出更高的靶向特异性，尤其在对单链 DNA 的剪切能力上表现突出。因此，Cas14 系统在一些需要高保真基因编辑的应用中能够实现更高的精度。

总之，基因编辑技术的演进经历了从酶切技术到转基因技术、ZFNs 技术、TALENs 技术和 CRISPR/Casg 技术的发展，每个阶段都有其优点和局限性（见表 8－1）。CRISPR/Casg 技术的出现，极大地推动了基因编辑技术的发展和应用，为人类带来了更多的机会和挑战。

表 8－1　ZFNs、TALENs 和 CRISPR/Cas9 基因编辑技术的对比

基因编辑技术	识别位点	限制酶	目标序列长度	优　点	限制性及难点
ZFNs	锌指蛋白	*Fok* Ⅰ 核酸酶	每个 ZFN 对为 18～36 个碱基	可以实现精确定位的基因组编辑	制备过程复杂

续 表

基因编辑技术	识别位点	限制酶	目标序列长度	优 点	限制性及难点
TALENs	TALE 蛋白的 RVD 串联重复区域	*Fok* Ⅰ核酸酶	每个 TALEN 对为 28 ～ 40 个碱基	靶向设计灵活，适用于多种生物体系	制备成本较高，存在一定的特异性问题
CRISPR/Cas9	gRNA	Cas9 核酸酶	20 个碱基的引导序列＋PAM 序列	制备简便，编辑效率高，适用范围广	存在一定的非特异性问题，需要进行优化和控制

四、基因编辑技术的应用

图 8－1 所示为基因编辑技术的应用示意图，其可应用在多个方面。

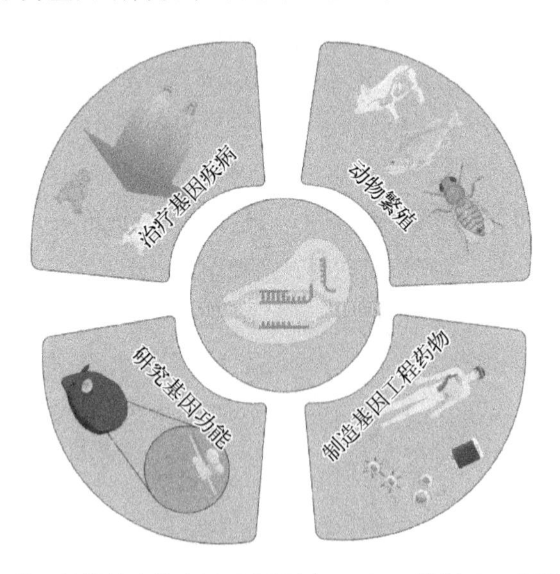

图 8－1 基因编辑技术的应用示意图(由 Figdraw 绘制，ID：WISOS3322c)

(一) 治疗基因疾病

基因编辑技术是一种用于精确修改基因组的技术，它具有高效、准确、可重复性等优点。在治疗遗传性疾病方面，基因编辑技术具有巨大的潜力。基因编辑技术可以通过修改患者基因中的突变，纠正或修复基因中的错误，从而达到治疗目的。例如，囊性纤维化和血友病等疾病可以通过基因编辑技术进行治疗。囊性纤维化是一种常见的，主要由 *CFTR* 基因（cystic fibrosis transmembrane conductance regulator gene）突变引起的遗传性疾病。基因编辑技术可以通过精确修改 *CFTR* 基因中的突变，使其恢复正常功能，从而治疗囊性纤维化疾病。血友病也是一种常见的遗传性疾病，主要由于凝血因子基因中的突变引起。这种基因突变导致凝血因子不能被正常合成，从而导致患者出现凝血异常等症状。基因编辑技术可以通过插入正常的凝血因子基因来治疗血友病，通过将修复 DNA 插入凝血因子基因中，使患者可以正常产生凝血因子，从而达到治疗血友病的目的。

（二）动物繁殖

基因编辑技术的发展使人们可以更精确地编辑动物的基因，进而实现对动物繁殖的精准控制。利用基因编辑技术，可以对动物的 DNA 进行修改，改变动物的生理和形态特征。首先，基因编辑技术可以提高动物的肉质品质。例如，通过编辑猪基因，增强其生长速度和瘦肉率，并减少其脂肪含量，从而提高猪肉的产量和品质。类似地，也可以利用基因编辑技术改善鸡和牛的肉质品质。其次，基因编辑技术可以改善动物的毛色。例如，利用基因编辑技术改变狐狸的基因，使其具有更好的毛皮质量和颜色，以提高毛皮的价值。除了上述两个方面，基因编辑技术还可以应用于动物繁殖的其他方面。例如，利用基因编辑技术改变动物的基因，以使其具有更好的抗病性能和生殖能力，从而提高其繁殖效益；利用基因编辑技术帮助预防动物的遗传疾病和缺陷，提高动物的健康状况和生产能力。

（三）研究基因功能

基因编辑技术是一种在生物体内精确地修改基因序列的方法，它可以用于研究基因功能和作用机制。通过编辑基因，可以观察到不同基因的表达情况对生物体的影响，从而更深入地了解基因的功能和作用机制。在研究基因功能方面，基因编辑技术的应用非常广泛。例如，通过基因编辑技术，可以产生基因敲除或突变的动物模型，这些模型能够模拟人类疾病的发生机制和病理生理过程，有助于研究疾病的发生和治疗。此外，基因编辑技术还可以用于研究基因在不同发育阶段和不同组织中的表达情况，以及基因与环境之间的相互作用等问题。例如，科学家利用基因编辑技术研究了一种名为 *FOXP2* 的基因，该基因与语言和口语表达有关。科学家通过基因编辑技术，在小鼠中敲除了 *FOXP2* 基因，结果发现这些小鼠的发声交流及脑区神经元连接异常。这项研究表明，*FOXP2* 基因在语言和口语表达方面发挥了重要的作用。此外，基因编辑技术的应用还可以扩展到微生物领域。通过编辑细菌基因组，可以研究细菌的代谢途径、毒力、耐药性等基本生物学问题，同时也有助于其在生物制药和生物工程等领域的应用。

（四）制造基因工程药物

用于制造基因工程药物。例如，CAR－T(chimeric antigen receptor T－cell)细胞治疗，利用 CRISPR/Cas9 或其他基因编辑技术，可以在 T 细胞中精确地插入一段 CAR(chimeric antigen receptor)基因序列，从而使 T 细胞能够识别并攻击癌细胞。这种 CAR－T 细胞治疗策略已经在多种癌症治疗中获得了成功，并成为一种新型的癌症治疗方法。除了 CAR－T 细胞治疗，基因编辑技术还可以用于制造其他基因工程药物。例如，在抗病毒药物的制造中，可以利用基因编辑技术，通过改变病毒受体的基因序列，阻止病毒进入宿主细胞，从而达到抗病毒的效果；在抗血液病药物的制造中，可以通过基因编辑技术来修复或替换患者体内缺失或异常的基因，从而达到治疗的效果。总的来说，基因编辑技术在制造基因工程药物方面具有广泛的应用前景。通过精准修改基因序列，可以制造出更加安全、有效的药物，为疾病的临床治疗提供新的思路和工具。

五、基因编辑技术的未来发展

迄今为止，基因编辑技术在开发治疗各种人类疾病策略方面发挥了重要作用，其中，CRISPR/Cas9 系统通过直接干扰目标基因位点或衍生多功能工具尤为有效。未来，CRISPR 筛查池(CRISPR screening pool)、已知的癌细胞系基因和表观遗传特征等信息的结合，将有助于广泛地识别基因组中的合成致死相互作用，促进新药物靶点的发现。CRISPR/Cas9 系统还提供了一种新的工具来检测癌症基因组的非编码区域，加速目前尚未充分研究的功能探索。工程核酸酶(特别是 ZFN、TALEN 和 CRISPR/Cas9)的巨大进展，将基因组编辑从理论概念推进至临床实践。

在 2017 年年底，美国一男子在加州大学旧金山分校的贝尼奥夫儿童医院(Benioff Children's Hospital)接受了一种大胆的治疗，通过腺相关病毒(adeno-associated virus，AAV)载体传递 ZFNs 进行体内基因编辑，以治疗其亨特氏综合征。这是全球首次报道的通过体内基因编辑治疗遗传疾病的案例，进一步证明了基因编辑在遗传疾病治疗方面具有极其重要的临床应用潜力。

基因编辑技术也与肿瘤免疫疗法结合使用，为人类疾病治疗提供了更多更新的选择。作为肿瘤免疫疗法中最具创新性的方法之一，CAR－T 细胞疗法于 2017 年正式获得了临床使用批准。通过直接靶向 CD19 的 CAR－T 细胞产品，难治性急性淋巴细胞白血病和慢性淋巴细胞白血病患者可完全康复，因此，美国食品药品监督管理局(FDA)认可了 CAR－T 细胞疗法作为"突破性疗法"，并批准其用于白血病和淋巴瘤的治疗。CAR－T 细胞疗法在 B 细胞恶性肿瘤的临床试验中展现出的有效反应，激起了人们对更先进、更智能的治疗方式的极大热情。此种治疗方式为癌症患者带来了希望，并促使许多制药企业和生物技术公司将 CAR－T 细胞疗法商业化。然而，CAR－T 细胞疗法的发展仍处于初级阶段，大部分患者无法承担其高昂的疗程费用。此外，该疗法商业化的潜力，尤其是成为一种即开方即应用型疗法的可能性仍不确定，以及它对于实体瘤的治疗能力也仍待确认。

基因编辑技术也促进了细胞成像、基因表达调节、表观遗传修饰、治疗药物研发、功能基因筛查和基因诊断的发展。虽然，基因编辑技术实施过程中的离靶效应仍需要进一步优化，但创新的基因组编辑复合物和更具特异性的纳米结构载体已经提高了传递过程的效率，并减轻了该复合物和载体的毒性，将基因编辑技术带进了临床应用中。

随着对基因编辑技术的深入探索和全球科学共同体的合作，我们有理由相信基因编辑技术有潜力最终阐明疾病发展和进展背后的生物学机制，从而提供新的疾病治疗方法，最终促进生命科学的发展。

本 章 小 结

总的来说，基因编辑技术是一项具有巨大潜力的技术，是一种通过改变生物体基因组的方法来修改其性状的技术。随着科技的不断进步，基因编辑技术也在不断发展，基因编辑将变得更加精准、高效和安全。基因编辑技术已被广泛应用于生物学研究、基因治疗、生物安全等领域，传统的基因转染、基因敲除技术逐渐被 CRISPR/Cas 技术所取代。但同时，基因编辑技术也面临着许多的风险和挑战，如技术安全性、伦理道德等问题。因此，在使用基因编辑技术的过程中，应该加大监管和规范力度，确保其安全性和合法性。未来，基因编辑技术将发展成为推动生物科技和医学科学发展的重要力量。

思考与练习

1. 基因编辑技术的定义是什么？它可应用在哪些领域？

2. 基因编辑技术包括哪些？它们各自的优缺点是什么？

3. CRISPR/Cas 技术有哪些？它们各自是如何进行基因编辑的？有哪些优点和局限性？

4. 基因编辑技术在医学领域中有哪些应用？举例说明其应用范围和潜在益处。

5. 基因编辑技术的发展可能会给人类社会带来哪些挑战和风险？如何应对这些挑战和风险？

参考文献

[1] S Ahmar, S Saeed, M H U Khan, et al. A revolution toward gene-editing technology and its application to crop improvement [J]. Int J Mol Sci, 2020, 21(16): 5665.

[2] R O Bak, N Gomez-Ospina and M H Porteus. Gene editing on center stage [J]. Trends Genet, 2018, 34(8): 600 - 611.

[3] S Bhatia, S K Pooja, S K Yadav. CRISPR-Cas for genome editing: Classification, mechanism, designing and applications [J]. Int J Biol Macromol, 2023, 238: 124054.

[4] J Boch, H Scholze, S Schornack, et al. Breaking the code of DNA binding specificity of TAL-type III effectors [J]. Science, 2009, 326(5959): 1509 - 1512.

[5] J A Bryant. From bacterial battles to CRISPR crops: progress towards agricultural applications of genome editing [J]. Emerg Top Life Sci, 2019, 3(6): 687 - 693.

[6] P M Cannon, H P Kiem. The genome-editing decade [J]. Mol Ther, 2021, 29(11): 3093 - 3094.

[7] Y R Choi, K H Collins, J W Lee, et al. Genome engineering for osteoarthritis: from designer cells to disease-modifying drugs [J]. Tissue Eng Regen Med, 2019, 16(4): 335 - 343.

[8] L Cong, F A Ran, D Cox, et al. Multiplex genome engineering using CRISPR/Cas systems [J]. Science, 2013, 339(6121): 819 - 823.

[9] A Dey. CRISPR/Cas genome editing to optimize pharmacologically active plant natural products [J]. Pharmacol Res, 2021, 164: 105359.

[10] J A Doudna. The promise and challenge of therapeutic genome editing [J]. Nature, 2020, 578(7794): 229 - 236.

[11] J A Doudna, E Charpentier. Genome editing. The new frontier of genome engineering with CRISPR - Cas9 [J]. Science, 2014, 346(6213): 1258096.

[12] L Fu, Z Li, Y Ren, et al. CRISPR/Cas genome editing in triple negative breast cancer: Current situation and future directions [J]. Biochem Pharmacol, 2023, 209: 115449.

[13] T Gaj, C A Gersbach, C F Barbas, et al. ZFN, TALEN, and CRISPR/Cas-based methods for genome engineering [J]. Trends Biotechnol, 2013, 31(7): 397 - 405.

[14] V E Hillary, S A Ceasar. A review on the mechanism and applications of CRISPR/Cas9/Cas12/Cas13/Cas14 proteins utilized for genome engineering [J]. Mol Biotechnol, 2023, 65(3): 311 - 325.

[15] M P Hirakawa, R Krishnakumar, J A Timlin, et al. Gene editing and CRISPR in the clinic: current and future perspectives [J]. Biosci Rep, 2020, 40(4): BSR20200127.

[16] P D Hsu, E S Lander, F Zhang. Development and applications of CRISPR - Cas9 for genome engineering [J]. Cell, 2014, 157(6): 1262 - 1278.

[17] Y Hu, Y Zhou, M Zhang, et al. CRISPR/Cas9 - Engineered universal CD19/CD22 dual-targeted CAR - T cell therapy for Relapsed/Refractory B-cell acute

lymphoblastic leukemia [J]. Clin Cancer Res, 2021, 27(10): 2764-2772.

[18] M Jinek, K Chylinski, I Fonfara, et al. A programmable dual-RNA-guided DNA endonuclease in adaptive bacterial immunity [J]. Science, 2012, 337 (6096): 816-821.

[19] W A Kues, D Kumar, N L Selokar, et al. Applications of genome editing tools in stem cells towards regenerative medicine: an update [J]. Curr Stem Cell Res Ther, 2022, 17(3): 267-279.

[20] H Li, Y Yang, W Hong, et al. Applications of genome editing technology in the targeted therapy of human diseases: mechanisms, advances and prospects [J]. Signal Transduct Target Ther, 2020, 5(1): 1.

[21] M McGrail, T Sakuma and L Bleris. Genome editing [J]. Sci Rep, 2022, 12(1): 20497.

[22] F Mohammad-Rafiei, E Safdarian, B Adel, et al. CRISPR: A promising tool for cancer therapy [J]. Curr Mol Med, 2023, 23(8): 748-761.

[23] C Moses, P Kaur. Applications of CRISPR systems in respiratory health: entering a new 'red pen' era in genome editing [J]. Respirology, 2019, 24(7): 628-637.

[24] S H A Raza, A A Hassanin, S D Pant, et al. Potentials, prospects and applications of genome editing technologies in livestock production [J]. Saudi J Biol Sci, 2022, 29(4): 1928-1935.

[25] E Razeghian, M K M Nasution, H S Rahman, et al. A deep insight into CRISPR/Cas9 application in CAR-T cell-based tumor immunotherapies [J]. Stem Cell Res Ther, 2021, 12(1): 428.

[26] Y Shamshirgaran, J Liu, H Sumer, et al. Tools for efficient genome editing; ZFN, TALEN, and CRISPR [J]. Methods Mol Biol, 2022, 2495: 29-46.

[27] S E Troder, B Zevnik. History of genome editing: from meganucleases to CRISPR [J]. Lab Anim, 2022, 56(1): 60-68.

[28] F D Urnov, J C Miller, Y L Lee, et al. Highly efficient endogenous human gene correction using designed zinc-finger nucleases [J]. Nature, 2005, 435(7042): 646-651.

[29] S W Wang, C Gao, Y M Zheng, et al. Current applications and future perspective of CRISPR/Cas9 gene editing in cancer [J]. Mol Cancer, 2022,

21(1)：57.

[30] A K Wani, N Akhtar, R Singh, et al. Genome centric engineering using ZFNs, TALENs and CRISPR - Cas9 systems for trait improvement and disease control in Animals [J]. Vet Res Commun, 2023, 47(1)：1 - 16.

[31] X Zhang, X Jin, R Sun, et al. Gene knockout in cellular immunotherapy: application and limitations [J]. Cancer Lett, 2022, 540：215736.

（本章作者：杨婷婷　王天慧　肖俊杰）

第九章

体外血管化器官芯片的关键技术及应用

本章学习目标

1. 了解血管化和血管化器官芯片的基本概念。
2. 了解体外制造血管化芯片的基本方法。
3. 学习血管化器官芯片的主要分类及其关键技术。
4. 学习芯片内血管化的主要方法及其研究进展。
5. 学习血管化器官芯片的主要应用。

章　节　序

微血管系统在人体生理中起着至关重要的作用,与人类各种疾病密切相关。构建体外血管网络对于研究具有可重复形态和信号条件的血管组织行为至关重要。通过先进的微流体技术开发的工程三维(3D)微血管网络模型,为体外研究微血管系统提供了准确和可重复的平台,这是设计器官芯片以实现更高生物学相关性的重要组成部分。通过优化微流控装置的微观结构,紧密模拟体内微环境,可以创建具有健康和病理微血管组织的器官特异性模型。本章介绍了体外构建微血管组织和微流体装置的研究进展;讨论了静态血管化芯片的分类、结构特点以及构建静态血管化芯片的各种技术;讨论了现有血管化芯片的应用场景和关键技术问题;探索了一种新的类器官芯片血管化方法的潜力,该方法可将类器官和器官芯片结合起来,以获得更好的类器官血管化芯片。

一、引　　言

脉管系统对维持人体生理功能至关重要，在细胞生长、器官成熟以及许多生理和病理过程中发挥着重要作用。血管系统是人体中最丰富的器官，由血管网络组成，将氧气和营养物质输送到呼吸系统、消化系统、泌尿系统和其他身体系统。因此，血管对于维持身体的内稳态和确保最佳器官功能至关重要。它们几乎存在于人体的每个器官中。血管系统的加入是体外构建组织模型或器官以促进营养、氧气和代谢废物运输的关键步骤。血管化模型可以为体外药物测试、毒理学分析和病理模型提供更现实的人类反应见解。长期以来，体外血管重建一直是研究的热点。然而，由于缺乏必要的细胞-细胞和细胞-基质相互作用，传统的二维(2D)血管模型只能建立单层贴壁血管系统(表 9 - 1)。动物模型的成本和伦理问题是显著的，且它们的解剖结构与人类不同。因此，一直缺乏合适的体外模型来模拟人体血管的 3D 结构和生理病理功能。在结构上，2D 培养的细胞通常生长在坚硬的表面(培养皿、培养瓶、孔板等)，而 3D 培养的细胞通常悬浮或生长在较软的表面(凝胶、生物膜等)。在速度和复杂性方面，2D 培养通常更快更直接，而 3D 培养的速度取决于干细胞的成熟度和来源。2D 培养在短距离上是可控的，而 3D 培养集成了器官芯片，可以精确控制信号和营养因子。2D 培养缺乏自我血管化，而 3D 培养可以形成血管化。3D 培养的高通量筛选取决于平台的设计。2D 培养容易获得大量细胞，而 3D 培养适合模拟体内环境，用于组织功能分析，细胞分离往往不可行。

表 9 - 1　2D/3D 工程组织的主要特征

参　数	2D 系统	3D 系统		
		类器官	器官芯片	类器官芯片
结构特点	生长在较硬平面上	嵌入水凝胶中/悬浮在“悬滴”中	带有微流通道的软培养装置	多能干细胞或成体干细胞
生产的复杂性和速度	一般来说简单快捷	取决于细胞来源	取决于细胞来源	取决于细胞来源和成熟度
对结构单元的控制级别	高	很低	很高	高

续 表

参 数	2D系统	3D系统		
		类器官	器官芯片	类器官芯片
信号因子和营养物质的扩散	短距离	不能有效地向内部运输可导致细胞死亡或不成熟	允许精确控制时间和空间梯度	可以准确控制时间、空间等参数
能否血管化或实现灌注	不能	取决于细胞类型;外部灌注	微流体通道包括/创建内皮化血管	自发血管化和直接灌注
高通量可行性	不行	有可能,这取决于组织	取决于平台设计	取决于平台设计
平台分析和检测难度	难度低	具备组织功能分析;不具备细胞功能分析	实时组织/器官功能分析	实时组织/器官功能分析

在过去的十年里,已开发出许多3D血管培养系统,以改善对复杂的体内相互作用的研究。最常见的是生物3D打印、类器官、器官芯片、类器官芯片及其混合版本(图9-1)。生物3D打印可以直接构建血管网络,也可以作为具有特定功能的器官和类器官芯片的一部分构建血管网络。为了在类器官中实现血管化,干细胞被诱导分化成一系列合适的类器官,然后与人脐静脉内皮细胞(human umbilical vein endothelial cells,HUVECs)浸润以获得血管网络。然而,该技术存在实验周期长,可控性低,难以获得成熟、功能齐全的血管系统等问题。血管化的类器官芯片是在微流控芯片系统中利用干细胞诱导并分化成特定功能器官来培养的。血管结构是通过将类器官与生长因子结合来实现的。然而,这种方法有其局限性,如对芯片平台的控制要求严格,难以实现高吞吐量。尽管存在这些限制,但该方法可以生产出功能有效的血管芯片。血管化器官芯片涉及构建基于内皮屏障和血管生成的微流控模型。该方法具有操作简单、重复性高、能够在微平台上精确控制各种系统参数等优点。器官芯片具有体积小、能耗低、反应速度快、可瞬间放弃等优点,是近年来血管结构3D构建的研究热点。器官芯片首先强调空间控制,这是一种微流体细胞培养装置,由光学透明的塑料、玻璃或柔性聚合物,如聚二甲基硅氧烷(polydimethylsiloxane,PDMS)组成,它允许对细胞和细胞外微环境进行建模,以创建具有基顶通路、梯度形成和培养基灌注的分层(共培养)培养。此外,研究人员还利用体外重建组织和器官

水平的结构和功能，在体内复制器官的生理和病理特征。2010 年，哈佛大学 Dongeun Huh 研究团队构建了一个由生物膜隔开的两层肺芯片模型，芯片上层含有模拟空气循环的肺细胞，下层含有模拟培养液循环的肺毛细血管细胞，可以进行精确的微环境操作[图 9-2(a)]。之后，器官芯片模型背后的技术得到了重大发展，催生了多种其他模型，包括肠道芯片、肝脏芯片、大脑芯片、肾脏芯片、心脏芯片、血管芯片等。

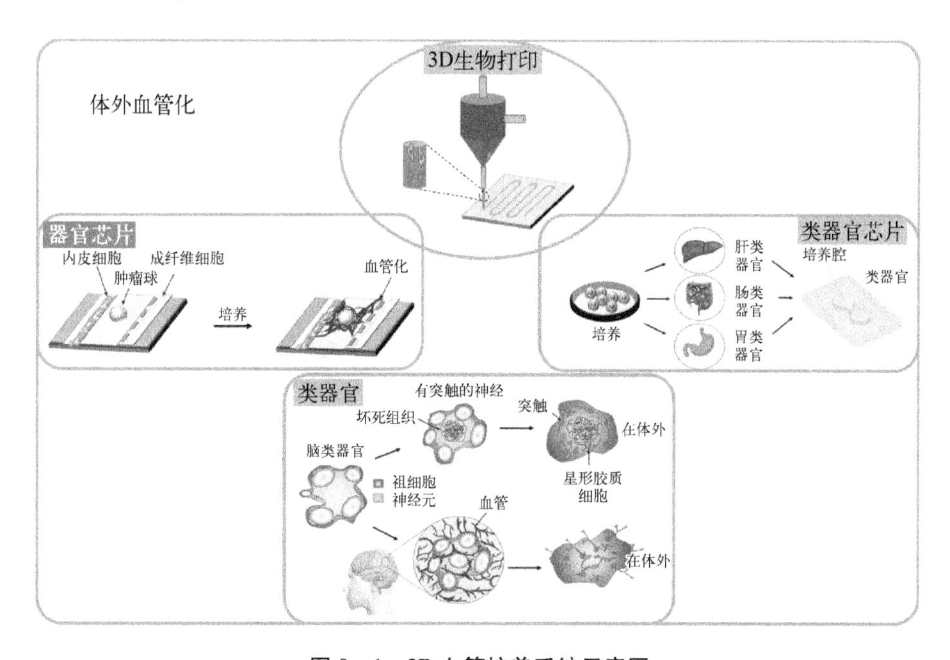

图 9-1　3D 血管培养系统示意图

在芯片上形成血管网络主要有两种方法。一种是体外模式网络法形成[图 9-2(b)]，另一种是自然驱动血管在芯片上形成[图 9-2(c)]。体外模式网络法的关键技术是在芯片中建立特定的模式，以获得功能性血管床，通常采用预聚体法或生物 3D 打印法。预聚体法是在芯片中放置可溶解的材料（如水凝胶），去除后留下空心管进行灌注。内皮细胞(ECs)接种后，在腔壁上形成单一的血管网络。生物 3D 打印法是在体外通过水凝胶的逐层沉积，添加材料将内皮细胞与其他类型的细胞结合，从而获得各种类型的血管组织。自然驱动的方法依赖于细胞群落进行形态发生（即导致细胞或组织形成其特征形状的生物过程）和自组装成血管网络的固有能力。例如，内皮细胞和基质细胞的共同培养可以自发地自组装成血管网络。上海大学 Yue 课题组、Seiler、Rayner 利用微流控芯片系统，将基

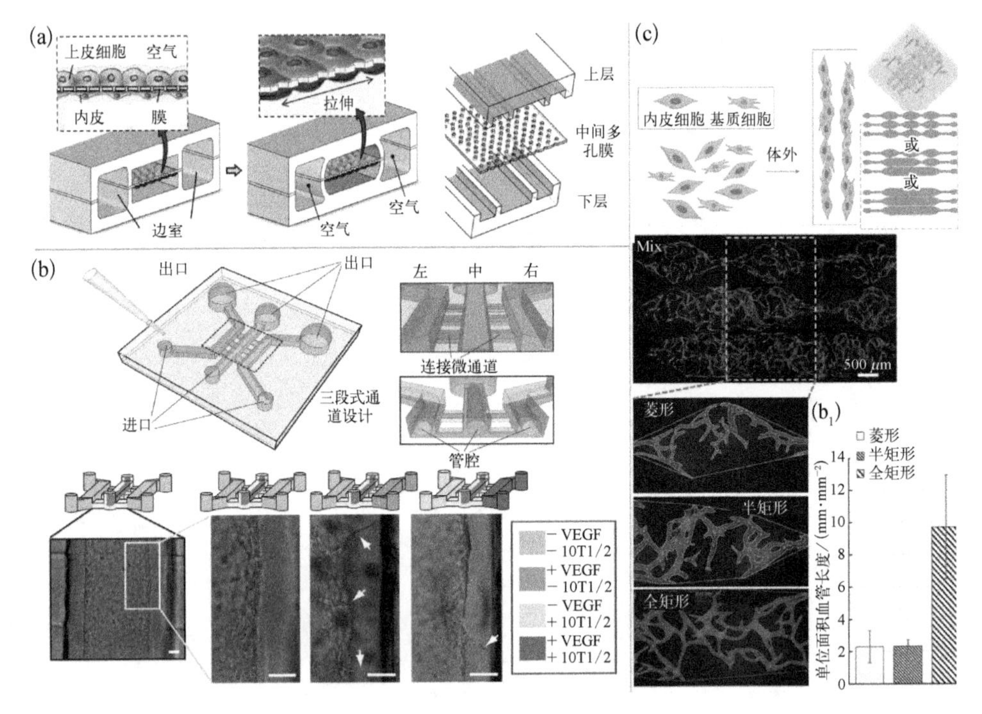

图 9－2 器官芯片和血管形成

(a)人体呼吸肺片微设备的生物学启发经典设计；(b)微血管萌发由模式网络诱导；(c)自然驱动的血管网络制造方法(所有数据均经每篇文章的出版商许可可转载)

质细胞、内皮细胞和生成因子分别注入六边形通道芯片，诱导血管生成，研究发现血管内皮生长因子(VEGF)是血管萌发的决定因素，而间质流动对血管萌发方向有显著影响。研究小组证明，芯片上的人类多能干细胞(human pluripotent stem cells，hPSC)衍生的周细胞和内皮细胞能发芽并自组装成有组织的血管网络，可使用脑类器官作为模型系统来探索与这种新生血管系统的相互作用。近十年来，血管化器官芯片的快速发展为药物开发和疾病建模作出了巨大贡献。尽管功能性脉管系统被广泛认为是体内生理学有效推广的主要障碍之一，但随着芯片上血管化系统的改进，其将是未来突破这一障碍的重要发展方向之一。

二、体外血管三维器官芯片

器官芯片是一种芯片上的系统，可以将微组织器官的直径控制在毫米甚至微米,增强其营养交换,防止微组织器官核心细胞死亡。换句话说,该系统利用了人体原有器官组织的生理和结构功能特点,不需要进行完整的器官重建。因此,器官芯片可以为人体对药物和其他外部因素的反应提供可靠的模型。通过体外 3D 方法创建的血管化芯片可采用静态培养或动态培养。

(一) 静态血管化芯片

静态血管化芯片的培养通常涉及纯静态环境或利用流体剪切力来刺激细胞生长或形成血管网络。该方法在研究胃肠道、肾脏、心脏、肝脏、胰腺、脑等器官的血管系统方面均有重要应用。

在构建小肠毛细血管网络方面,Seiler 等构建并表征了体外小肠血管微流体模型[图 9-3(a)],该模型为单层培养结构,在中间培养室注入混合细胞液,两侧培养室注入循环培养液。利用患者源性肠上皮下肌成纤维细胞(intestinal subepithelial myofibroblasts,ISEMFs)和内皮细胞成功构建了体外毛细血管网络,并证实了 ISEMFs 的血管生成特性。该微流控芯片是一种单层、可复制、ISEMFs 和 ECs 衍生的血管系统,可以调节氧张力、细胞密度、生长因子和抗肿瘤药物治疗,为小肠的精确、个性化医学研究提供了一个可控的平台。

在肾脏方面,研究人员在开发多层芯片方面也取得了重大突破,利用器官芯片模型来研究肾脏小管界面内的物质交换。Rayner 等设计了一种完全可调节的人工肾血管芯片平台[图 9-3(b)],该平台由双层的人肾血管小管单元(human renal vascular-tubular unit,hRVTU)组成,该单元由复制肾脏交换界面的薄胶原膜激活。该平台通过使用完全细胞可重构基质和患者来源的肾细胞,重建肾脏内皮-上皮交换界面的天然结构,使 hRVTU 能够执行肾脏特异性功能,如从上皮通道重新吸收白蛋白和葡萄糖。此外,研究人员还利用体外重建组织和器官水平的结构和功能来复制体内器官的生理和病理特征。在心肺方面,研究人员认识到血管在心脏和肺纤维化中起重要作用,但间质-实质(功能细胞)相互作用很难在体外模型中实现。Akinola Akinbote 等利用微流体设备建立了一种心肺血管模型[图 9-3(c)],将人诱导的多能干细胞来源的内皮细胞(hiPSC-ECs)与原代人心脏和肺成纤维细胞共同培养,在类似心脏和肺的微环境中生成可灌注的微血管。

在肝脏方面,研究人员的实验目标是创建一个强大的功能芯片平台。Jing Liu 等介绍了一种三血管肝脏芯片(liver-on-a-chip,TVLOC)[图 9-3(d)],包括

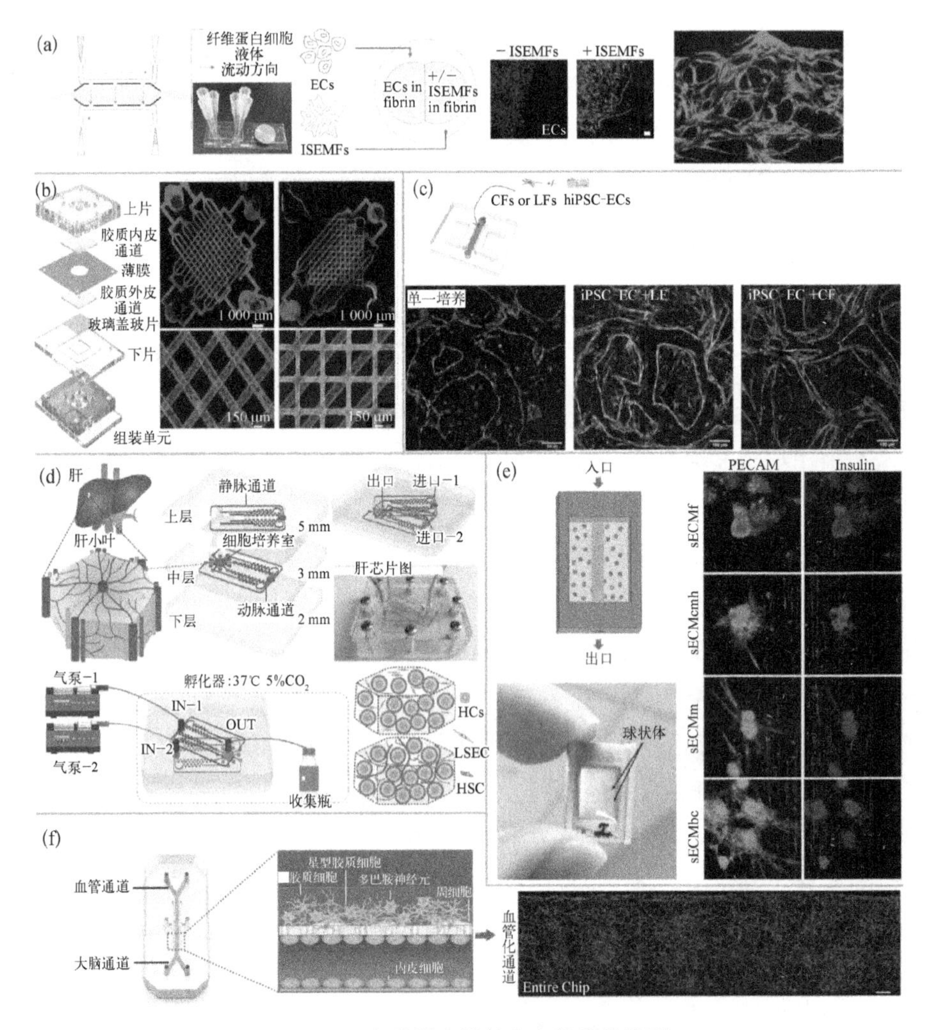

图 9-3　各种器官的静态血管芯片模型

(a) 体外小肠血管微流控模型;(b) 肾血管微流控模型;(c) 心血管微流控模型;(d) 肝脏血管微流控模型;(e) 胰腺血管微流控模型;(f) 脑血管微流控模型(所有数据均经每篇文章的出版商许可转载)

肝动脉、门静脉和中央静脉。基于共聚焦原理,两层微球生成微系统,生成含有不同细胞类型的两层微球。双层微球与内皮细胞在 TVLOC 细胞培养区共培养,最终形成血管化肝组织。此外,ECM-生长因子相互作用的放松可能是多种病理的基础。Monika Hospodiuk-Karwowski 等设计了一个可灌注的微流体通道[图 9-3(e)],通过将水凝胶基质注入胰腺细胞,产生类胰腺球体。与纤维蛋白基质对照组相比,在该基质中培养的细胞萌发长度和胰岛素分泌显著增加。与此同时,在芯片上重建血脑屏障方面也取得了令人瞩目的进展。

Losif Pediaditakis 等利用器官芯片技术制造了一个代表黑质区域的人脑芯片[图 9-3(f)]。该芯片包括多巴胺能神经元、星形胶质细胞、小胶质细胞、周细胞和微血管脑内皮细胞,在流体下培养。

最重要的是,静态血管化芯片可以模拟不同器官的微环境,解决一些生理和病理问题。然而,人体的器官并不是静止的,它们会受到不同程度的机械力的作用,因此近年来功能性运动血管化芯片的普及程度有所上升。

(二) 动态血管化芯片

动态血管化芯片涉及芯片内血管网络刺激的模拟,除了基本的流体剪切力外,还包括电刺激、物理刺激和化学刺激:物理刺激主要是机械刺激,包括机械拉伸、挤压和振动[图 9-4(a)];电刺激通过电流直接或间接刺激芯片内的血管网络[图 9-4(b)];化学刺激包括通过化学物质(如酸、碱和药物)直接刺激血管细胞或血管化[图 9-4(c)]。

一些研究者采用直接刺激的方法,将化学刺激作为药物,直接影响细胞或血管本身。Li 等在微流控装置中成功构建了可灌注的三维人体微血管网络,并注入大气纳米颗粒,破坏了细胞间黏附分子 1 和 VEGF 的正常表达,从而增强血管通透性。相反,Fang 等提出了一种创新的仿生支架,该仿生支架可以提供均匀的电刺激来模拟原始心肌的血管系统。实验证明,在电刺激下,工程心脏组织同步跳动,该支架具有诱导灌注血管网络形成的潜力。Kong 等提出了一种精确模拟心脏生理病理微环境的微流控芯片装置。他们对芯片进行了梯度幅度(5%~20%)和频率可调的循环压缩[图 9-4(d)],结果证实,在循环机械压缩下,心脏成纤维细胞显著增加,表现出应变介导的扩散。Zhou 等展示了一种可以实现循环压力刺激和周向应变的微流控芯片平台,以探索机械拉伸对血管系统的影响[图 9-4(e)]。结果表明,在动态机械刺激下,人间充质干细胞数量显著增加,并呈现出沿应力方向的规律排列。相应地,Zheng 等描述了一种微流控拉伸芯片,该芯片能够同时或独立地向血管细胞传递流体剪切应力和循环拉伸,从而有效地模拟心血管系统内最关键的机械刺激[图 9-4(f)]。这些发现支持了机械刺激在 HUVECs 和平滑肌细胞的黏附和重塑中起重要作用的观点。Ferrari 等也提出可利用微血管薄片模型来研究循环拉伸对内皮血管生成的影响[图 9-4(g)],结果发现循环拉伸增加了血管的数量、分支以及血管网络的总长度,并且提高了血管之间的连接性。

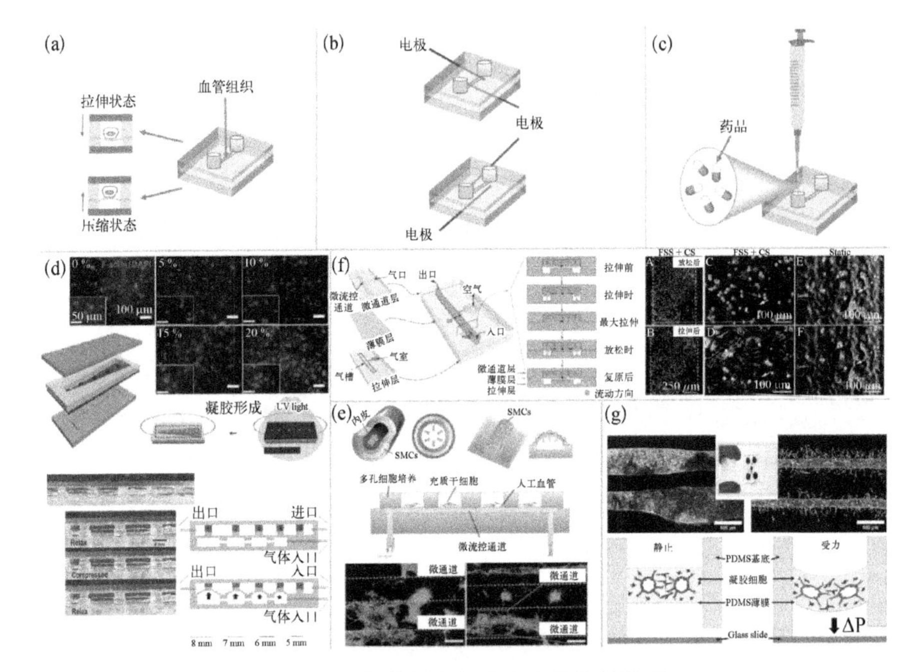

图 9-4　各种器官的动态血管芯片模型

(a)机械刺激示意图;(b)电刺激示意图;(c)化学刺激示意图;(d)应激刺激生物反应平台;(e)微流控人工“容器”芯片的设计与运行;(f)微流体流动拉伸芯片示意图及血管细胞拉伸结果;(g)体外重建三维微血管的微流控平台(所有数据均经每篇文章的出版商许可转载)

近年来,研究人员在静态和动态培养方面进行了大量工作,并有效地解决了一些生理和病理问题。静态培养既可发生在单层芯片中也可发生在多层芯片中。而动态培养发生在多层芯片中,因为细胞通道和功能通道是提供电或机械刺激所必需的。研究人员主要在动态培养中实现各种功能刺激。然而,由此产生的刺激结果尚未量化,如果要确定促进细胞或血管化生长的最佳机械和电刺激频率,还需要额外的验证。未来,研究人员希望将重点放在这一任务上,以识别对血管化生长最有利的动态刺激参数。

三、血管化芯片的微结构

微流控系统具有超显微性、高通量和高集成度等诸多优点。研究人员可以在芯片的不同位置培养不同的器官细胞或组织,并通过微通道或微结构将它们连接起来,模拟人体各器官的相对定位和相互影响。该系统超显微性和高通量的优势使研究人员可以同时进行几次甚至数百次平行实验，以探索在单变量条件下，不同药物浓度、作用时间和药物组合对肿瘤的治疗效果。与静态二维培养相比，动态三维培养为细胞生长提供了更复杂的环境因素，如流体剪切力、机械应力、生化浓度梯度等，能够更好地模拟了人体微环境。在流体环境中，细胞自组装以响应微环境刺激，更真实地展示了其生理功能，如流体剪切，这对肾小管的重吸收功能至关重要。动态机械应力（血压、肺压、心跳等）对维持机体的生理功能（细胞分化、组织形成、肿瘤形成等）起着重要作用。

根据不同血管化芯片的结构和细胞萌发环境的空间配置，血管化芯片可分为基于通道的、基于膜的和基于凝胶的三种系统（图 9－5）。基于通道的培养系统的特点是血管在芯片通道中生成、结构简单、可重复性强，多为单层。相比之下，膜培养系统通常采用双层或多层芯片来实现特定功能。这些芯片可以精确模拟内部微环境，便于材料交换。另一种血管培养体系是凝胶培养体系，它为血管化的发展提供了生物支架。这个系统使得细胞在合并时更容易产生与人体血管非常相似的微血管，微血管在体内受到不同的流体剪切力，因此体外培养的血管芯片通常采用两种驱动模式来动态模拟体内微环境。这些模式是由重力驱动和外部泵驱动的。重力传动利用液位差来驱动流体，简单方便，避免了使用复杂的外部设备。外泵驱动采用蠕动泵驱动、喷射泵驱动、气泵驱动、微泵驱动等方式来控制驱动速度和流量，以实现更精确的控制。

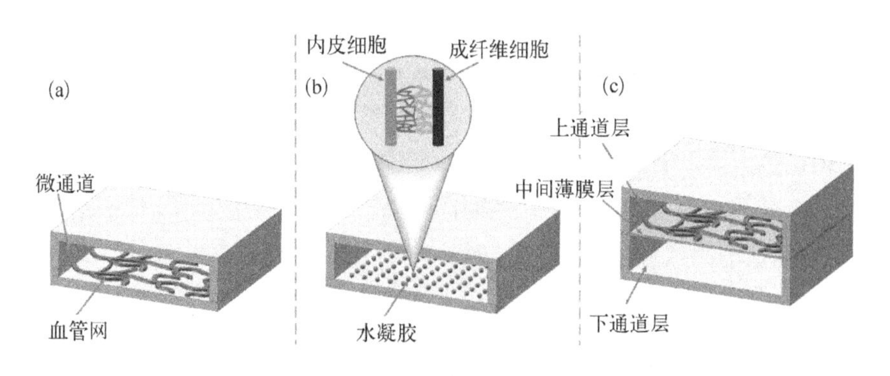

图 9－5　芯片上的血管化

(a)微通道上的血管；(b)水凝胶上的血管；(c)膜上的血管

(一) 微通道上的血管化

微通道上的血管化，因其结构简单、易于加工以及能够形成浓度梯度和切应力而成为热门研究课题。典型的血管化芯片就是基于通道的，由主通道和辅助通道组成。原代通道用于共培养细胞，如成纤维细胞和内皮细胞共培养生长成肺血管。主通道与辅助通道相互连接，辅助通道主要用于细胞迁移和物质运输。

利用通道的血管化芯片通常采用两种配置，即平行通道或环形通道。早期版本的并行通道芯片有一个主通道和两个对称分布的辅助通道。该设计在中心凝胶和介质通道之间加入了微柱隔板，以利用表面张力促进细胞负载纤维蛋白凝胶的填充。Campisi 等利用平行通道设置，成功培养了一个完整的人血脑屏障(BBB)模型，该模型包括主通道内的初级外周细胞、星形胶质细胞和由人诱导多能干细胞(hiPSC)衍生的内皮细胞(ipsc - ECs)[图 9 - 6(a)]。使用相同的结构，Bang 等在配对辅助通道内生长血管和神经[图 9 - 6(b)]。他们提供了各自的共培养组织，作为血脑屏障的外部和内部微环境。最终产生的血管网络通道具有低通透性特征，反映了体内血脑屏障的特征。类似地，Hajal 等使用了类似于上述的设备模型，将人脐静脉内皮细胞放置在微流体装置的一个通道中以形成微血管，而相邻的通道包含正常的人肺成纤维细胞以提供基质支持。随后，对脑特异性人类微血管模型[图 9 - 6(c)]进行修改，在单一凝胶基质中同时培养所有血脑屏障细胞成分。这促进了诱导多能干细胞衍生的 ECs 或原代人微血管 ECs 以及原代脑周细胞和原代脑星形胶质细胞形成的可灌注微血管网络(microvascular networks，MVNs)。

在体内，细胞和组织通过血管网络获得营养物质和氧气，血管网络在组织内产生必需的分子梯度。先前的研究表明，在平流芯片中产生控制良好的分子梯度是很简单的。此外，扩散是产生分子梯度的另一种手段，因为它需要分子由于布朗运动的部分随机游走。Carvalho 等开发了一种 3D 微流控模型[图 9 - 6(d)]来模拟人类结直肠肿瘤的微环境。该模型包括一个圆形的 ECM 样水凝胶中心室，其特点是有独立的入口和出口通道、中心室两侧的灌注通道，以及用于隔离室和通道的微柱。最后在微流控芯片环形通道壁上形成微血管。一些研究人员认为，传统的血管芯片模型通常是基于封闭在大型弹性体(如 PDMS)中的微通道样结构的，当与其他器官模块集成时，这种结构灵活性有限。因此，有必要构建一种易于连接的弹性仿生血管。为了解决这个问题，Zhang 等提出了一种依赖于柔性 PDMS 中空管的新型血管模型[图 9 - 6(e)]。该模型的内部模板采用金属棒或气流，外部模板采用塑料管。HUVECs 被部署在 PDMS 的内表面，从而创建弹性仿生血管。随后，研究人员成功地整合了人类肝脏、心脏和肺器官芯片，并且能够在芯片通道的不同结构上生长血管网络，很好地解决了上述问题。然而，血管化微芯片的微通道结构仍主要采用单层平行结构。希望未来能在多层垂直结构这一方向取得有力的突破。

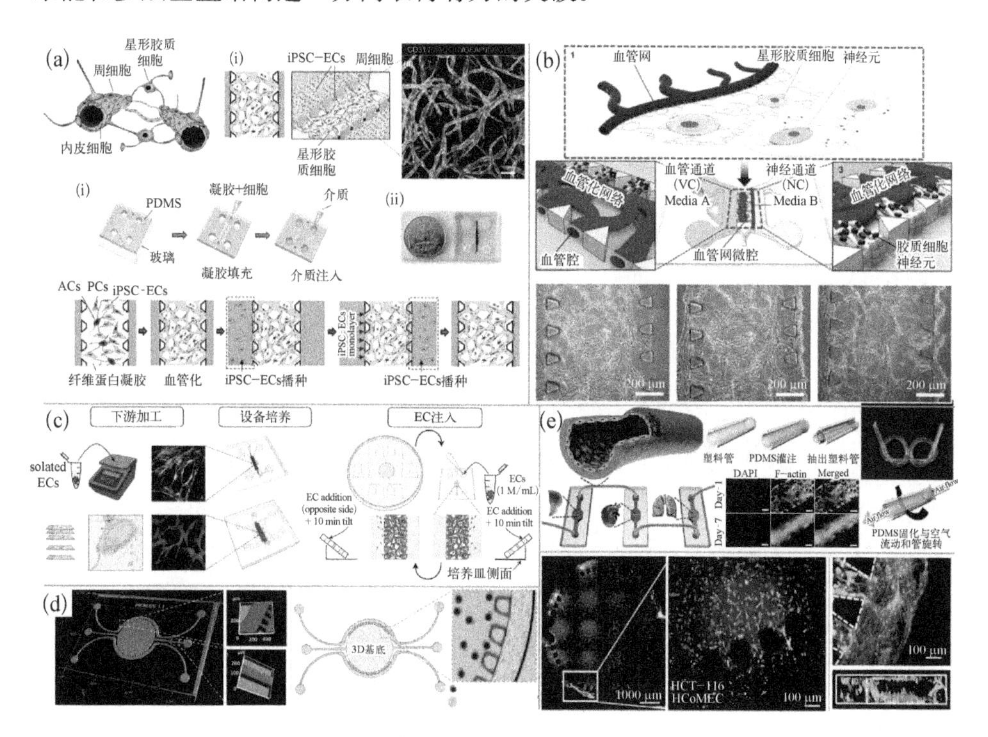

图 9-6　在芯片微通道中生长的微血管

(a) 血脑屏障及体外微血管网络模型；(b) 包括血脑屏障在内的神经血管单元微流控平台；(c) 微观和宏观装置中形成血脑屏障 MVNs 的方案步骤总结，以及在装置中培养 7 天后的下游应用；(d) 中央通道为圆形微流控芯片的设计与表征；(e) 柔性 PDMS 内皮血管在芯片系统上连接多个器官的设计（所有数据均经每篇文章的出版商许可转载）

（二）弹性膜上的血管化

弹性多孔膜通常用于器官芯片，包括聚对苯二甲酸乙二醇酯（PET）、PDMS、静电纺膜和聚碳酸酯（polycarbonate，PC）。这些膜均具有良好的生物相容性。膜的孔径可以控制在微米级，从而防止细胞或组织穿过膜。除了利用多孔膜运输药物和代谢物外，还可以利用其促进分泌因子在不同细胞间的转移，有助于研究细胞间的相互作用。

Achyuta 等设计了一种具有神经血管单元功能的微型装置。如图 9-7(a) 所示，该微器件由 PDMS 神经实质室垂直堆叠组成，由含有血管通道的微孔聚碳酸酯（PC）膜（孔径为 8 μm）隔开。血管通道的制造过程需要用 SU-8（光敏性环氧树脂)通过光刻技术在硅片上制作图案,以创建具有特定尺寸的模具。随后,将 PDMS 预聚物与固化剂的混合物(按 10∶1 的比例)浇铸在硅片上,除气,在 65℃条件下固化 1 h。最后,从硅片上剥离血管通道层,通过刮削技术附着在 PC 膜上,在 65℃条件下干燥 4 h,确保黏附牢固。

多孔膜常用于多层垂直共培养器官芯片,如典型的肺芯片和肠芯片。这些膜存在于不同的孔径中,可以通过定制以控制细胞培养物之间的渗透性或复制体内胶原蛋白密度(即孔径)。用各种细胞外基质(ECM)胶原覆盖这些膜,可以重现细胞- ECM 界面的一部分。此外,两种细胞类型都有可能在膜的任何一侧茁壮成长,从而减少两种细胞类型之间的距离。PDMS 膜是一种应用广泛的多功能透气膜。Grant 等利用 50 μm 的厚度和 7 μm 的孔隙建立了体外肠道器官模型,用于监测人体内的氧浓度和梯度。这种经典的肠道器官芯片由两个 PDMS 芯片与多孔 PDMS 膜结合而成,其随后被分割成上下通道[图 9 - 7(b)]。研究人员常使用商业多孔膜(PET 和 PC)作为材料交换膜,以简化实验过程。例如,Maoz 等集成了一种垂直双通道芯片[图 9 - 7(c)],该芯片集成了多电极阵列(multi-electrode array, MEA)和跨上皮电阻(trans-epithelial electrical resistance ,TEER)测量电极,中间用多孔 PET 膜隔开,上通道可培养人内皮细胞,下通道可培养人心肌细胞,TEER - MEA 芯片可以同时检测血管通透性和心功能的动态变化。Lee 等介绍了多层血管/肿瘤组织芯片 EC[图 9 - 7(d)],该芯片在顶部隔间和底板之间使用多孔 PC 膜(孔径为 8 μm)。在移动应用过程中,内皮细胞通过多孔膜扩散到达位于下层通道的 3D 胶原凝胶处,而胶原凝胶中的 T 细胞则向位于胶原凝胶底部附近的肿瘤细胞移动,进行间质迁移,最终导致肿瘤细胞的破坏。

尽管商用材料如 PET 和 PC 膜已广泛应用于器官芯片的多层结构中,但其应用仍受限于弹性降低和生物相容性差。相比之下,PDMS 膜具有较高的生物相容性和柔韧性,但其对疏水小分子表现出的不稳定性可能会给器官检测带来不便。因此,研究人员致力于开发新材料以弥补这些不足,如聚乳酸(polylactic acid,PLA)、聚(ε-己内酯)、聚氨酯丙烯酸酯、聚乙二醇二丙烯酸酯等。研究人员还探索了将不相容的材料(如聚合物和支架)结合在一起,以制造具有优越机械性能的复合膜的可能性。例如,Festarini 等利用固体糖颗粒作为模板,制备多孔 PDMS 支架[图 9 - 7(e)]。首先,研究人员筛选固体糖颗粒,并用 PDMS 包围方糖模具。将其固化后切片,并使其熔化,得到厚度为 200 μm、孔数为 200 μm

的多孔糖- PDMS复合膜。采用不同孔径的膜来分隔多层器官芯片的微通道，既实现了细胞隔离，又实现了细胞间的物质交换。目前，用于器官芯片的多孔膜多为商用材料，结构相对简单，孔径大多在微米级。如果能够开发出由多种材料和不同孔径制成的膜，器官芯片的应用场景将明显扩大。

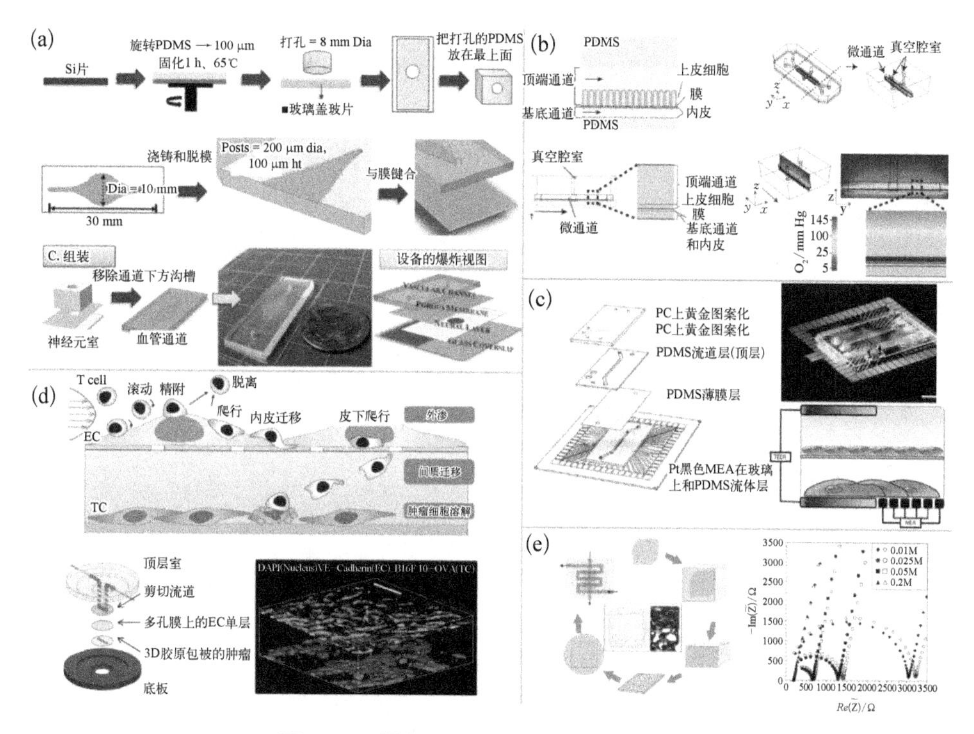

图 9-7 器官芯片和微流体系统的多孔膜

(a) 在芯片上制造神经血管单元的步骤；(b) 双通道微流体人体肠道；(c) TEER - MEA 芯片设计；(d) 多层血管/肿瘤组织芯片研究 T 细胞浸润实体瘤；(e) 多孔糖- PDMS 复合膜的制备工艺方案(所有数据均经每篇文章的出版商许可转载)

(三) 水凝胶中的血管化

建立血管网络的一种很有前途的方法是在含有细胞的水凝胶中建立通道，以提高营养物质向封闭细胞的有效输送。形成三维交联水化纤维的水凝胶是一种很好的细胞包封底物，因为它们与天然细胞外基质相似，并且具有调节机体物理和生化特性的能力。然而，在充满细胞的水凝胶中制造复杂的血管几何结构使制造过程变得更为复杂，因为生产时间和水凝胶性质都必须与细胞活力完全兼容。

目前,控制水凝胶形状的主要手段是3D生物打印技术。如图9-8(a)所示,通过水凝胶交联(如通过酶或光交联)可以获得稳定的细胞包膜水凝胶结构或血管结构。Gao等利用3D打印模板在明胶甲基丙烯酰胺(gelatin methacrylamide,GelMA)水凝胶结构中构建了多细胞血管通道[图9-8(b)]。首先,利用3D打印的聚乳酸(PLA)模板在GelMA基质中形成中空通道。然后,将大鼠10T1/2包埋在GelMA基质中。最后,在管腔表面包被人内皮细胞。Kim等采用30%(在水中的体积比)聚乙二醇二丙烯酸酯(MW=700)(30% PEG-DA-700)、紫外线引发剂(IRgacur-819)和光敏剂(2-异丙基硫酮)的混合物,构建了细胞相容的透明水凝胶结构[图9-8(c)]。Cuenca等仅使用多细胞型人类诱导多能干细胞(hiPSCs)开发了一种强大的3D血管芯片模型。在水凝胶中,通过自组装的方式,结合hiPSC-EC(人类诱导多能干细胞衍生的内皮细胞)和hiPSC-VSMC(人类诱导多能干细胞衍生的血管平滑肌细胞),建立微血管网络。以类似的方式,Ariel A. Szklanny等采用人胶原生物墨水作为工程血管样支架,通过生物打印内皮细胞和支持细胞的微血管网络,从而形成生物打印组织[图9-8(d)]。Mykuliak等将骨髓基质细胞(bone marrow stromal cells,BMSCs)和脂肪组织基质细胞(adipose stem cells,ASCs)与水凝胶中的基质细胞共培养,形成3D血管网络,并观察到BMSCs在3D微流控芯片平台上表现出比脂肪组织ASCs更强的血管生成潜力[图9-8(e)]。Nelson等介绍了一种独特的包含5个平行通道的96孔板格式微流控芯片。通过将人内皮细胞和间充质间质细胞植入纤维蛋白-胶原水凝胶中,在芯片顶部创建了一个相互连接的3D微血管网络。虽然,研究人员在水凝胶和水凝胶复合3D打印的材料设计和优化打印系统方面取得了重大进展,但生物3D打印中水凝胶的交联方法仍然受到严重限制。因此,未来的研究应集中在多样化的材料和开发交联策略上。

四、血管化芯片的应用

体外血管化器官芯片主要有三种应用场景。第一种,在芯片上共同培养肿瘤细胞、肿瘤球和内皮细胞,形成模拟肿瘤微环境的血管化肿瘤球。第二种,涉及使用芯片上的血管器官对药物进行筛选,其可作为高通量药物筛选方法。第三种,芯片上的类器官,其为研究人员提供了更多实验和探索的可能性。

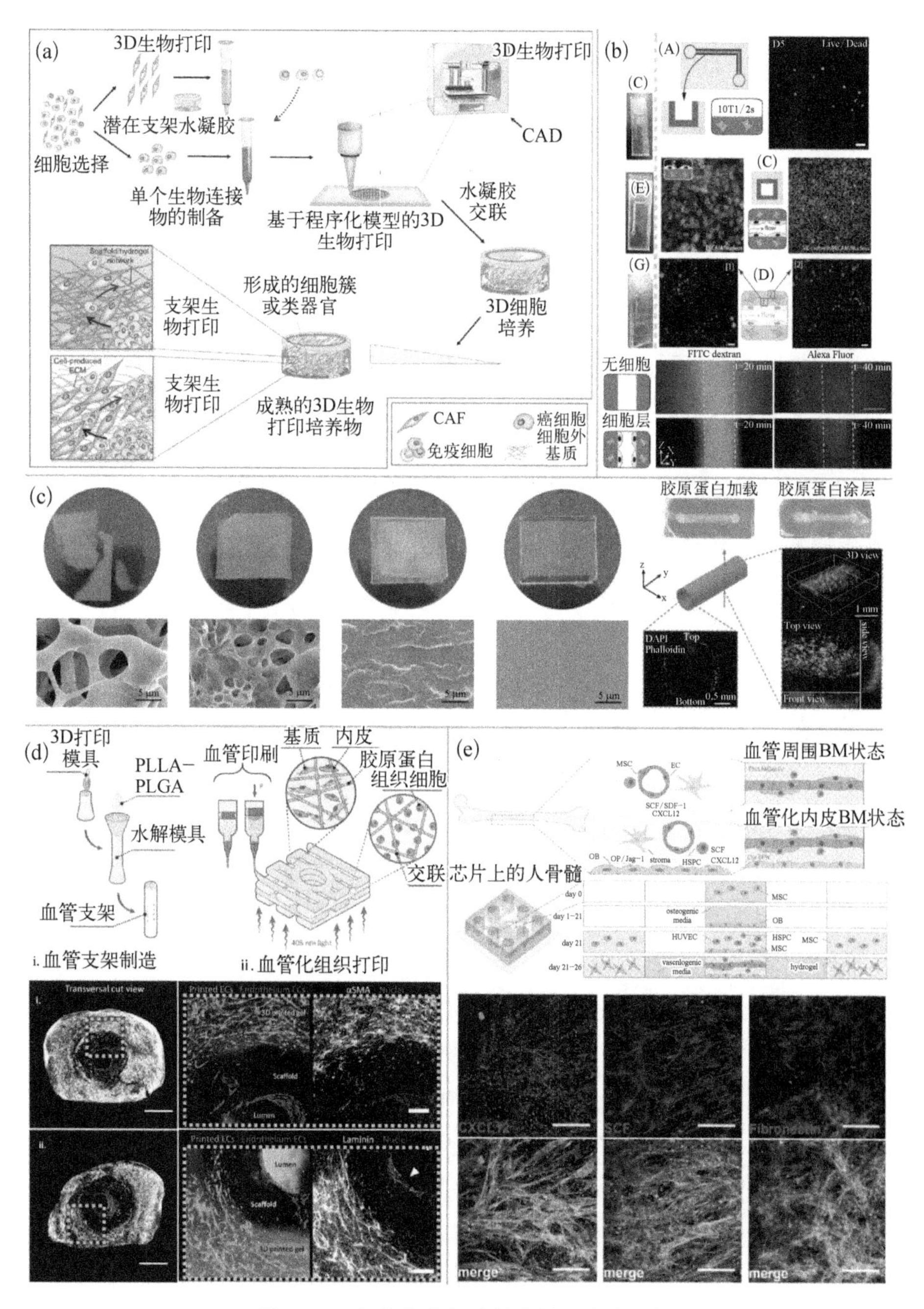

图 9-8 血管在水凝胶的芯片平台上生长

(a) 基于 Cell/ECM 的三维模型;(b) 3D 打印水凝胶铸造工艺及微血管网络图;(c) 3D 打印细胞培养芯片中的 3D 内皮细胞培养;(d) 制备和植入可灌注血管化组织的血管网络的实验程序和体外表征;(e) 人骨髓微阵列血管生成和细胞因子表达(所有数据均经每篇文章的出版商许可转载)

(一) 肿瘤模型

肿瘤的发展是一个复杂的、多步骤的过程，包括起源、生长和转移过程，血管网络代表了肿瘤发展的关键因素。一般来说，芯片上的肿瘤模型大致可以分为两类：基于支架的模型和无支架的模型。对于无支架的模型，悬液滴法是一种常用的方法，因其易于实施，广泛应用于药物筛选研究中。基于支架的模型则以天然或合成生物材料作为癌细胞生长和黏附的支撑结构，该模型可用于研究特定的生物学特性，如细胞迁移、肿瘤转移和血管形成等。肿瘤支架可分为天然支架和合成支架。例如，从 Engelbreth - Holm - Swarm 小鼠肿瘤中提取的基质胶是一种主要由基质金属蛋白酶、胶原蛋白和生长因子组成的天然支架。在制备过程中，天然材料复杂的组分变异性使得促进细胞功能的信号识别变得困难。合成支架解决了传统天然生物材料中批次和实验结果不一致的问题。此外，合成支架为利用化学手段调节支架的生化性质提供了很大的空间。

开发一种仿生的、可控的、具有成本效益的 3D 模型，并利用体内预测进行大规模验证，对于弥合 2D 和动物肿瘤模型之间的差距具有相当大的意义。Xiao 等在 96 孔板阵列芯片上建立了基于三维矩阵的微肿瘤模型[图 9 - 9(a)]。他们将细胞悬浮液与基质在冰上混合，然后将适当的基质细胞混合物添加到阵列芯片的每个孔中，并允许其生长一段时间以创建 3D 肿瘤模型。与 2D 肿瘤模型相比，芯片上的 3D 肿瘤模型具有球形外观、较慢的增殖动力学和可重复性。但需要注意的是，上述肿瘤模型存在着一些缺点，如杂质无法量化等。研究人员还发现，与体内肿瘤组织相比，体外肿瘤球通常较少发生血管化。为了克服上述问题并增强肿瘤血管化，Wan 等提出了一种新的策略[图 9 - 9(b)]，通过在预先形成的肿瘤球中逐渐加入成纤维细胞来生成肿瘤球。用该方法制成的肿瘤球其周围有较高的纤维束(fiber bundle density，FB)密度，有利于增强肿瘤血管化。随后，研究人员将注意力转移到了实用问题上。为了解血小板在复杂的肿瘤微环境中作用的分子机制，Kim 等采用微流控芯片技术发现，乳腺癌源性细胞外囊泡(EV)中的白细胞介素- 8 可通过提高 p -选择素的表达和配体亲和力来促进血小板活化，从而增加血小板对模拟人体血管微流控系统的黏附，并精确预测肿瘤的转移[图 9 - 9(c)]。鉴于 T 细胞只有在与肿瘤细胞接触时才表现出对它们的细胞毒性，癌症免疫治疗的一个固有挑战就是增强 T 细胞对实体肿瘤组织的浸润。血液中的 T 细胞浸润实体瘤组织的过程包括两个步骤：外渗和间质迁移。Ng 等系统地检测了 T 细胞肿瘤浸润，具体方法为：制造基于微流体的肿瘤共培养物，在多孔膜上培养单层内皮细胞（ECs），并将含有内皮细胞的 3D 胶原凝胶置于顶室和底板之间。类似地，提高神经母细胞瘤治愈率的一种方法为：在模拟患者癌细胞与肿瘤环境相互作用的组织模型中，识别患者的特异性药物反应。研究人员在这方面已经进行了大量的研究。例如，Nothdurfter 等开发了一种灌注和微血管化肿瘤环境模型[图 9-9(d)]，可以直接生物打印到芯片系统中。研究人员用含有多种细胞类型的明胶-甲基丙烯酸酯和纤维蛋白基质模拟肿瘤微环境，以促进嵌入内皮细胞的自发微血管生成。尽管芯片上的血管装置已经在肿瘤建模方面发挥了重要作用，但仍有几个方面具有很好的发展前景。第一，可以设计更复杂的装置，将多种细胞类型（肿瘤细胞、内皮细胞、成纤维细胞、干细胞等）整合到培养物中，或者串联不同的装置来模拟不同的组织（肿瘤、肝脏、脾脏等），这些组织可在靶向药物递送中发挥作用。第二，结合患者的细胞和组织可以更好地模拟内部环境，促进个性化医疗的发展。

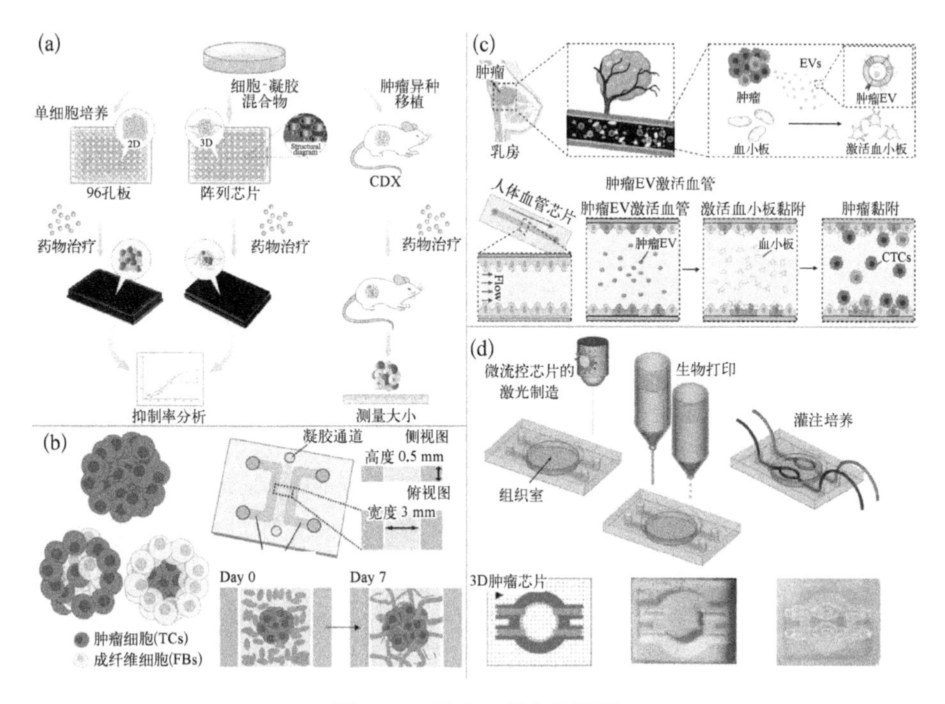

图 9-9　肿瘤血管芯片模型

(a)构建体外和异种移植肿瘤模型的示意图；(b)血管化肿瘤微流控模型生成肿瘤球体的三种方法；(c)乳腺癌源性 EV 激活的受肿瘤教育的血小板有助于肿瘤转移；(d)生物芯片 3D 打印平台（所有数据均经每篇文章的出版商许可转载）

(二) 药物筛选

抗癌药物的开发需要大量的时间和资金投入。在临床筛选过程中，药物开发主要利用多种动物模型。然而，动物模型的使用不仅面临伦理问题，而且由于物种差异，其无法完全代表人类肿瘤组织的特征。此外，在药物临床筛选中经常使用的传统二维培养模型存在两个局限：第一，不朽细胞系的传代产生基因型和表型差异，以及支原体和细胞系污染；第二，实体肿瘤的微环境可以影响特定的信号传导或细胞形态。为了克服肿瘤药物开发中的这些障碍，越来越多的研究人员致力于构建用于体外药物筛选的三维肿瘤模型。药物筛选的目的是识别疾病治疗中的生长抑制剂或识别具有细胞毒性作用的特定细胞表型。

为了研究无心血管毒性的新型抗癌药物，Wu 等开发了一种三维微流体控制装置，可以同时培养 iPS 源性心肌细胞和 iPS 源性内皮细胞的肿瘤细胞球，并能够在芯片上对抗癌药物心脏毒性的评估，结果与在体内研究的一致。为了研究血流对肿瘤的影响，Nashimoto 等提出了一种肿瘤芯片平台，该平台通过工程肿瘤血管网络的腔内血流来评估肿瘤活性。在培养过程中，研究人员在肿瘤体内构建了可灌注血管网络，维持了工程血管的可灌注性，从而在灌注 24 h 后显著增强了肿瘤细胞的增殖活性。对比灌注和静态给药，发现抗癌药剂量对肿瘤活性无显著影响。

在单一和定量的药物筛选方面，许多研究人员在肿瘤芯片上取得了一些显著的成果，但在提高药物筛选效率和数量方面并没有取得很大的进展。换句话说，在高通量和多类型药物筛选方向上的研究进展缓慢。归根到底，是因为还有几个关键的技术难题没有解决。乳腺癌是女性中最常见的侵袭性癌症。根据受体状态又可分为 ER+(雌激素受体阳性)、PR+(孕激素受体阳性)、HER2+(人表皮生长因子受体 2 阳性)和 TNBC(三阴性)乳腺癌。与其他亚型相比，三阴性乳腺癌的预后最差。Lanz 等利用微流控平台同时培养 96 个灌注微组织，筛选不同的表达 *BRCA*1 和 *p*53 基因的三阴性乳腺癌细胞系，包括 MDA-MB-453、MDA-MB-231 和 HCC1937(图 9-10)。这些细胞系暴露于各种抗癌药物(紫杉醇、奥拉帕尼和顺铂)中，发现来自患者异种移植来源的人乳腺癌细胞在培养中对顺铂表现出剂量反应。这证实了多孔板微流控装置能够熟练地从患者来源的材料中筛选高通量药物，并具有指导临床实践中个体化治疗的潜力。

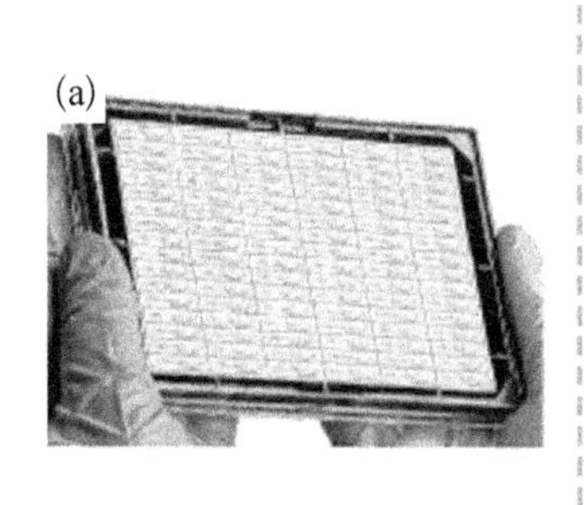

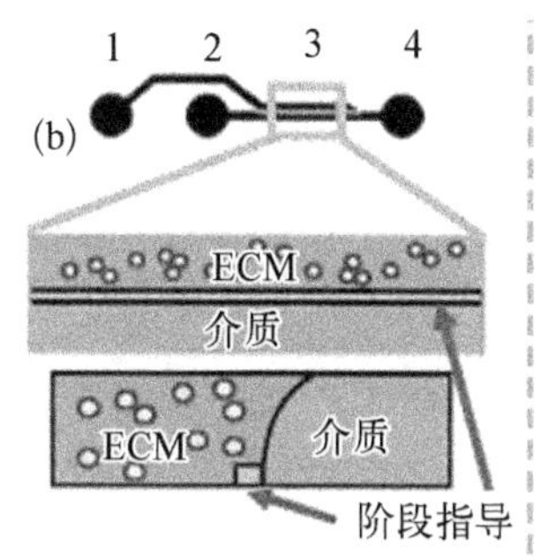

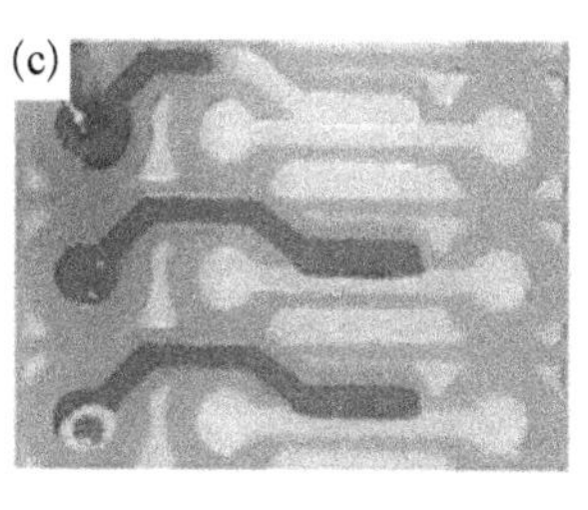

图 9-10　用于 3D 乳腺癌治疗反应测试的芯片板

(a) 由 96 个可渗透微流控室平行组成的有机板平台照片；(b) 腔室的详细功能和截面图；(c) 用红色染料填充 ECM 通道(所有数据均经每篇文章的出版商许可转载)

与动物模型相比，在芯片上构建血管肿瘤模型可以在很大程度上模拟人体组织特征。此外，在药物筛选过程中，血管化芯片可以作为从动物实验到人体试验的桥梁，减少药物开发的失败率，从而节省大量的时间、人力、物力和财力。

(三) 血管化类器官芯片

理论上，类器官芯片融合了类器官和器官芯片技术路线的优势，是前沿技术交叉融合的实践。Park 等于 2019 年在 *Science* 上首次提出了类器官芯片的概念。器官芯片技术依据人们对人体器官的了解来设计人造结构，其中细胞及其微环境被精确控制。相反，类器官遵循内在的发育程序，其中自组织干细胞复制其体内对应物的关键结构和功能特性。

目前，血管化类器官芯片的研究还处于初步探索阶段，没有正式的市场应用，相关的研究还很少。干细胞可诱导分化为脑、神经、脾、胃、肾等器官，并且具有分化为血管化类器官的潜力。Lee 等在芯片上开发了肾脏有机化合物系统，并利用人类多能干细胞在芯片上成功诱导了肾脏类器官血管结构的分化。研究人员发现由肾脏器官形成的血管不仅可以受生化刺激(血管内皮生长因子)的调节，还可以受生物力学刺激(剪切应力)的调节。Carvalho 等设计了一种使用聚合物膜载体的甲状腺类器官芯片，在体外评估内分泌干扰物(endocrine disrupting chemicals，EDCs)对甲状腺器官功能的影响。研究人员将小鼠胚胎干细胞衍生的甲状腺滤泡以固定的流速植入微流控芯片，发现芯片上的类器官模型表现出高功能，可用于测试潜在的 EDCs。Hiratsuka 等认为静态类器官缺乏必要的生理和物理微环境，限制了疾病病理学的推广。为了解决这个问题，研究人员将类器官与器官芯片技术结合起来，开发了一种新的肾脏器官芯片设备。该装置在细胞外基质(extracellular matrix，ECM)上培养肾类器官，并将其置于显微镜下实时成像，从而为常染色体隐性多囊肾病提供了一种治疗方法。Zheng 等将膜与 3D 打印的类器官支架集成在一起，创建了一个人类脊髓芯片上的类器官装置，旨在模拟疼痛回路中疼痛神经元和背角中间神经元的生物学和电生理学。该装置具有易于从培养孔转移到 MEA 系统，能够进行疼痛调节因子在脊髓类器官中活性水平的定点测量，以及为药物筛选和人类疼痛药物检测的验证提供可行的解决方案等优点。Pinho 等成功地将微流控技术与三维肿瘤类器官模型相结合，开发出了适合类器官培养和扩增的低成本微流控装置。在他们的研究中，培养了患者来源的结肠直肠癌类器官芯片，并观察到它们的活力和增殖活性显著增加，为开发合适的临床前肿瘤模型和个性化癌症药物铺平了道路。为了进一步了解尼古丁对胎儿大脑的影响，Wang 等利用 hiPSC 衍生的细胞创建了一种新的脑类器官芯片系统并用其研究尼古丁暴露对胎儿大脑的影响。暴露于尼古丁的脑类器官表现出过早的神经元分化，且研究中的脑类器官的大脑区域和皮层的发育被尼古丁破坏。该脑芯片类器官系统为模拟环境暴露下的神经发育障碍提供了一个极具潜力的平台。

芯片器官技术被认为是芯片器官系统发展的重要抓手，有望成为构建功能完整的血管化芯片的主要发展方向。

本 章 小 结

本章综合阐述了体外形成三维血管模型的策略，以及血管化芯片的结构和应用。体外形成三维血管模型的策略大致可分为静态血管化和动态血管化两大类。每种方法都有其独特的优点、局限性和适用的场景。虽然目前的发展方向是血管化类器官芯片，但血管化器官芯片的重要性也不容忽视。本章对血管化芯片的结构和应用进行了分析，并根据血管生长的位置将其分为三种类型：血管通道、弹性膜和水凝胶。

尽管微流控装置已经证明了多种血管化策略及其在肿瘤模型和药物筛选中的重要作用，但挑战仍然存在。体外血管化芯片模型所采用的动态血管化芯片系统尚不完善。用统一的标准来量化物理或化学行为对血管形成的刺激反应是困难的。为了获得由各种刺激产生的准确的物理或化学信号，尝试将生物传感与器官芯片结合使用，以改进血管化芯片系统。无支架的微结构多采用单层平行流道和双层垂直流道，支架微结构多采用生物可溶性水凝胶培养血管。对于水凝胶支架，3D生物打印技术和新型生物材料等的发展可能会进一步加速体外微复制体内组织的细胞异质性和复杂3D结构的工作。

临床转化实体是指将实验室中的体外数据转化为临床实践的方法。但是，目前进行的许多研究虽然涉及临床应用，却更多地依赖于体外实验的数据。在水凝胶形状、大小、体积的控制，以及具有多层垂直流道和多器官协同作用的微流控装置的设计等方面仍存在不足。然而，研究人员开发的血管化芯片大多数是具有器官特异性的，对制造通用血管化芯片的研究仍是一个亟待解决的问题。实现临床应用这一目标需要来自生物材料、微流体工程和细胞生物学等学科的研究人员共同努力。通用血管化芯片在个性化医疗和制药行业尤为重要，特别是在针对患者特定肿瘤的药物筛选方面。设想中，当这项技术或研究工作完成后，器官芯片有可能在减少对真实人体临床试验的依赖方面扮演重要角色。它可以提供一种更接近人体生理环境的实验平台，从而在药物开发和疾病研究中起到简化和加速临床试验过程的作用。

思考与练习

1. 为什么血管结构及其功能对于器官芯片来说非常重要？

2. 简要阐述“类器官”与“器官芯片”两者的区别。

3. 根据本章学习的不同芯片内血管化方法，简要分析它们各自的优势和不足。

4. 除了本章介绍的血管化器官芯片的应用之外，其还有哪些潜在的应用场景？

参考文献

[1] A Aazmi, H Zhou, Y Li, et al. Engineered Vasculature for Organ-on-a-Chip Systems[J]. Engineering, 2022, 9: 131 - 147.

[2] A K H Achyuta, A J Conway, R B Crouse, et al. A modular approach to create

a neurovascular unit-on-a-chip[J]. Lab Chip, 2013, 13(4): 542 - 553.

[3] A Akinbote, V Beltran-Sastre, M Cherubini, et al. Classical and Non-classical Fibrosis Phenotypes Are Revealed by Lung and Cardiac Like Microvascular Tissues On-Chip[J]. Frontiers in Physiology, 2021, 12: 735915.

[4] Y Akiyama, A Nakayama, S Nakano, et al. An Electrical Stimulation Culture System for Daily Maintenance-Free Muscle Tissue Production[J]. Cyborg Bionic Syst, 2021, 2021: 9820505. DOI: 10.34133/2021/9820505.

[5] L Amirifar, A Shamloo, R Nasiri, et al. Brain-on-a-chip: recent advances in design and techniques for microfluidic models of the brain in health and disease [J]. Biomaterials, 2022, 285: 121531. https://doi.org/10.1016/j.biomaterials.2022.121531.

[6] Z Ao, H Cai, Z Wu, et al. Human Spinal Organoid-on-a-Chip to Model Nociceptive Circuitry for Pain Therapeutics Discovery[J]. Analytical Chemistry, 2022, 94(2): 1365 - 1372.

[7] G Bahcecioglu, G Basara, B W Ellis, et al. Breast cancer models: engineering the tumor microenvironment[J]. Acta Biomaterialia, 2020, 106: 1 - 21. https://doi.org/10.1016/j.actbio.2020.02.006.

[8] Z A Bamber, W Sun, R S Menon, et al. Functional Electrical Stimulation of Peroneal Muscles on Balance in Healthy Females[J]. Cyborg Bionic Syst, 2021, 2021: 9801097. DOI:10.34133/2021/9801097.

[9] S Bang, S R Lee, J Ko, et al. A Low Permeability Microfluidic Blood-Brain Barrier Platform with Direct Contact between Perfusable Vascular Network and Astrocytes[J]. Sci Rep, 7, 8083 (2017). https://doi.org/10.1038/s41598-017-07416-0.

[10] P Bao, A Kodra, M Tomic-Canic, et al. The Role of Vascular Endothelial Growth Factor in Wound Healing[J]. Journal of Surgical Research, 2009, 153(2): 347 - 358.

[11] E Berthier, D J Beebe. Gradient generation platforms: new directions for an established microfluidic technology[J]. Lab Chip, 2014, 14(17): 3241 - 3247.

[12] L L Bischel, E W Young, B R Mader, et al. Tubeless microfluidic angiogenesis assay with three-dimensional endothelial-lined microvessels[J]. Biomaterials, 2013, 34(5): 1471 - 1477.

[13] V A Bot, A Shakeri, J I Weitz, et al. A Vascular Graft On-a-Chip Platform for Assessing the Thrombogenicity of Vascular Prosthesis and Coatings with Tuneable Flow and Surface Conditions[J]. Advanced functional materials, 2022, 32(41): 2205078.

[14] P Boyle. Triple-negative breast cancer: epidemiological considerations and recommendations[J]. Annals of Oncology, 2012, 23(6): 7-12.

[15] J A Brassard, M Nikolaev, T Hubscher, et al. Recapitulating macro-scale tissue self-organization through organoid bioprinting[J]. Nat Mater, 2021, 20(1): 22-29.

[16] N Brassard-Jollive, C Monnot, L Muller, et al. In vitro 3D Systems to Model Tumor Angiogenesis and Interactions With Stromal Cells[J]. Front Cell Dev Biol, 2020, 8: 594903. https://doi.org/10.3389/fcell.2020.594903.

[17] M Campisi, Y Shin, T Osaki, et al. 3D self-organized microvascular model of the human blood-brain barrier with endothelial cells, pericytes and astrocytes [J]. Biomaterials, 2018, 180: 117-129.

[18] D J Carvalho, A M Kip, M Romitti, et al. Thyroid-on-a-chip: An Organoid Platform For In Vitro Assessment of Endocrine Disruption[J]. Adv Healthc Mater, 2023, 12(8): 2201555. DOI: 10.1002/adhm.202201555.

[19] M R Carvalho, D Barata, L M Teixeira, et al. Colorectal tumor-on-a-chip system: a 3D tool for precision onco-nanomedicine[J]. Sci Adv, 2019, 5(5): eaaw1317. DOI: 10.1126/sciadv.aaw1317.

[20] K M Chrobak, D R Potter, J Tien. Formation of perfused, functional microvascular tubes in vitro[J]. Microvascular Research, 2006, 71(3): 185-196.

[21] J Chuchuy, J Rogal, T Ngo, et al. Integration of Electrospun Membranes into Low-Absorption Thermoplastic Organ-on-Chip[J]. ACS Biomater Sci Eng, 2021, 7(7): 3006-3017.

[22] J Cui, H P Wang, Q Shi, et al. Pulsed Microfluid Force-Based On-Chip Modular Fabrication for Liver Lobule-Like 3D Cellular Models[J]. Cyborg Bionic Syst, 2021, 2021: 9871396. DOI: 10.34133/2021/9871396.

[23] Y Fang, T Zhang, L Zhang, et al. Biomimetic design and fabrication of scaffolds integrating oriented micro-pores with branched channel networks for

myocardial tissue engineering[J]. Biofabrication, 2019, 11(3): 035004. DOI: 10.1088/1758-5090/ab0fd3.

[24] D Ferrari, A Sengupta, L Heo, et al. Effects of biomechanical and biochemical stimuli on angio-and vasculogenesis in a complex microvasculature-on-chip[J]. iScience, 2023, 26(3): 106198.

[25] R V Festarini, M-H Pham, X Liu, et al. A sugar-template manufacturing method for microsystem ion-exchange membranes[J]. Journal of Micromechanics and Microengineering, 2017, 27(7): 075011. DOI: 10.1088/1361-6439/aa736b.

[26] A Fritschen, A Blaeser. Biosynthetic, biomimetic, and self-assembled vascularized Organ-on-a-Chip systems[J]. Biomaterials, 2021, 268: 120556.

[27] C Gao, C Lu, Z Jian, et al. 3D bioprinting for fabricating artificial skin tissue [J]. Colloids Surf B Biointerfaces, 2021, 208: 112041. DOI: 10. 1016/j. colsurfb.2021.112041.

[28] C Gao, C Lu, H Qiao, et al. Strategies for vascularized skin models in vitro[J]. Biomater Sci, 2022, 10(17): 4724 - 4739.

[29] J Grant, E Lee, M Almeida, et al. Establishment of physiologically relevant oxygen gradients in microfluidic organ chips[J]. Lab Chip, 2022, 22(8): 1584 - 1593.

[30] J Grant, A Ozkan, C Oh, et al. Simulating drug concentrations in PDMS microfluidic organ chips[J]. Lab Chip, 2021, 21(18): 3509 - 3519.

[31] S Grebenyuk, A Ranga. Engineering Organoid Vascularization[J]. Front Bioeng Biotechnol, 2019, 7: 00039. DOI: 10.3389/fbioe.2019.00039.

[32] K Haase, R D Kamm. Advances in on-chip vascularization[J]. Regen Med, 2017, 12(3): 285 - 302.

[33] C Hajal, G S Offeddu, Y Shin, et al. Engineered human blood-brain barrier microfluidic model for vascular permeability analyses[J]. Nat Protoc, 2022, 17(1): 95 - 128.

[34] K Hiratsuka, T Miyoshi, K T Kroll, et al. Organoid-on-a-chip model of human ARPKD reveals mechanosensing pathomechanisms for drug discovery[J]. Sci Adv, 2022, 8(38): eabq0866. DOI: 10.1126/sciadv.abq0866.

[35] C K Hirt, T H Booij, L Grob, et al. Drug screening and genome editing in human pancreatic cancer organoids identifies drug-gene interactions and

candidates for off-label treatment[J]. Cell Genom, 2022, 2(2): 100095. DOI: 10.1016/j.xgen.2022.100095.

[36] M Hospodiuk-Karwowski, K Chi, J Pritchard, et al. Vascularized pancreas-on-a-chip device produced using a printable simulated extracellular matrix[J]. Biomedical Materials, 2022, 17(6): 065006. DOI: 10.1088/1748-605X/ac8c74

[37] Z Hu, Y Cao, E A Galan, et al. Vascularized Tumor Spheroid-on-a-Chip Model Verifies Synergistic Vasoprotective and Chemotherapeutic Effects[J]. ACS Biomaterials Science & Engineering, 2022, 8(3): 1215 - 1225.

[38] D Huh, H J Kim, J P Fraser, et al. Microfabrication of human organs-on-chips [J]. Nat Protoc, 2013, 8(11): 2135 - 2157.

[39] D Huh, B D Matthews, A Mammoto, et al. Reconstituting Organ-Level Lung Functions on a Chip[J]. Science, 2010, 328(5986): 1662 - 1668.

[40] D G Hwang, Y M Choi, J Jang. 3D Bioprinting-Based Vascularized Tissue Models Mimicking Tissue-Specific Architecture and Pathophysiology for in vitro Studies[J]. Front Bioeng Biotechnol, 2021, 9: 685507. DOI10. 3389/fbioe. 2021.685507.

[41] Y Imamura, T Mukohara, Y Shimono, et al. Comparison of 2D-and 3D-culture models as drug-testing platforms in breast cancer[J]. Oncol Rep, 2015, 33(4): 1837 - 1843.

[42] C Jensen, Y Teng. Is It Time to Start Transitioning From 2D to 3D Cell Culture? [J]. Front Mol Biosci, 2020, 7: 00033. DOI: 10. 3389/fmolb. 2020.00033.

[43] M Kapalczynska, T Kolenda, W Przybyla, et al. 2D and 3D cell cultures-a comparison of different types of cancer cell cultures[J]. Arch Med Sci, 2018, 14(4): 910 - 919.

[44] T M Keenan, A Folch. Biomolecular gradients in cell culture systems[J]. Lab Chip, 2008, 8(1): 34 - 57.

[45] R E Khoury, N Nagiah, J A Mudloff, et al. 3D Bioprinted Spheroidal Droplets for Engineering the Heterocellular Coupling between Cardiomyocytes and Cardiac Fibroblasts[J]. Cyborg Bionic Syst, 2021, 2021, 9864212. DOI: 10. 34133/2021/9864212.

[46] H Kim, J K Sa, J Kim, et al. Recapitulated Crosstalk between Cerebral

Metastatic Lung Cancer Cells and Brain Perivascular Tumor Microenvironment in a Microfluidic Co-Culture Chip[J]. Adv Sci, 2022, 9(22): 2201785. DOI: 10.1002/advs.202201785.

[47] H J Kim, D Huh, G Hamilton, et al. Human gut-on-a-chip inhabited by microbial flora that experiences intestinal peristalsis-like motions and flow[J]. Lab Chip, 2012, 12(12): 2165 - 74.

[48] J Kim, V Sunkara, J Kim, et al. Prediction of tumor metastasis via extracellular vesicles-treated platelet adhesion on a blood vessel chip[J]. Lab Chip, 2022, 22(14): 2726 - 2740.

[49] J W Kim, S A Nam, J Yi, et al. Kidney Decellularized Extracellular Matrix Enhanced the Vascularization and Maturation of Human Kidney Organoids[J]. Adv Sci, 2022, 9(15): 2103526. DOI: 10.1002/advs.202103526.

[50] S Kim, W Kim, S Lim, et al. Vasculature-On-A-Chip for In Vitro Disease Models[J]. Bioengineering, 2017, 4(1): 4010008. DOI: 10.3390/bioengineering4010008.

[51] Y T Kim, J S Choi, E Choi, et al. Additive manufacturing of a 3D vascular chip based on cytocompatible hydrogel[J]. European Polymer Journal, 2021, 151: 110451. DOI: 10.1016/j.eurpolymj.2021.110451.

[52] M Kitsara, D Kontziampasis, O Agbulut, et al. Heart on a chip: Micro-nanofabrication and microfluidics steering the future of cardiac tissue engineering[J]. Microelectronic Engineering, 2019, 203 - 204: 44 - 62.

[53] M Kong, J Lee, I K Yazdi, et al. Cardiac Fibrotic Remodeling on a Chip with Dynamic Mechanical Stimulation[J]. Adv Healthc Mater, 2019, 8(3): 1801146. DOI: 10.1002/adhm.201801146.

[54] B Kramer, C Corallo, A Van Den Heuvel, et al. High-throughput 3D microvessel-on-a-chip model to study defective angiogenesis in systemic sclerosis[J]. Sci Rep, 2022, 12(1): 16930. DOI: 10.1038/s41598-022-21468-x.

[55] M J Kratochvil, A J Seymour, T L Li, et al. Engineered materials for organoid systems[J]. Nat Rev Mater, 2019, 4(9): 606 - 622.

[56] Y Kuroda, Y Yamanoi, S Togo, et al. Coevolution of Myoelectric Hand Control under the Tactile Interaction among Fingers and Objects[J]. Cyborg Bionic Syst, 2022, 2022: 9861875. DOI: 10.34133/2022/9861875.

[57] E Lamontagne, A R Muotri, A J Engler. Recent advancements and future requirements in vascularization of cortical organoids [J]. Front Bioeng Biotechnol, 2022, 10: 1048731. DOI: 10.3389/fbioe.2022.1048731.

[58] H L Lanz, A Saleh, B Kramer, et al. Therapy response testing of breast cancer in a 3D high-throughput perfused microfluidic platform[J]. BMC Cancer, 2017, 17: 709. DOI: 10.1186/s12885-017-3709-3.

[59] H N Lee, Y Y Choi, J W Kim, et al. Effect of biochemical and biomechanical factors on vascularization of kidney organoid-on-a-chip[J]. Nano Convergence, 2021, 8(1): 35. DOI: 10.1186/s40580-021-00285-4.

[60] J Lee, S-E Kim, D Moon, et al. A multilayered blood vessel/tumor tissue chip to investigate T cell infiltration into solid tumor tissues[J]. Lab Chip, 2021, 21(11): 2142 - 2152.

[61] S Lee, J Ko, D Park, et al. Microfluidic-based vascularized microphysiological systems[J]. Lab Chip, 2018, 18(18): 2686 - 2709.

[62] Q Li, K Niu, D Wang, et al. Low-cost rapid prototyping and assembly of an open microfluidic device for a 3D vascularized organ-on-a-chip[J]. Lab Chip, 2022, 22: 2682 - 2694.

[63] S Li, K Yang, X Chen, et al. Simultaneous 2D and 3D cell culture array for multicellular geometry, drug discovery and tumor microenvironment reconstruction[J]. Biofabrication, 2021, 13(4): 045013. DOI: 10.1088/1758-5090/ac1ea8.

[64] X Li, H Jiang, N He, et al. Graphdiyne-Related Materials in Biomedical Applications and Their Potential in Peripheral Nerve Tissue Engineering[J]. Cyborg Bionic Syst, 2022, 2022: 9892526. DOI: 10.34133/2022/9892526.

[65] Y Li, Y Wu, Y Liu, et al. Atmospheric nanoparticles affect vascular function using a 3D human vascularized organotypic chip[J]. Nanoscale, 2019, 11(33): 15537 - 15549.

[66] J Lim, H Ching, J K Yoon, et al. Microvascularized tumor organoids-on-chips: advancing preclinical drug screening with pathophysiological relevance[J]. Nano Converg, 2021, 8(1): 12. DOI: 10.1186/s40580-021-00261-y.

[67] D Liu, X Liu, Z Chen, et al. Magnetically Driven Soft Continuum Microrobot for Intravascular Operations in Microscale[J]. Cyborg Bionic Syst, 2022,

2022：9850832.

[68] J Liu，C Feng，M Zhang，et al. Design and Fabrication of a Liver-on-a-chip Reconstructing Tissue-tissue Interfaces[J]. Frontiers in Oncology，2022，12：959299. DOI：10.3389/fonc.2022.959299.

[69] X Liu，T Yue，M Kojima，et al. Bio-assembling and Bioprinting for Engineering Microvessels from the Bottom Up[J]. International Journal of Bioprinting，2021，7(3)：3－17. DOI：10.18063/ijb.v7i3.366.

[70] Y Liu，L Lin，L Qiao. Recent developments in organ-on-a-chip technology for cardiovascular disease research[J]. Anal Bioanal Chem，2023，415(18)：3911－3925.

[71] L A Low，C Mummery，B R Berridge，et al. Organs-on-chips：into the next decade[J]. Nat Rev Drug Discov，2021，20(5)：345－361.

[72] A Malheiro，P Wieringa，C Mota，et al. Patterning Vasculature：The Role of Biofabrication to Achieve an Integrated Multicellular Ecosystem[J]. ACS biomaterials science & engineering，2016，2(10)：1694－1709.

[73] B M Maoz，A Herland，O Y F Henry，et al. Organs-on-Chips with combined multi-electrode array and transepithelial electrical resistance measurement capabilities[J]. Lab Chip，2017，17(13)：2294－2302.

[74] A Marsano，C Conficconi，M Lemme，et al. Beating heart on a chip：a novel microfluidic platform to generate functional 3D cardiac microtissues[J]. Lab Chip，2016，16(3)：599－610.

[75] M Mastrangeli，J Van Den Eijnden-Van Raaij. Organs-on-chip：the way forward [J]. Stem Cell Reports，2021，16(9)：2037－2043.

[76] E Mohr，T Thum，C Bär. Accelerating cardiovascular research：recent advances in translational 2D and 3D heart models[J]. European journal of heart failure，2022，24(10)：1778－1791.

[77] S Musah，A Mammoto，T C Ferrante，et al. Mature induced-pluripotent-stem-cell-derived human podocytes reconstitute kidney glomerular-capillary-wall function on a chip[J]. Nat Biomed Eng，2017，1(5)：0069. DOI：10.1038/s41551-017-0069.

[78] A Mykuliak，A Yrjänäinen，A-J Mäki，et al. Vasculogenic Potency of Bone Marrow-and Adipose Tissue-Derived Mesenchymal StemStromal Cells Results

in Differing Vascular Network Phenotypes in a Microfluidic Chip[J]. Frontiers in Bioengineering and Biotechnology, 2022, 10: 764237. DOI: 10.3389/fbioe.2022.764237.

[79] Y Nashimoto, R Okada, S Hanada, et al. Vascularized cancer on a chip: the effect of perfusion on growth and drug delivery of tumor spheroid [J]. Biomaterials, 2020, 229: 119547. DOI: 10.1016/j.biomaterials.2019.119547.

[80] M R Nelson, D Ghoshal, J C Mejías, et al. A multi-niche microvascularized human bone marrow (hBM) on-a-chip elucidates key roles of the endosteal niche in hBM physiology[J]. Biomaterials, 2021, 270: 120683. DOI: 10.1016/j.biomaterials.2021.120683.

[81] S Ng, W J Tan, M M X Pek, et al. Mechanically and chemically defined hydrogel matrices for patient-derived colorectal tumor organoid culture[J]. Biomaterials, 2019, 219: 119400. DOI: 10.1016/j.biomaterials.2019.119400.

[82] D Nothdurfter, C Ploner, D C Coraça-Huber, et al. 3D bioprinted, vascularized neuroblastoma tumor environment in fluidic chip devices for precision medicine drug testing[J]. Biofabrication, 2022, 14(3): 035002. DOI: 10.1088/1758-5090/ac5fb7.

[83] C O'connor, E Brady, Y Zheng, et al. Engineering the multiscale complexity of vascular networks[J]. Nat Rev Mater, 2022, 7(9): 702 - 716.

[84] A Ozkan, N Ghousifam, P J Hoopes, et al. In vitro vascularized liver and tumor tissue microenvironments on a chip for dynamic determination of nanoparticle transport and toxicity[J]. Biotechnol Bioeng, 2019, 116(5): 1201 - 1219.

[85] S E Park, A Georgescu, D Huh. Organoids-on-a-chip[J]. Science, 2019, 364(6444): 960 - 965.

[86] T Pasman, D Grijpma, D Stamatialis, et al. Flat and microstructured polymeric membranes in organs-on-chips[J]. J R Soc Interface, 2018, 15(144): 20180351. DOI:10.1098/rsif.2018.0351.

[87] I Pediaditakis, K R Kodella, D V Manatakis, et al. Modeling alpha-synuclein pathology in a human brain-chip to assess blood-brain barrier disruption[J]. Nat Commun, 2021, 12(1): 5907. DOI:10.1038/s41467-021-26066-5.

[88] V Pensabene, L Costa, A Y Terekhov, et al. Ultrathin Polymer Membranes

with Patterned, Micrometric Pores for Organs-on-Chips[J]. ACS Applied Materials & Interfaces, 2016, 8(34): 22629-22636.

[89] V Pensabene, S W Crowder, D A Balikov, et al. Optimization of electrospun fibrous membranes for in vitro modeling of blood-brain barrier[J]. Annu Int Conf IEEE Eng Med Biol Soc, 2016, 2016: 125-128.

[90] K Perez-Toralla, G Mottet, E T Guneri, et al. FISH in chips: turning microfluidic fluorescence in situ hybridization into a quantitative and clinically reliable molecular diagnosis tool[J]. Lab Chip, 2015, 15(3): 811-822.

[91] D Pinho, D Santos, A Vila, et al. Establishment of Colorectal Cancer Organoids in Microfluidic-Based System[J]. Micromachines, 2021, 12(5): 497. DOI: 10.3390/mi12050497.

[92] D C Poole, B J Behnke, T I Musch. The role of vascular function on exercise capacity in health and disease[J]. The Journal of physiology, 2021, 599(3): 889-910.

[93] V Prasad, S Mailankody. Research and Development Spending to Bring a Single Cancer Drug to Market and Revenues After Approval[J]. JAMA Intern Med, 2017, 177(11): 1569-1575.

[94] Y Qu, F An, Y Luo, et al. A nephron model for study of drug-induced acute kidney injury and assessment of drug-induced nephrotoxicity[J]. Biomaterials, 2018, 155: 41-53.

[95] S G Rayner, K T Phong, J Xue, et al. Reconstructing the Human Renal Vascular-Tubular Unit In Vitro[J]. Adv Healthc Mater, 2018, 7(23): 1801120. DOI: 10.1002/adhm.201801120.

[96] D Richards, J Jia, M Yost, et al. 3D bioprinting for vascularized tissue fabrication[J]. Ann Biomed Eng, 2017, 45(1): 132-147.

[97] J Rodrigues, M A Heinrich, L M Teixeira, et al. 3D in vitro model (R)evolution: unveiling tumor-stroma interactions[J]. Trends Cancer, 2021, 7(3): 249-264.

[98] N Sadr, M Zhu, T Osaki, et al. SAM-based cell transfer to photopatterned hydrogels for microengineering vascular-like structures[J]. Biomaterials, 2011, 32(30): 7479-7490.

[99] S Sahai, R Mcfarland, M L Skiles, et al. Tracking hypoxic signaling in encapsulated

stem cells[J]. Tissue Eng Part C Methods, 2012, 18(7): 557 - 565.

[100] J Saito, M Kaneko, Y Ishikawa, et al. Challenges and Possibilities of Cell-Based Tissue-Engineered Vascular Grafts[J]. Cyborg Bionic Syst, 2021, 2021: 1532103. DOI: 10.34133/2021/1532103.

[101] K Sakai, S Miura, J Sawayama, et al. Membrane-integrated glass chip for two-directional observation of epithelial cells[J]. Sensors and actuators. B, Chemical, 2021, 326: 128861. DOI: 10.1016/j.snb.2020.128861.

[102] M Sakamiya, Y Fang, X Mo, et al. A heart-on-a-chip platform for online monitoring of contractile behavior via digital image processing and piezoelectric sensing technique[J]. Med Eng Phys, 2020, 75: 36 - 44.

[103] F Sala, C Ficorella, R Osellame, et al. Microfluidic Lab-on-a-Chip for Studies of Cell Migration under Spatial Confinement[J]. Biosensors, 2022, 12(8): 604. DOI: 10.3390/bios12080604.

[104] I Salmon, S Grebenyuk, F R Abdel, et al. Engineering neurovascular organoids with 3D printed microfluidic chips[J]. Lab Chip, 2022, 22(8): 1615 - 1629.

[105] K M Seiler, A Bajinting, D M Alvarado, et al. Patient-derived small intestinal myofibroblasts direct perfused, physiologically responsive capillary development in a microfluidic Gut-on-a-Chip Model[J]. Sci Rep, 2020, 10(1): 3842. DOI: 10.1038/s41598-020-60672-5.

[106] A Shanti, J Teo, C Stefanini. In Vitro Immune Organs-on-Chip for Drug Development: A Review[J]. Pharmaceutics, 2018, 10(4): 278. DOI: 10.3390/pharmaceutics10040278.

[107] V S Shirure, C C W Hughes, S C George. Engineering Vascularized Organoid-on-a-Chip Models[J]. Annu Rev Biomed Eng, 2021, 23: 141 - 167.

[108] J So, U Kim, Y B Kim, et al. Shape Estimation of Soft Manipulator Using Stretchable Sensor[J]. Cyborg Bionic Syst, 2021, 2021: 9843894. DOI: 10.34133/2021/9843894.

[109] H A Strobel, S M Moss, J B Hoying. Vascularized Tissue Organoids[J]. Bioengineering, 2023, 10(2): 124 - 150. DOI: 10.3390/bioengineering10020124.

[110] T-C Sung, C-W Heish, H H-C Lee, et al. 3D culturing of human adipose-derived stem cells enhances their pluripotency and differentiation abilities[J].

Journal of Materials Science & Technology, 2021, 63: 9 - 17.

[111] A A Szklanny, M Machour, I Redenski, et al. 3D Bioprinting of Engineered Tissue Flaps with Hierarchical Vessel Networks (VesselNet) for Direct Host-To-Implant Perfusion[J]. Adv Mater, 2021, 33(42): e2102661.

[112] D Tahk, S M Paik, J Lim, et al. Rapid large area fabrication of multiscale through-hole membranes[J]. Lab Chip, 2017, 17(10): 1817 - 1825. DOI: 10.1039/c7lc00363c.

[113] L Van Den Broeck, M F Schwartz, S Krishnamoorthy, et al. Establishing a reproducible approach to study cellular functions of plant cells with 3D bioprinting[J]. Sci Adv, 2022, 8(41): eabp9906. DOI: 10. 1126/sciadv. abp9906.

[114] V Velasco, S A Shariati, R Esfandyarpour. Microtechnology-based methods for organoid models[J]. Microsyst Nanoeng, 2020, 6(1): 76. DOI: 10.1038/s41378-020-00185-3.

[115] M Vila Cuenca, A Cochrane, F E Van Den Hil, et al. Engineered 3D vessel-on-chip using hiPSC-derived endothelial-and vascular smooth muscle cells[J]. Stem Cell Reports, 2021, 16(9): 2159 - 2168.

[116] Z Wan, M A Floryan, M F Coughlin, et al. New strategy for promoting vascularization in tumor spheroids in a microfluidic assay[J]. Adv Healthc Mater, 2023, 12(14): 2201784. DOI: 10.1002/adhm.202201784.

[117] Y Wang, R K Kankala, C Ou, et al. Advances in hydrogel-based vascularized tissues for tissue repair and drug screening[J]. Bioact Mater, 2022, 9: 198 - 220.

[118] Y Wang, Z Shao, W Zheng, et al. A 3D construct of the intestinal canal with wrinkle morphology on a centrifugation configuring microfluidic chip[J]. Biofabrication, 2019, 11(4): 045001.

[119] Y Wang, H Wang, P Deng, et al. In situ differentiation and generation of functional liver organoids from human iPSCs in a 3D perfusable chip system [J]. Lab Chip, 2018, 18(23): 3606 - 3616.

[120] Y Wang, H Wang, P Deng, et al. Modeling Human Nonalcoholic Fatty Liver Disease (NAFLD) with an Organoids-on-a-Chip System[J]. ACS Biomaterials Science & Engineering, 2020, 6(10): 5734 - 5743. DOI: 10.1021/acsbiomaterials.0c00682.

[121] Y I Wang, H E Abaci, M L Shuler. Microfluidic blood-brain barrier model provides in vivo-like barrier properties for drug permeability screening[J]. Biotechnol Bioeng, 2017, 114(1): 184 - 194.

[122] W Wu, A Hendrix, S Nair, et al. Nrf2-Mediated Dichotomy in the Vascular System: Mechanistic and Therapeutic Perspective[J]. Cells, 2022, 11(19): 3042. DOI: 10.3390/cells11193042.

[123] W Wu, X Li, S Yu. Patient-derived tumour organoids: a bridge between cancer biology and personalised therapy[J]. Acta Biomaterialia, 2022, 146: 23 - 36.

[124] Y Wu, Y Zhou, X Qin, et al. From cell spheroids to vascularized cancer organoids: Microfluidic tumor-on-a-chip models for preclinical drug evaluations [J]. Biomicrofluidics, 2021, 15(6): 061503. DOI: 10.1063/5.0062697.

[125] L Yang, S V Shridhar, M Gerwitz, et al. An in vitro vascular chip using 3D printing-enabled hydrogel casting[J]. Biofabrication, 2016, 8(3): 035015. DOI: 10.1088/1758-5090/8/3/035015.

[126] S A Yi, Y Zhang, C Rathnam, et al. Bioengineering approaches for the advanced organoid research[J]. Adv Mater, 2021, 33(45): 2007949. DOI: 10.1002/adma.202007949.

[127] J Yin, H Meng, J Lin, et al. Pancreatic islet organoids-on-a-chip: how far have we gone? [J]. Journal of Nanobiotechnology, 2022, 20(1): 308. DOI: 10.1186/s12951-022-01518-2.

[128] X Yin, B E Mead, H Safaee, et al. Engineering stem cell organoids[J]. Cell Stem Cell, 2016, 18(1): 25 - 38.

[129] T Yue, D Zhao, T T P Duc, et al. A modular microfluidic system based on a multilayered configuration to generate large-scale perfusable microvascular networks[J]. Microsystems & Nanoengineering, 2021, 7(1): 4. DOI: 10.1038/s41378-020-00229-8.

[130] T Yue, S Gu, N Liu, et al. Self-alignment of microstructures based on lateral fluidic force generated by local spatial asymmetry inside a microfluidic channel [J]. AIP Advances, 2022, 12(3): 035335. DOI: 10.1063/5.0086138.

[131] T Yue, N Liu, Y Liu, et al. On-Chip construction of multilayered hydrogel microtubes for engineered vascular-like microstructures[J]. Micromachines,

2019, 10(12): 840. DOI: 10.3390/mi10120840.

[132] T Yue, M Nakajima, M Takeuchi, et al. On-chip self-assembly of cell embedded microstructures to vascular-like microtubes[J]. Lab Chip, 2014, 14(6): 1151 - 1161.

[133] B Y Zhang, A Korolj, B F L Lai, et al. Advances in organ-on-a-chip engineering[J]. Nat Rev Mater, 2018, 3(8): 257 - 278.

[134] C Zhang, Y Zhang, W Wang, et al. A manta ray-inspired biosyncretic robot with stable controllability by dynamic electric stimulation[J]. Cyborg Bionic Syst, 2022, 2022: 13. DOI: 10.34133/2022/9891380.

[135] F Zhang, K Y Qu, B Zhou, et al. Design and fabrication of an integrated heart-on-a-chip platform for construction of cardiac tissue from human iPSC-derived cardiomyocytes and in situ evaluation of physiological function[J]. Biosensors and Bioelectronics, 2021, 179: 113080. DOI: 10.1016/j.bios.2021.113080.

[136] S Zhang, Z Wan, R D Kamm. Vascularized organoids on a chip: strategies for engineering organoids with functional vasculature[J]. Lab Chip, 2021, 21(3): 473 - 488.

[137] W Zhang, Y S Zhang, S M Bakht, et al. Elastomeric free-form blood vessels for interconnecting organs on chip systems[J]. Lab Chip, 2016, 16(9): 1579 - 1586.

[138] X Zhao, Z Xu, L Xiao, et al. Review on the vascularization of organoids and organoids-on-a-chip[J]. Frontiers in Bioengineering and Biotechnology, 2021, 9: 637048. DOI: 10.3389/fbioe.2021.637048.

[139] Y Zhao, U Demirci, Y Chen, et al. Multiscale brain research on a microfluidic chip[J]. Lab Chip, 2020, 20(9): 1531 - 1543.

[140] Z Zhao, X Chen, A M Dowbaj, et al. Organoids[J]. Nature Reviews Methods Primers, 2022, 2(1): 94. DOI: 10.1038/s43586-022-00174-y.

[141] W Zheng, B Jiang, D Wang, et al. A microfluidic flow-stretch chip for investigating blood vessel biomechanics[J]. Lab Chip, 2012, 12(18): 3441 - 3450.

[142] S Zhong, Z Zhang, H Su, et al. Efficacy of biological and physical enhancement on targeted muscle reinnervation[J]. Cyborg Bionic Syst, 2022, 2022: 9759265. DOI: 10.34133/2022/9759265.

[143] J Zhou，L E Niklason. Microfluidic artificial "vessels" for dynamic mechanical stimulation of mesenchymal stem cells[J]. Integr Biol，2012，4(12)：1487-97.

[144] Y Zhou，T Arai，Y Horiguchi，et al. Multiparameter analyses of three-dimensionally cultured tumor spheroids based on respiratory activity and comprehensive gene expression profiles[J]. Anal Biochem，2013，439(2)：187-193.

[145] Z Zhou，L Cong，X Cong. Patient-derived organoids in precision medicine：drug screening，organoid-on-a-chip and living organoid biobank[J]. Front Oncol，2021，11：762184. DOI：10.3389/fonc.2021.762184.

[146] M Zommiti，N Connil，A Tahrioui，et al. Organs-on-chips platforms are everywhere：a zoom on biomedical investigation[J]. Bioengineering，2022，9(11)：646. DOI：10.3390/bioengineering9110646.

（本章作者：岳涛　尹红泽　王越　刘娜）

第十章

生物检测与疾病诊断

本章学习目标

1. 了解生物检测的定义。
2. 了解生物检测方法在疾病诊断中的重要作用。
3. 熟悉常用的生物检测方法。
4. 熟悉生物检测方法的应用场景。
5. 了解生物检测方法开发的常见思路及发展趋势。

章 节 序

随着科技的不断进步,在医疗领域,生物检测技术已成为其不可或缺的一部分。生物检测主要是指对人体内部物质、组织和器官进行检测和分析,以达到对人体健康与疾病的判断和诊断的目的。随着对生物检测技术研究的不断深入,越来越多的新技术和新方法被开发并应用到临床医疗中。生物检测已成为疾病预防、诊断、治疗的重要组成部分,在诸多场景中进行应用,如临床诊断、临床疗效监测、疾病预测、药物筛选和剂量优化等。在疾病诊断和治疗中,生物检测技术可以帮助医护人员精准判断患者的病因和病程,快速采取针对性的治疗,缩短治疗时间并减轻医疗负担。

一、引 言

随着科学技术的不断发展,医学工程和生物技术领域的新疗法和创新药物不断出现，很多“疑难杂症”被攻破，但针对一些重大疾病，如肿瘤、心脑血管疾病、神经退行性疾病等，早期诊断能够极大地提升治疗的成功率，提高患者的生存率，减轻疾病的并发症，乃至提前预防疾病的发生。因此，发展高效、灵敏的新型生物检测技术，提高重大疾病早期诊断率的临床意义尤为重大。

目前为止，肿瘤的发病率及死亡率一直呈现上升的趋势，并且患者越来越年轻化，其治疗方法依然是医学界难以攻克的重大难题。研究表明，目前虽然没有药物可以彻底治愈肿瘤，但30%以上的肿瘤，如果发现得比较及时，早期进行治疗，治愈率便能够得到很大的提升。肿瘤的早期症状、体征不明显，或者仅有一些缺乏特异性的一般表现，难以通过常规检验进行诊断，通过探索开发高灵敏度、高特异性的生物检测方法，能够提升肿瘤的早期筛查率和恶性肿瘤的早诊率，大大提高治疗效果及患者生活质量。

我国居民疾病死亡构成比例中，心脑血管疾病占据首位，心脑血管疾病发病率逐年升高，且呈现年轻化趋势，很多20～30岁的年轻人被查出患有冠状动脉心脏病（冠心病）、脑出血、脑血栓等心脑血管疾病，而随着我国人口老龄化加剧，60～70岁的人群更是心脑血管疾病发生的“主力军”。心脑血管疾病存在起病隐匿、发病突然、缺乏先兆等特点，具有较高的致死率和致残率，现有治疗手段难以根治，因此，通过生物检测技术对心脑血管疾病进行早期筛查意义重大。在心脏病的诊断检查技术中，常使用超声心动图、动脉造影、磁共振成像（magnetic resonance imaging，MRI）和电子计算机断层扫描（computed tomography，CT）等方法和手段来监测临床症状和体征，但这些仪器价格昂贵，导致检测费用高昂，不适用于实时动态监测。相比较而言，心电图和生物标志物检测是现有检测技术中快速、便捷、低花费的检测方式，但心电图无法诊断无Q波急性心肌梗死、不稳定心绞痛等疾病，对心脏损伤标志物的检测便成为判断心绞痛疾病的重要方法。对于心脏病、血管疾病的早期发现和诊疗，生物标志物检测均能够提供重要的数据支撑。早在1954年，临床上就开始将天门冬氨酸氨基转移酶（aspartate aminotransferase，AST）作为诊断心肌梗死（myocardial infarction，MI）的重要心脏生物标志物。随着临床医学和诊断技术的不断进步，许多心血管疾病的生物标志物检测被陆续发现并应用于临床，在心血管疾病的临床诊疗、预后恢复和病情观察等方面提供了重要支撑。

除肿瘤、心脑血管疾病外，神经退行性疾病也是危害人群身心健康的一类疾病，其发病率已经超过心血管疾病，这类疾病迄今为止仍然没有彻底有效的干预治疗措施，目前所用的治疗手段，无论是药物或手术治疗，都只能改善患者的症状，并不能阻止其病情发展，更无法治愈。尽管临床数据表明，早期诊断是提高疾病治愈率和改善预后的关键，但目前仍缺乏有效的早期诊断技术，因此加强对相关疾病病理早期诊断技术的开发和创新，能够为提升患者生命质量作出重要贡献。近年来，阿尔茨海默病外周血生物标志物的相关研究蓬勃发展。利用外周血检测阿尔茨海默病生物标志物的优势在于样本更易获得、创伤性小、价格相对较低，以及可以实现疾病的早期诊断和持续追踪疾病过程。血浆中的蛋白含量、活性、亚型以及翻译后修饰，小分子代谢物氨基酸和脂类化合物都具备成为阿尔茨海默病生物标志物的潜力。尽管中枢系统来源的蛋白质和代谢物穿过血脑屏障进入外周血后，在血液中的浓度会相对较低，较难通过常规检验方法检测到，但随着高分辨率质谱等仪器的研发，具有极高灵敏度的生物检测方法也随之出现，能够实现在外周血中检测反映阿尔茨海默病疾病过程的生物标志物。相关研究发现，血浆中磷酸化 p－Tau217、p－Tau181、p－Tau231，以及 GFAP、NfL 和 Aβ42/40 等代谢物在阿尔茨海默病患者出现病症前即有明显变化，通过构建高分辨、灵敏响应的生物检测方法，有望实现阿尔茨海默病疾病的早期诊断。

二、传统疾病的诊断方法

（一）血液学检测技术

目前，血液检测技术是临床上最常用的一种生物检测技术之一。这种技术通过检验病人血液中的生理性状和病理过程，可以对疾病进行诊断和评估。血液检测技术通过检测细胞、蛋白质、激素、病原菌等血液成分来确定患者是否患有某种疾病，对于诊断疾病、判断疾病发展、疾病预防都有巨大的帮助。这种技术广泛用于疾病的治疗和监测过程中，尤其在治疗肿瘤、肝病和内分泌疾病等方面具有重要的应用价值。常见的血液学检测方法，包括血液常规检测、凝血功能检测、病毒检测等。

（二）生物医学成像检测技术

生物医学成像检测技术是一种非侵入性的检测方法，通过计算机断层扫描

(CT)、核磁共振(MRI)、正电子发射断层扫描(positron emission tomography, PET)等技术来检测患者的内部器官、组织和病变情况(图 10-1)。在重大疾病诊断技术中,影像检测具有不可替代性,大约 30%的肿瘤可以通过 CT、MRI 等影像学检测技术来诊断。对于心脑血管疾病,心电图、超声心动图、核磁共振等技术也是首选的诊断方法。这些技术可以准确诊断心脏缺血、心肌梗死和脑损伤梗死等疾病。除上述几种较为成熟的技术之外,研究人员也在积极开发新的生物医学成像技术。例如,超声分子成像是利用靶向微泡与血管内皮细胞表面过表达的分子标志物特异性结合,以实现其超声成像检测的新技术;荧光寿命成像技术是基于荧光寿命的显微成像技术,其成像结果可提供像素位点的寿命信息;光声成像利用脉冲激光照射到生物组织中时产生超声信号,通过探测光声信号能重建出组织中的光吸收分布图像,在疾病早期诊断与疗效评价方面具有较大的应用前景。

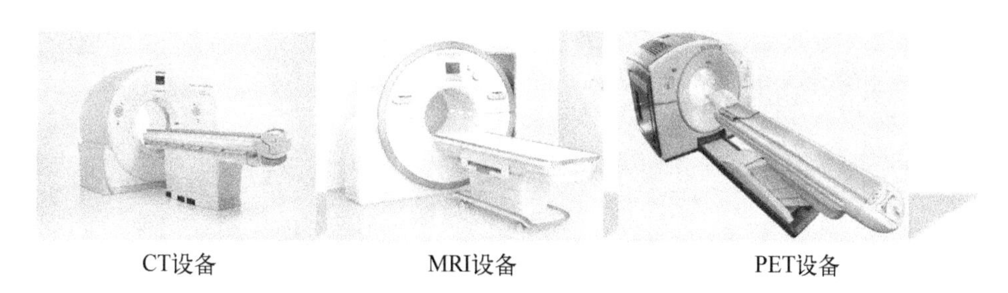

图 10-1　生物医学成像检测仪器

1. 计算机断层扫描

计算机断层扫描(CT)的全称为"X 射线计算机断层成像",是一种医学成像技术,它利用样品对 X 射线束的吸收特性,对生物组织和工程材料进行穿透,并通过计算机处理得到样品的详细横截面图像。CT 通过使用 X 射线穿过人体的特定部位(如胸部或大脑)来获取身体内部结构的详细图像。在扫描过程中,X 射线穿透人体组织并被 CT 设备中的信号探测器接收。这些探测器将接收到的 X 射线信号首先转换为电信号,再经数字转换器转为数字信号,数字信号随后被用来重建并生成详细图像。

2. 核磁共振

用适当的电磁波照射放置在磁场中的物体,会改变物质中氢原子的旋转排列方向,形成共振,通过分析照射后物质释放的电磁波,可以推断出该物质原子核的种类和位置。由于不同的组织会产生不同的电磁波信号，经计算机处理后，可以精确绘制物体内部的立体图像。利用核磁共振技术能够实现针对多数人体组织器官，如心脏、肝脏、胆囊、肾脏、子宫、卵巢、血管等器官，输出较为清晰的内部结构图像，从而对这些器官可能存在的病变进行有效的诊断和评估。

3. 正电子发射断层扫描

当注射到人体内的放射性同位素经历正电子放射衰变时（又称为正电子的β衰变），它会释放出一个正电子（即一个电子相对应的反粒子），在经历了几毫米的移动后，正电子将会与生物体中的一个电子相遇并发生电子对湮灭，产生一对湮灭光子，以 2 个 511 keV 的 γ 射线的形式发射能量，被光敏感的光电倍增管或雪崩光电二极管捕捉到，产生的信号通过一系列复杂的计算和处理，可以构建人体内部生理构造的图像。

综上所述，影像检测技术广泛用于肿瘤、心脑血管疾病、神经疾病等的诊断和治疗中，在疾病的早期发现和治疗中发挥重要作用。

三、分子诊断技术在疾病诊断中的应用

分子诊断技术又称为分子生物学检测技术，主要是通过检测人体内基因、蛋白质和核酸等分子来诊断和预测疾病。分子诊断技术广泛应用于肿瘤、心脑血管疾病、感染性疾病等的诊断和治疗中，因其精准性、灵敏性和快速性而得到了医疗工作者的广泛关注。重大疾病在发病前期普遍存在症状隐蔽、传统影像学表现不明显、体液中缺乏高特异性的生物标志物等特点，使得常规的临床检验无法实现疾病的精准早期诊断。

（一）基于蛋白的生物检测技术

基于质谱的蛋白质检测技术为检测大量样本中的蛋白质提供了技术支撑；在疾病早期的检测、治疗和监测中，对蛋白质检出的灵敏度有着非常高的要求。对特定蛋白质识别灵敏度低是质谱检测蛋白的缺点，免疫检测法正好可以弥补这个缺点，无论是过去还是现在免疫检测法在疾病的确定和传染病的治疗中都发挥着重要作用。20 世纪 60 年代建立的免疫分析法，灵敏度比较高，对量化治疗有着非比寻常的意义，该方法已成为分子和微生物诊断的工具，如酶联免疫吸

附法（enzyme-linked immunosorbent assay，ELISA）、蛋白免疫印迹实验（western blot，WB）。

1. 酶联免疫吸附法

酶联免疫吸附法（ELISA）是通过抗体与同源抗原反应检测样品目标分子最常用的技术，广泛应用于细菌、病毒引起的疾病检测。如图 10－2 所示，其简化过程为：① 将抗原或抗体固定在固相载体上；② 加入待测物，让待测物质与固相化物质结合，形成固相化的“抗原-抗体”复合物；③ 结合酶标记的抗体或抗原，形成酶标复合物；④ 加入底物溶液，酶催化底物显色，依据颜色深浅进行定性或定量分析。研究人员采用 ELISA 检测不明原因发热患儿（63 例）血清样本中的人体对 EB 病毒（epstein-barr virus，EBV）抗体，以此为依据诊断 EBV 感染。结果表明，通过 ELISA 对 VCA－IgM 抗体、EA－IgG 抗体进行检测，并结合谷丙转氨酶和（ALT）或谷草转氨酶（AST）检查、血常规，能够大幅度提升诊断的准确性。

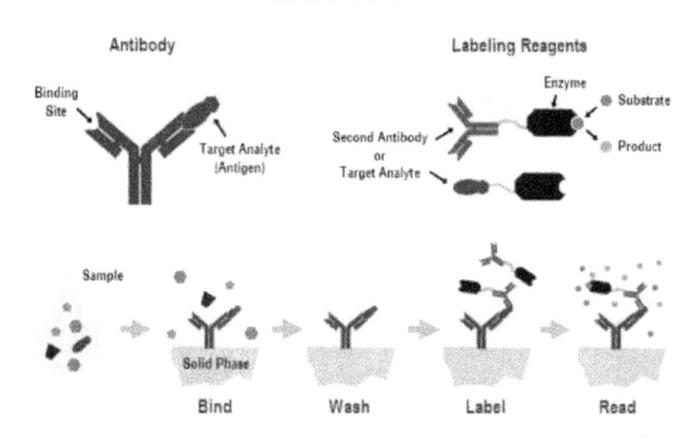

图 10－2　酶联免疫吸附法过程示意图

2. 蛋白免疫印迹实验

蛋白免疫印迹实验（WB）是基于聚丙烯酰胺凝胶电泳（PAGE）检测蛋白质的方法，以蛋白特异性结合的抗体作为“探针”，通过带有标记的第二抗体进行“显色”以分析蛋白质的表达量。如图 10－3 所示，其过程大致为：利用电场将蛋白质样品通过聚丙烯酰胺凝胶电泳进行分离，再将其转移至固相载体，由于第一抗体（特异性和待测蛋白的抗体）和待测蛋白质样品（抗原）会发生免疫反应，可利用酶或同位素标记的第二抗体特异性结合第一抗体，最后通过显色反应检测样品中特定目的蛋白的表达。目前，WB广泛应用于抗体活性检测、疾病早期诊断等多个领域。李楠等通过对WB带型的分析，证明了WB能够作为检测人类免疫缺陷病毒(human immunodeficiency virus，HIV)的重要手段，可辅助HIV感染早期、中期和晚期的诊断。WB被广泛应用于分析基因在蛋白水平上的表达情况。例如，李钰皓等用铋基介孔纳米材料(bismuth-based mesoporous nanomaterials，NBOF)负载SOR，然后用聚乙二醇和叶酸耦联物(P-FA)包覆，形成了NBOF@SOR-P-FA纳米载体体系。WB分析显示，NBOF@SOR-P-FA+X射线组抗增殖和抗凋亡蛋白(Bcl-2、Bcl-XL和Mcl-1)的表达明显低于其他组。

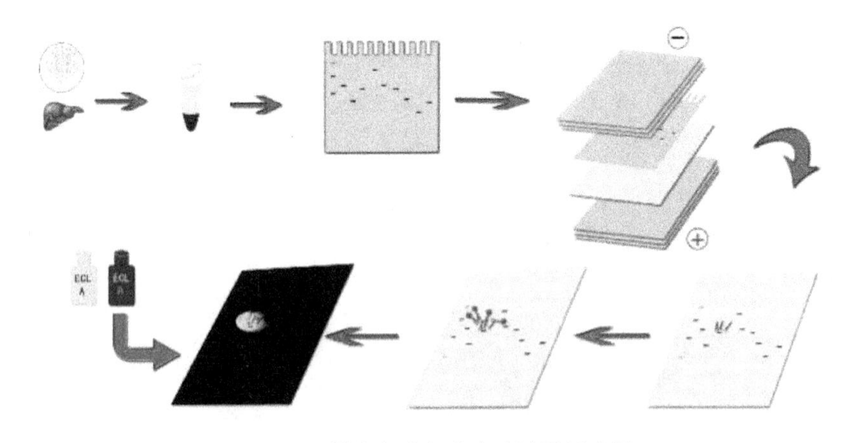

图10-3　蛋白免疫印迹实验过程示意图

(二) 基于核酸的生物检测技术

近年研究发现，因大分子底物具有更高的敏感性和特异性，激发了研究者和医药企业的开发热情。因DNA具有可合成、修改和操纵的独特性质，其逐渐成为高灵敏度的新代名词，指数级的核酸扩增所展现的巨大灵敏度也给检测提供了新的思路。基于核酸的高灵敏度核酸检测技术，包括聚合酶链式反应(polymerase chain reaction，PCR)、环介导等温扩增技术(loop-mediated isothermal amplification，LAMP)、高通量测序技术(high-throughput sequencing)、邻位连接技术(proximity ligation assay，PLA)等。

1. *聚合酶链式反应*

聚合酶链式反应(PCR)技术由Mullis于1983年提出，并于1985年发表论文并推广应用，被认为是分子生物学检测的金标准，在食物安全检测领域受到广泛应用。PCR 检测技术是在 DNA 半保留复制的理论指导下，针对靶标 DNA 某一序列片段，在其上下游分别设计特异性寡核苷酸片段引物，在 DNA 聚合酶的作用下进行变性、退火、延伸三个步骤，经过多个循环后，靶标 DNA 含量发生指数型增长。PCR 技术特异性好、灵敏度高，但是普通 PCR 只能实现定性检测，且操作较为复杂。在此基础上，研究人员进一步开发出了实时荧光定量 PCR(quantitative real-time PCR，RT－qPCR)、数字 PCR(digital PCR，dPCR)、免疫 PCR(immuno-polymerase chain reaction，IPCR)、滚环扩增反应(rolling circle amplification，RCA)等技术，用于传染病的分析检测。

2. 环介导等温扩增

环介导等温扩增技术(LAMP)是 2000 年由日本学者 Notomi 等首先开发的一种新的核酸扩增技术，其原理主要是：针对靶基因 3′和 5′端的 6～8 个区域设计外引物、环状引物和内引物各一对，三对引物依靠高活性链置换 DNA 聚合酶，使链置换 DNA 合成不停循环，快速完成扩增。扩增情况可根据扩增生成的副产物焦磷酸镁沉淀引起的反应液浊度或荧光染料，用肉眼或仪器判断。LAMP 过程可分为三个阶段：先形成哑铃状单链模板(图 10－4)，进入扩增循环阶段，接着再进行延伸、循环扩增。目前，LAMP 检测方法已被世界卫生组织(WHO)推荐用于结核病等由致病菌引起的疾病的检测。很多研究者对临床样品进行了研究，通过对比现有金标准证明了 LAMP 在临床疾病检测方面具有重要的应用价值。用 LAMP 检测方法对结核病患者的临床标本(175 例痰标本组和 80 例非痰标本组)进行检测，通过分析比较荧光涂片显微镜镜检、BACTEC MGIT 960 液体培养、MTB GeneXpert(Xpert)和 LAMP 检测等 4 种检测方法的灵敏度和特异度，同时进行一致性检验，实验结果表明：LAMP 在结核病的诊断方面具有较好的灵敏度和特异度，且操作简单、耗时短、肉眼可见检测结果，适宜在检测条件有限的地区推广使用。过 LAMP 对 218 例患者痰液中的致病菌进行检测，发现了 153 株病原微生物，其中细菌 119 株，包含革兰阴性菌(G^-)100 株，占总数的 65.36%，以及占比为 12.42%的 19 株革兰阳性菌(G^+)，其余为非典型病原菌，占比为 22.22%。通过与金标准(痰培养)检测方法对比，结果显示，肺炎克雷伯菌等 7 种致病菌的敏感度均高于 66.7%；特异度均大于 84.62%，有效证明了 LAMP 可以用于检测支气管扩张症急性期的常见感染病原体，该检测方法快速、高效，且具有良好的特异性，为临床上合理选择抗生素提供了参考，具有广阔的应用前景。

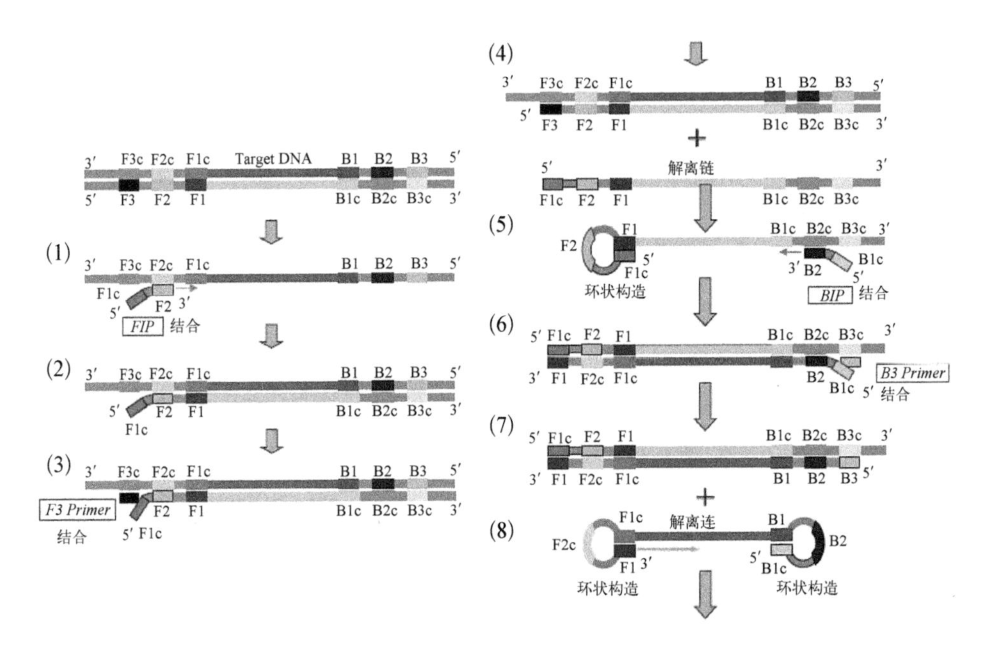

图 10-4 LAMP 扩增循环过程中哑铃状模板构造的过程

(三) 生物传感器技术

生物传感器可根据生物分子的类型(包括抗体、抗原、细胞、酶、核酸等)和用于检测的信号转导方法(包括光学、电学、磁场等)对生物进行分类,与传统方法相比,其具有快速、灵敏、操作简便、无污染的特点,并且还具备分子识别、基因分离纯化等功能。生物传感器的发展史可以追溯至 1962 年,Clark 和 Lyons 于该年开发了第一个基于酶的葡萄糖传感器。为了满足快速、简单、准确和低成本分析技术的需求,生物传感器一直在不断发展创新,尤其是在病原微生物引发的疾病检测和重大疾病生物标志物检测的方向上。

DNA 生物传感器的设计原理是:将一条单链 DNA 固定在电极上,作为分子识别基元,基于 DNA 分子杂交原理识别另一条含有互补碱基序列的单链 DNA。双链结合反应在传感器的敏感元件上完成,变化过程被换能器识别并转变成电信号,根据杂交前后电信号的变化量,可分析计算出待检测样品中的 DNA 含量。由于杂交后生成的 DNA 双链具有较高的稳定性,在传感器上表现的物理信号弱,因此,有的 DNA 传感器会在 DNA 分子之间加入嵌合剂,再把杂交的 DNA 分子量通过换能器分析出来。基于换能器和分子识别类型的差异，可以构成不同种类的DNA生物传感器；基于换能器转换信号，可以将其分为光学DNA生物传感器、电化学DNA生物传感器、压电晶体DNA生物传感器。

研究人员提出了通过测量功能化MNPs在交流磁场中的磁响应来快速灵敏检测致病性微生物（细菌、病毒等）的方法，将特异蛋白和磁性纳米粒子用于实验（图10-5）。结果表明，所构建的传感器能够实现模拟致病性微生物的快速检测，该方法具备能够成为现场低成本快速诊断设备的潜力，或可用于致病性微生物的家庭检测。Kai及其团队设计了一种用于检测新型冠状病毒S蛋白和N蛋白的MNPs光谱学平台，通过检测抗体功能化MNPs与目标分析物结合成簇的动态磁响应，实现了LOD分别为1.56 nmol/L和12.5 nmol/L的病毒蛋白灵敏检测。同时，研究人员认为通过改变MNPs表面修饰的抗体即可用来检测其他疾病生物标志物，可使该方法具有广泛的适用性。

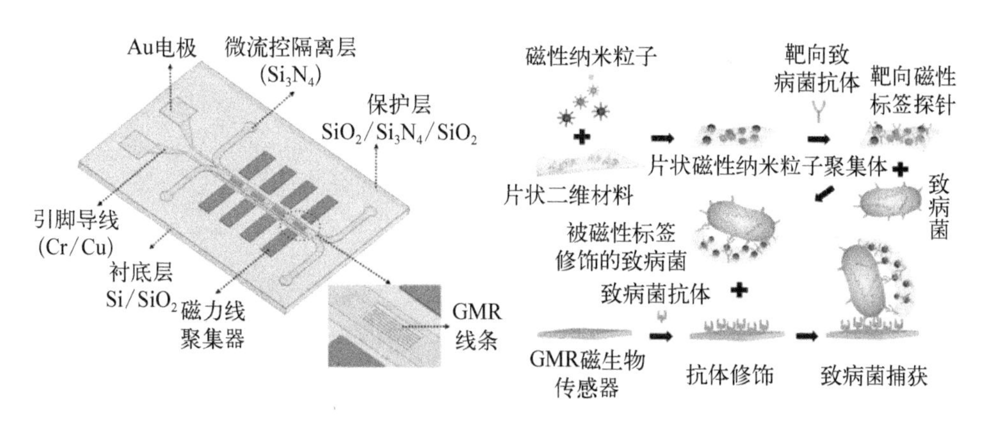

图10-5　基于MNPs快速灵敏检测方法

四、未来新技术的开发和应用

目前，有越来越多的新技术和新方法出现，并被应用于生物检测和疾病诊断中，包括单细胞测序技术、液体活检技术、纳米探针等。这些新技术可提供更精确、快捷和便利的临床诊断服务，将进一步促进生物检测技术的更新迭代和发展。

(一) 单细胞测序技术

单细胞测序技术，简单来说，是指在单个细胞水平上，对细胞内的基因组、转录组，以及表观基因组进行测序，然后进行分析的技术(图 10－6)。传统的测序，是在多细胞基础上进行的，实际上得到的是一堆细胞中信号的均值，丢失了细胞异质性(细胞之间的差异)的信息。而单细胞测序技术能够检出混杂样品测序所无法得到的异质性信息，从而很好地解决了上述问题。单细胞测序技术自 2009 年首次出现，在之后的十几年不断发展。近几年，单细胞测序呈现出爆发式的发展和普及。2011 年，单细胞研究方法被 *Nature Methods* 列为未来几年最值得关注的技术领域之一。单细胞测序技术可以从表观基因层面了解疾病的进展因素。例如，对正常心肌和损伤心肌进行单细胞染色质可及性组学测序(scATAC－seq)，发现早期 B 细胞因子 1(EBF1)可以作为平滑肌细胞(smooth muscle cell，SMC)的潜在转录调控因子。单细胞 RNA 测序(scRNA－seq)的出现让我们能够从单个细胞的角度出发，了解不同细胞类型甚至不同细胞亚群在疾病中的作用，为疾病的诊断与治疗提供了新的方向。

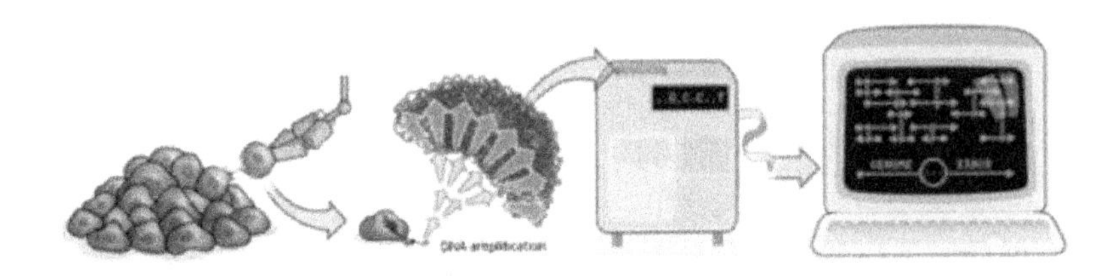

图 10－6 单细胞测序技术示意图

轨迹分析是单细胞测序技术中另一个重要的应用，通过细胞间相似性的程度对细胞进行排序，推断假定的发育轨迹，从而确定细胞在疾病发展中的动态进程。轨迹分析可以用于鉴定已知的发育关系，还可以揭示细胞发育途径，通过对成纤维细胞(fibroblasts，FB)共培养的心肌细胞(cardiomyocytes，CM)进行 scRNA－seq，发现了 FB 在 CM 成熟中的作用，可能与早期生长应答因子 1(EGR1)的高表达相关。单细胞测序技术能够从表观基因组学、转录组学等方面揭示疾病的内在联系，其可能成为未来心血管疾病靶向治疗的利器。

（二）液体活检技术

液体活检技术是一种新型非侵入性检测方法，通过分析患者的体液，如血液、尿液、唾液等来检测和识别疾病（图 10－7）。相比于传统组织活检，该技术能够减少患者的痛苦和不便，同时能够实时监测疾病的发展，且检测灵敏度较高。液体活检技术在癌症和传染病中的应用较为广泛。结直肠癌（colorectal cancer，CRC）是全球范围内癌症相关死亡的主要原因之一。结直肠癌患者的生存率与诊断阶段有关，早期结直肠癌生存率高于 80%，而晚期则低于 10%。患者血清中肿瘤相关抗原（tumor-associated antigens，TAAs）的自身抗体已被广泛证明有助于直肠癌的早期诊断。Barderas 及其研究团队通过液体活检的方法来识别针对 CRC 的自身抗体的自身抗原靶标，这些自身抗体具有显著区分 CRC 患者和健康个体的能力。随后，经过生物信息学分析，选择了 15 个更可能是结直肠癌自身抗原的蛋白质，通过 WB 分析和免疫组织化学来评估它们在结直肠癌预后中的作用。

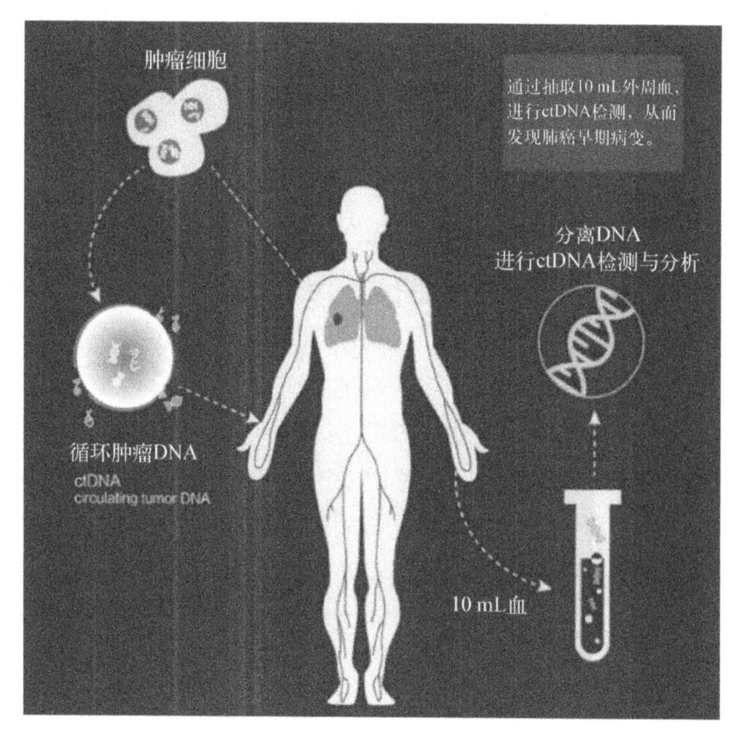

图 10－7　血液中循环肿瘤细胞 DNA 检测过程示意图

(三) 纳米探针

1. 量子点纳米探针

在传染性疾病的早期诊断中，对病原微生物的检测、分离能够为传染性疾病的预防和诊治提供重要依据。量子点纳米探针能够快速、高效、灵敏地实现对病原微生物的检测，具有重要的临床应用价值。量子点是指颗粒直径在1～15 nm范围内的半导体纳米晶体材料，其具有独特的光电性质，通过控制合成尺寸，可以使颗粒发射或吸收特定波长的光，即表现为它会发出不同颜色的光。量子点具备的颗粒直径可调、稳定性高、表面易修饰和功能化等优点，使其成为近年来用于生物检测的热门材料之一。早在1998年，南京大学的Nie及其团队就在生物医学成像中使用量子点来标记细胞，实验证明量子点复合物能够进入细胞，实现特定细胞标记。这一方法也拉开了量子点在生物检测和生物成像方面应用的序幕，使该技术不断地发展至今。量子点荧光探针通过共价结合或物理吸附与生物分子结合，前者形成共轭键，后者通过静电作用等形式结合。目前，多种量子点被用于荧光标记和成像研究，为生物检测方法的建立提供了重要支撑。例如，硫铟铜($CuInS_2$)量子点，具有良好的生物组织穿透性、生物相容性和较低的生物毒性，可用于肿瘤组织的荧光和核磁共振成像，其能够明显改善成像的稳定性和增强响应信号强度，具有良好的应用前景。

2. 稀土纳米探针

因稀土离子的电子层结构独特，稀土纳米材料光稳定性好、生物毒性较低，稀土荧光探针具有发射波长不受外界环境影响、发射光谱窄、荧光寿命长的优点，在生物分析领域具有较高的应用前景。中国科学院福建物质结构研究所的Chen等围绕高效稀土掺杂纳米探针的设计方法及检测手段展开研究，实现了稀土纳米颗粒溶解增强荧光免疫分析，大大提高了待分析物的标记比率，并进一步通过与便携式检测装置结合，实现了对人体唾液中肿瘤标志物的便捷检测。研究人员还将该方法应用于癌症患者唾液样本中癌胚抗原(carcinoembryonic antigen，CEA)的定性和定量分析中，结果证明该策略可用于临床诊断和家庭自我监测时人体唾液样本中肿瘤生物标志物的检测(图10-8)。

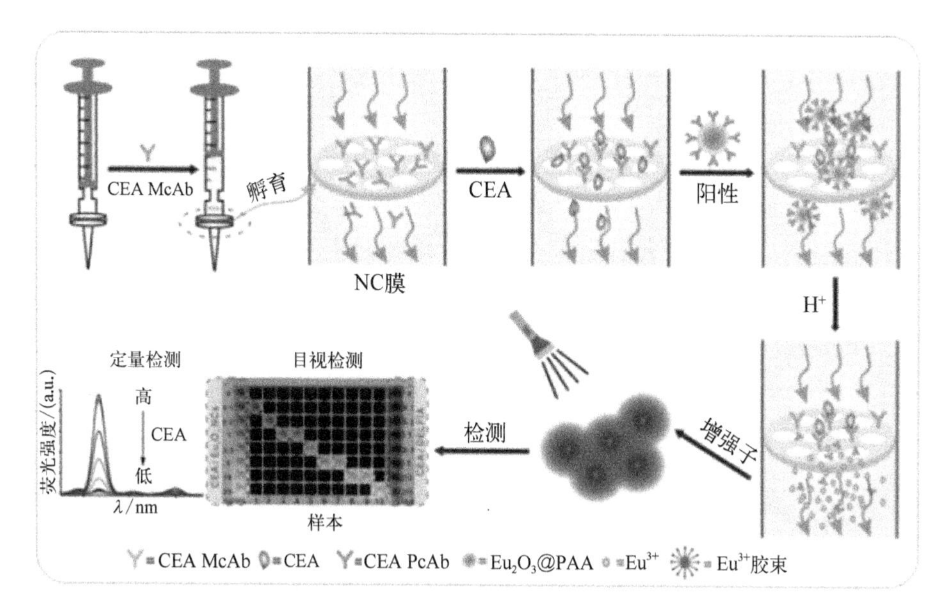

图 10-8　唾液中 CEA 检测的示意图(图片来源于 S Y Zhou, et al., 2021.).

本 章 小 结

目前,将一些生物检测新技术应用到临床上还存在一些问题。例如,肿瘤生物标志物的检测对肿瘤形成及转移的诊断具有很大帮助,但在肿瘤转移发生的早期,外周血中的肿瘤细胞很少,现有的检测技术更多是分析经过富集的细胞体系,而不是血液和体液中的细胞,真正在临床上应用这些生物检测新技术尚需进一步的发展。尽管在临床上使用新技术还有一定的困难,部分新型生物检测技术已经可以为医生针对一些重大的疾病的诊断和治疗提供重要的信息。未来,生物检测技术将越来越多地被开发并应用于临床诊断中,同时大家也会越来越多地关注对个体的精准诊断和治疗,个性化医疗将成为重要的医疗发展趋势。医疗机构将会提供全流程的医学服务,从疾病预测、诊断到治疗,再到疾病管理和健康监测,以保障医疗服务的质量和效率。

总之,生物检测方法和疾病诊断技术是医学发展中不可或缺的一部分,随着技术的进步,通过大量的探索和实践,新技术和新方法在不断涌现,不久的将来,生物检测技术终将实现对疾病的准确诊断和预测。可以预测,生物检测和诊断技术的发展将不断超越现有的边界，成为医学领域中的新兴力量，并为医疗行业的发展注入新的活力和动力。

思考与练习

1. 生物检测的定义是什么？
2. 生物检测在疾病诊断中有哪些优势？
3. 能够用于疾病诊断的生物检测方法应具有哪些特点？
4. 生物检测的发展趋势是什么？

参考文献

[1] 陈璐，王琪.无镉量子点纳米探针在疾病标志物检测和生物成像中的应用[J].安徽农业科学，2015，43(25)：20-30.
[2] 陈昕，周康源，顾宇，等.压电生物传感器研究进展[J].传感技术学报，2003，16(3)：291-298.
[3] 邓龙.甲状腺结节良恶性诊断现状分析[J].临床超声医学杂志，2018，20(5)：336-339.
[4] 顾锦，郭会，周围，等.环介导等温扩增技术在下呼吸道感染常见病原体检测中的应用[J].临床检验杂志，2021，39(1)：12-16.
[5] 李楠，缪礼锋.WB带型分析对HIV感染期和AIDS期的诊断意义[J].疾病控制杂志，2005，9(4)：376-377.
[6] 李鹏，马艳娇，夏伟.环介导等温扩增在病原诊断中应用[J].国际检验医学杂志，2011，32(3)：343-345.
[7] 梁超，成思佳，武海萍，等.高灵敏度等温扩增法可视化检测血液中的病毒核酸[J].中国输血杂志，2011，24(12)：1023-1027.
[8] 林晶晶，夏露，刘旭晖，等.环介导等温扩增技术用于结核病诊断的价值评估[J].复旦学报(医学版)，2021，48(1)：104-110.
[9] 饶运帷，左慧敏，文慧兰，等.环介导等温扩增技术在支气管扩张症急性加重期常见感染病原体检测中的应用[J].基层医学论坛，2022，26(28)：12-14.
[10] 伍燕，王小菊.VCA-IgM、RAI和外周血异型淋巴细胞检查对儿童EB病毒感

染的诊断效能分析[J].中国医学创新,2021,18(3):52-56.

[11] 袁铭,刘金平.单细胞测序技术在心血管疾病中的应用[J].武汉大学学报(医学版),2024,45(6):737-745.

[12] 赵洪秋.酶联免疫吸附法检测 EB 病毒两种抗体(VCA-IgM, EA-IgG)在儿童不明原因发热诊断中的意义[J].中国医疗器械信息,2023,29(2):54-56.

[13] H A Alhadrami. Biosensors: Classifications, medical applications, and future prospective [J]. Biotechnol Appl Biochem, 2018, 65(3): 497-508.

[14] V J Cadarso, C Fernández-Sánchez, A Llobera, et al. Optical biosensor based on hollow integrated waveguides [J]. Anal Chem, 2008, 80(9): 3498-3501.

[15] W C W Chan, S Nie. Quantum dot bioconjugates for ultrasensitive nonisotopic detection [J]. Science, 1998, 281(5385): 2016-2018.

[16] L C Clark, C Lyons. Electrode systems for continuous monitoring in cardiovascular surgery [J]. Annals of the New York Academy of Sciences, 1962, 102(1): 29-45.

[17] K Ding, L Jing, C Liu, et al. Magnetically engineered Cd-free quantum dots as dual-modality probes for fluorescence/magnetic resonance imaging of tumors [J]. Biomaterials, 2014, 35(5): 1608-1617.

[18] P D Howes, R Chandrawati, M M Stevens. Colloidal nanoparticles as advanced biological sensors [J]. Science, 2014, 346(6205): 1247390.

[19] B Hu, Q Zhang, X Gao, et al. Monitoring the activation of caspases-1/3/4 for describing the pyroptosis pathways of cancer cells [J]. Anal Chem, 2021, 93(35): 12022-12031.

[20] Y Jiang, J Hu, Y Guo, et al. Construction and immunological evaluation of recombinant Lactobacillus plantarum expressing HN of Newcastle disease virus and DC-targeting peptide fusion protein [J]. J Biotechnol, 2015, 216: 82-89.

[21] Y Jiang, N Chu, R J Zeng. Submersible probe type microbial electrochemical sensor for volatile fatty acids monitoring in the anaerobic digestion process [J]. J Cleaner Prod, 2019, 232: 1371-1378.

[22] C S McGinnis, L M Murrow, Z J Gartner. Doublet Finder: Doublet detection in single-cell RNA sequencing data using artificial nearest neighbors [J]. Cell Syst, 2019, 8(4): 329-337.e324.

[23] A Montero-Calle, I Aranguren-Abeigon, M Garranzo-Asensio, et al. Multiplexed

biosensing diagnostic platforms detecting autoantibodies to tumor-associated antigens from exosomes released by CRC cells and tissue samples showed high diagnostic ability for colorectal cancer [J]. Engineering, 2021, 7(10): 1393 - 1412.

[24] A E Nel, L Maedler, D Velegol, et al. Understanding biophysicochemical interactions at the nano-bio interface [J]. Nat Mater, 2009, 8(7): 543 - 557.

[25] S A Patel, C I Richards, J C Hsiang, et al. Water-soluble Ag nanoclusters exhibit strong two-photon-induced fluorescence [J]. J Am Chem Soc, 2008, 130(35): 11602 - 11603.

[26] L Poncelet, L Malic, L Clime, et al. Multifunctional magnetic nanoparticle cloud assemblies for in situ capture of bacteria and isolation of microbial DNA [J]. Analyst, 2021, 146(24): 7491 - 7502.

[27] S Y Zhou, D T Tu, Y Liu, et al. Ultrasensitive point-of care test for tumor marker in human saliva based on luminescence-amplification strategy of lanthanide nanoprobes [J]. Advanced Science. 2021, 8(5): 1 - 7.

[28] N Verma, A Bhardwaj. Biosensor technology for pesticides-A review [J]. Appl Biochem Biotechnol, 2015, 175(6): 3093 - 3119.

[29] C Xu, O U Akakuru, J Zheng, et al. Applications of iron oxide-based Magnetic nanoparticles in the diagnosis and treatment of bacterial infections [J]. Front Bioeng. Biotechnol, 2019, 7: 141.

[30] M K Yazdi, E Ghazizadeh, A. Neshastehriz. Different liposome patterns to detection of acute leukemia based on electrochemical cell sensor [J]. Anal Chim Acta, 2020, 1109: 122 - 129.

[31] S Zhou, D Tu, Y Liu, et al. Ultrasensitive point-of-care test for tumor marker in human saliva based on luminescence-amplification strategy of lanthanide nanoprobes [J]. Adv Sci, 2021, 8(5): 2002657.

[32] L Zhu, X Huang, Z Li, et al. Evaluation of hepatotoxicity induced by 2 - ethylhexyldiphenyl phosphate based on transcriptomics and its potential metabolism pathway in human hepatocytes [J]. J Hazard Mater, 2021, 413: 125281.

（本章作者：陈沁　孙晓东）

第十一章

机器学习技术在动物疫病预测中的应用

本章学习目标

1. 掌握机器学习的概念。
2. 了解机器学习的分类。
3. 了解不同机器学习算法的基本原理。
4. 了解不同机器学习算法的优缺点。
5. 了解机器学习算法在动物疫病预测中的应用。

章　节　序

随着全球化进程的加快和气候变化的影响，动物疫病的传播和暴发频率逐渐增加，对生态环境和农业生产造成了严重威胁。为了有效应对这些挑战，科学家和研究机构纷纷寻求新的技术手段，以提高疫病监测和预测的准确性。机器学习作为一种强大的数据分析工具，能够通过挖掘大量的历史数据和实时信息，识别疫病传播模式和潜在风险因素。在本章节将探讨机器学习技术在动物疫病预测中的具体应用，展示机器学习如何帮助研究者提前识别疫病风险，从而为动物健康管理提供科学依据。这不仅有助于减少经济损失，还能保护公共卫生安全和生态系统的稳定。

一、引　　言

随着经济全球化进程的加快，动物及动物产品的流通越来越频繁，危害畜禽健康的各类动物疫病也逐渐增多。例如，传染性牛胸膜肺炎(contagious bovine pleuropneumonia，CBPP)影响着非洲多个国家，每年造成约 20 亿美元的损失。裂谷热(rift valley fever)是一种由病毒引起的动物和人类疾病，1977 年，在埃及首次暴发的裂谷热疫情，据估计导致了约 20 万例感染病例，其中约有 600 人死亡(另有研究指出实际死亡人数可能更高)。此外，该疫情还引发了绵羊、牛及其他牲畜物种的大量死亡和流产事件。1997 年、1998 年和 2000 年，该病在东非地区暴发，不仅造成了人的死亡和牲畜损失，还严重破坏了面向中东地区的珍贵牲畜出口贸易。Paarlberg 等对口蹄疫暴发后连续 16 个季度内主要农产品所受影响进行了模型构建，发现牲畜相关企业遭受的总体损失预估在 27.73 亿～40.62 亿美元之间。历经 7 个季度的恢复，所有农产品的生产能力才能恢复至口蹄疫暴发前的水平。早期预测机制可以降低流行病的影响，并通过快速响应遏止流行病的扩散。2014 年，埃博拉疫情的暴发导致几内亚、利比里亚和塞拉利昂等西非国家大量人员死亡。Delamou 等研究指出，此次埃博拉疫情是自 1976 年以来最为严重的一次，是全球有史以来时间最长、规模最大、致死率最高且最为复杂的疫情。动物疫病直接危害着动物的生命健康，导致大量动物被捕杀销毁，进而造成巨大的经济损失。分析和预警，对于控制疫情、减少损失具有重要意义。在口蹄疫和埃博拉疫情的案例中，早期预警和快速响应机制的建立显得尤为关键。通过建立有效的监测和预警系统，可以及时发现疫情的征兆，从而采取相应的防控措施，避免疫情的进一步扩散和蔓延。

在动物疫病预警方面，机器学习技术的应用为疫情的早期预测提供了新的可能性。通过收集和分析大量的历史数据，机器学习算法可以识别出疫情暴发的潜在风险因素，从而实现对疫情的早期预警。例如，利用支持向量机、朴素贝叶斯算法、决策树等监督学习算法，可以对疫情数据进行分类和预测，从而为决策者提供科学依据。

机器学习(machine learning，ML)是一门将信息学、统计学、数据科学和计算机科学结合在一起的跨学科技术。这门技术的重点是计算机学会如何从数据中学习，运用经验来改善性能或作出正确预测(图 11－1)。机器学习方法通常分为监督学习(supervised learning，SL)和无监督学习(unsupervised learning，UL)两种。在监督学习中，我们只需要给定输入的样本集，并从中预测出合适的模型，就可以从中推算出指定目标变量的可能结果，常用的任务类型是回归和分类。无监督学习处理的是没有标签的数据，因此需要根据样本间的相似性对样本集进行聚类，然后进行训练并找到适合的模型。各种机器学习算法被大量用于模型构建，用于预测各国和全球动物疫病的暴发。这些机器学习模型使用不同的技术来预测和区分潜在疾病暴发，并最终能够准确预测可能的疾病暴发。因此，机器学习在动物疫病的预测中有着至关重要的作用，它可以从数据集中发现有意义的信息，且机器学习模型在长期预测精度方面比传统模型有明显的提高。

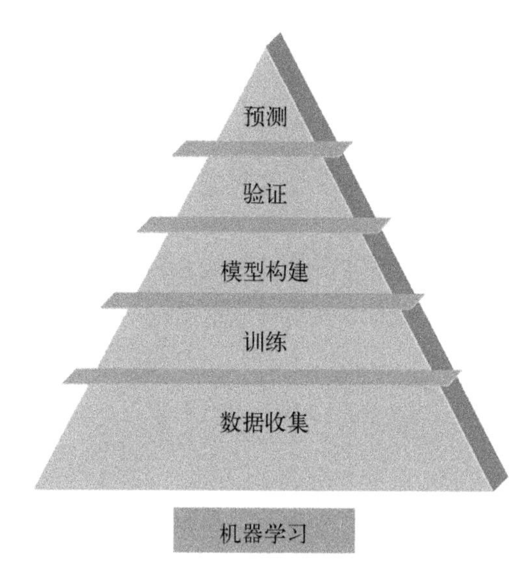

图 11－1　机器学习流程图

综上所述，机器学习技术在动物疫病预警中的应用具有广阔前景。通过建立有效的预测模型和预警机制，可以提高对动物疫病的防控能力，减少疫情带来的经济损失，保障公共卫生安全。

二、机器学习算法在动物疫病预测分析中的应用

（一）监督学习算法在动物疫病预测分析中的应用

1. 支持向量机

支持向量机（support vector machine，SVM）模型的基础概念最可追溯到 1963 年，其最早由 Vapnik 和 Lerner 共同提出。SVM 最初被设计用于处理线性可分的数据，即能够通过一个超平面完全分开不同类别的数据点。这意味着

存在一个超平面，对于每个类别的数据点，都位于其正确一侧。支持向量是距离分类超平面最近的那些数据点，它们决定了决策边界的位置和间隔大小。SVM的目标是最大化这些支持向量到决策边界的距离，这个距离被称为间隔(margin)。SVM的基本原理是要找到一个最大间隔超平面，使得支持向量与这个超平面的间隔距离尽可能大(图11－2)。最大化间隔可以提高分类的鲁棒性，使得模型对新数据点的泛化性能更好。SVM不仅可以处理线性可分数据，还可以通过核函数处理线性不可分的数据。核函数将数据从原始特征空间映射到一个更高维度的特征空间，使得数据在这个空间中可以线性可分。常用的核函数包括线性核函数、多项式核函数和径向基核函数(radial basis function, RBF)。发展至今，SVM已成为一种功能强大的非参数模型，在时间序列预测、生物蛋白预测、气候预测等方面有着广阔的应用前景。但是，SVM算法在处理大样本时，会出现运算速度慢和内存不够等问题。

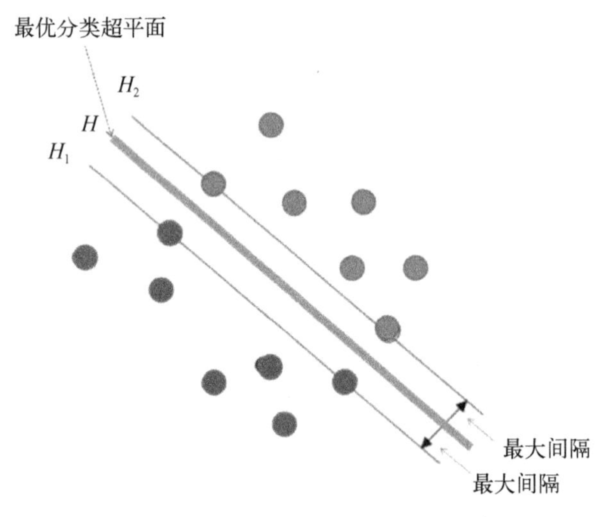

图11－2　大间隔与最佳分类超平面示意图

(H表示分类的最优超平面，H_1和H_2是与超平面H平行的两个支持平面，它们位于不同类别的数据点最靠近超平面的那一侧)

传统的预测模型通常依赖于气候参数，这使得在类似气候地区无法做出准确的预测。为了解决这一问题，Kesorn等利用SVM技术，通过埃及伊蚊的感染率来预测登革热疾病的发病率。结果表明，相较于传统框架中使用的气候参数，利用埃及伊蚊的雌蚊和幼虫，可以更有效地提高发病率预测的效率和准确度。在时间序列预测方面，Althouse等利用SVM模型，并以网络搜索数据为基础，建立了一个预测登革热发病率和发病周期的模型。其研究结果能够较好地预测登革热的高发期。此外，由于禽流感的季节性因素难以识别，导致对其进行预测较为困难。为了应对这一挑战，Zhang 等将其他模型与 SVM 模型结合，对禽流感进行预测。结果显示，这种改进的方法在禽流感疫情时间序列预测中，不论是在精度还是在稳定性方面，都优于实验中使用其他单个模型。总体而言，SVM 模型在动物疫病预测中表现出较低的泛化错误率，这说明 SVM 模型具备良好的学习能力，且学习成果具有较高的准确率。这些研究结果表明，SVM 技术在疾病预测领域具有巨大的应用潜力，为提高预测准确性和效率提供了有力的工具。

2. 朴素贝叶斯算法

朴素贝叶斯算法(Bayes method，BM)是一种基于概率的算法，由数学大师 Bayes 创立。基于贝叶斯定理，人们提出了朴素贝叶斯分类器(naive Bayes classifier，NBC)，这是一种简单但功能强大的概率模型。NBC 由单个类变量和一组特征变量组成，其中单个类变量代表所研究的分类问题的可能结果类，特征变量集用于对不同类的特征进行建模从而得到条件概率最高的类。

在开展大规模流行病暴发的建模和分析时，需要大量计算资源来进行数据密集型任务。Geenen 等在分析 1997—1998 年猪瘟流行期间收集的数据时，采用了朴素贝叶斯分类器(NBC)，对感染猪瘟和未感染猪瘟的猪群进行区分。Kadi 等使用 NBC 对 2009 年印度的 H1N1 流感暴发进行分析，以量化重要的流行病学参数。Ginhoux 等提出了一种基于贝叶斯方法的工具，用于识别 22 种牛类疾病疑似病例，结果表明，该工具在预测和识别疾病疑似病例方面表现出良好的性能。NBC 能够有效处理各种大规模数据，有助于深入理解流行病学动态。然而，由于天气参数的变化，传统的流行病学研究存在一定局限性。NBC 不仅拥有类似于决策树的良好可解释性，还可以利用先前的数据建立分析模型，用于预测或分类。Shinde 等研究人员在进行猪流感预测计算时，将流行病学和现代数据挖掘技术相结合，通过在相同的数据上应用决策树算法和 NBC，确定了疑似病例的实际数量，并预测了可能在疑似区域附近监测到的猪流感情况。在天气参数变化的情况下，NBC 相对于决策树算法表现出更高的准确性。

此外，在疫病相关药物筛选方面，Ekins 等研究人员使用了病毒伪型输入试验和埃博拉病毒小分子抑制剂复制试验数据，构建了一个贝叶斯模型，可用于筛选潜在的抑制剂药物。

3. 决策树

决策树(decision tree,DT)是非参数化的算法,可以有效地处理大型的、复杂的数据集,而不需要施加复杂的参数结构。其主要缺点是可能会出现过拟合和数据丢失的现象,特别是在使用小数据集时。决策树的生成涉及利用不同的属性对根节点的数据进行分割,然后除去一些可能是噪声或异常的数据。基于信息熵的ID3算法、C4.5算法,都能有效地生成决策树。

在1986年,Quinlan提出了ID3算法,其目的是减少决策树的深度,但是ID3算法在处理取值较多的属性时存在一定倾向。近期,Lee等在大规模计算中采用了决策树中的ID3算法,针对3种典型的禽流感病毒(H5N1、H5N8和H7N9)的核苷酸序列,利用这些病毒蛋白的序列进行比较。为了改进ID3算法,后来的研究者应用了决策树C4.5算法,使得算法不仅适用于分类问题,还适用于回归问题。Carroll及其团队则运用了C4.5决策树算法来对家禽呼吸频率进行检测,并构建了模型用于特征分类,从而建立了家禽常见呼吸系统疾病的早期预警系统。

决策树算法广泛应用在疾病分类及预测方面。Tanner等通过分析临床、血液学和病毒学数据,建立了区分登革热和非登革热疾病的模型。研究结果显示,决策树算法能够有效诊断登革热疾病,并预测其发展为严重疾病的可能性。类似地,Go等运用决策树算法研究了5种埃博拉病毒的DNA序列差异,结果发现,它们之间存在DNA序列的相似性。决策树算法因其简单性,在疾病研究中得到了广泛应用。Pieracci研究了43种可以在人类之间传播,也可以在人类和动物之间传播的疾病,并采用美国疾病预防控制中心开发的半定量工具对这类疾病进行排序,然后利用决策树进行分析,确定了5种主要的疾病类型。此外,Tomassen等利用决策树预测口蹄疫的流行,通过考虑暴发地区的牲畜和牛群密度、空气传播的可能性,以及首次感染和首次检测之间的时间,最大限度地减少了口蹄疫流行的直接成本和出口损失。决策树在经济损失预测方面的应用结果,使其可以在口蹄疫流行期间决定控制措施时,提供有价值的参考依据。

4. 逻辑回归分析

逻辑回归(logistic regression,LR)是一种广义的线性回归分析模型,是一种数学工具。1987年,Wieland提出logistic回归适用于因变量Y包含二元(是/否)结果的情况,一般使用2种变量,即因变量和自变量,因变量始终只有一个,而自变量可以是一个或多个。

LR分析是一种用于检验变量之间关系的常见方法。例如，Schares等运用LR分析研究牛新孢子虫病的流行病学，发现除了与单个农场相关的风险因素外，与农场位置相关的风险因素，如周围狗的密度和气候因素等，在该病的传播中也起着重要作用。此外，Bonnardière等建立了5个模型，用LR分析来比较不同年份间牛海绵状脑病患病率的变化。结果表明，LR分析可以清晰地展示变量之间的变化趋势。在研究蓝舌病的传播时，Meroc等使用LR模型来预估群体的血清阳性率，并将其与比利时通报的确诊临床病例的传播情况进行比较。其分析显示，暴发数据与调查数据之间存在着很强的相关性，而基于临床病例检测系统的数据则低估了疫情的实际影响。但是，该模型能够准确显示疫情结束时病毒的空间分布情况。

除此之外，LR分析也可以用来分析特定问题的影响因素。在疾病预测研究中，LR分析经常被用来分析某种疾病的危险因素。例如，在危险因素确定方面，Vincze等运用LR分析来确定同伴动物（如狗、猫）感染耐甲氧西林金黄色葡萄球菌的危险因素。研究结果显示，所确定的危险因素和基因分型结果与人类医学领域的大量研究结果一致。同样地，McLaws等使用LR分析来确定与2001年英国口蹄疫流行期间临床诊断相关的因素，针对受感染人群进行了分析。在动物疫病传播的风险分析中，不仅需要了解受感染人群的传播情况，还需要关注决定易感人群成员感染风险的因素，以估计疾病的传播潜力。Bessell等通过建立LR模型来确定感染口蹄疫的主要危险因素，从而对易感人群成员的感染风险进行分析。此外，风险因素的分析还可以揭示疫病的重要特征，有助于疫病的消除和预防。在评估2006—2007年尼日利亚H5N1疫情期间的危险因素时，Fasina等使用LR模型分析了病例和对照农场调查的暴露因素，结果显示，改善农场卫生和生物安全有助于降低家禽养殖场感染H5N1流感的风险。综上所述，LR分析在检验变量间关系、确定危险因素，以及揭示疾病特征等方面具有重要应用价值。

5. 人工神经网络和深度学习

20世纪40年代后，人们基于生物神经网络开发了人工神经网络（artificial neural networks，ANN），其信息处理、学习和存储功能与人脑类似。虽然人工神经网络系统很早就被提出，但一直到20世纪50年代末才逐渐被确认为一种人工智能工具。正是这一时期，著名的感知器模型被提出，为人工神经网络的研究奠定了基础。此后，对这一领域的研究逐渐深入，并取得了重大进展。值得一提的是,1985 年,反向传播算法(backpropagation artificial neural network,BP-ANN)(图 11-3)的诞生,使得 Hopfield 模型和前馈多层神经网络发展成为当今最广泛应用的一种神经网络模型。神经网络系统理论是智能计算机和智能计算的基础理论之一,其以人脑的智能功能为研究对象,以人的神经细胞处理信息的方法为工作原理。

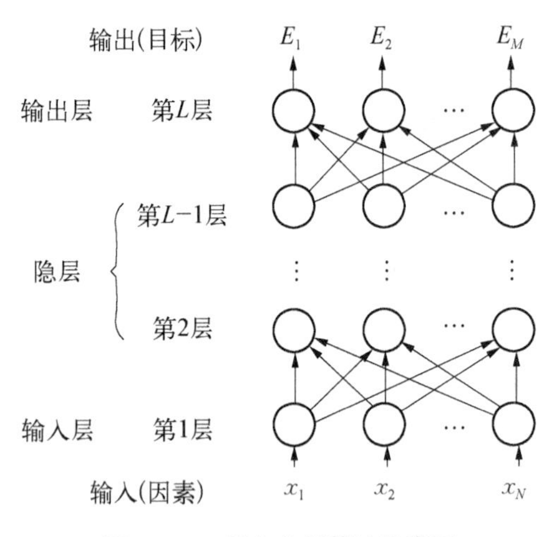

图 11-3　反向传播算法示意图

对神经网络系统的理论研究的重要性体现在其致力于精准模拟人类神经系统的运作模式,并能够成功复现其关键特征。在这一框架内,每个神经元代表了最简单的信息处理单元,神经元以特定方式相互连接,形成神经网络系统,并按照特定规则传递和存储信息。神经网络系统可以根据事件积累经验,从而实现对网络连接权重的持续调整和系统数据的记忆。

人工神经网络中通信机制的解决方案是,将问题表述为处理块之间连接的权重,这些处理块形成了一个由相互连接的简单信息处理块(神经元)组成的网络,能够接收和处理信息。定义神经网络模型整体性能的主要因素是:神经元(信息处理块)的特性、神经元之间连接的形式(拓扑结构)和用于提高性能以适应环境的学习规则。神经网络的操作包括两个阶段:学习阶段,在这个阶段,可以根据学习规则调整神经元之间的连接权重,以最小化客观(或标准)函数;工作阶段,在这个阶段,连接权重保持不变,网络输入被用来获取相应的输出。

人工神经网络具有的非线性、适应性信息处理能力,使其在信息、医学生物学、控制领域等具有广泛应用。例如,Davi 等基于人类基因组数据,来预测登革热疾病的严重程度。通过使用人工神经网络区分患者是否感染登革热或严重登革热。结果显示，该模型在准确率、灵敏度和特异性方面表现出色。同样，Martin 等也使用人工神经网络来区分血清中朊病毒的阴性和阳性。在动物疫病预测中，Eksteen 等运用人工神经网络算法构建了一个模型，用于预测非洲马瘟在南非的暴发情况。将该模型用作预警系统，研究人员可以预测非洲马瘟病媒的数量，从而能够及时采取行动来保护处于危险中的动物，减少疾病的影响。

2006 年，Hinton 首次提出深度学习（Deep Learning，DL）的概念。与人工神经网络相比，DL 更进一步地模拟了人类大脑的工作原理。通过逐层对原始信号进行特征转换，深度学习将样本的特征表示从原始空间转化为一个新的功能空间。这种自动学习方法能够逐层地获取层次化的特征表示，从而更有利于进行分类或特征可视化。

深度学习具有强大的序列和图像处理数据的能力，Mohan 等利用深度学习的数据处理能力来提高诊断的准确性，深度学习模型能准确判断动物疾病并给出详细的原因和解释。深度学习模型通过无监督学习进行训练，在预训练阶段获取优越的模型初始值，从而有效地提升了训练效果。Lee 等提出可利用深度学习来快速检测畜禽病害，即使不知道生物特征数据的具体随机特性，也可以根据宏观的生物特征数据来识别正常和异常的家畜，从而预防口蹄疫等流行病的发生。

6. Adaboost

Boosting 是集成学习框架，可用于提高弱学习算法的性能，以进一步提升原算法的预测精度。Adaboost 是最优秀的 Boosting 算法之一，它让 Boosting 从最初的猜想变成了一种真正具有实用价值的算法。Adaboost 是一种迭代算法，其核心思想是训练若干不同的弱分类器，然后把这些弱分类器集合起来，构成一个更强的分类器。

Adaboost 算法的基本思想是使用一个弱学习算法对训练集（$x_1, y_1, \cdots, x_n, y_n$）进行训练，其中 x_i 是一个向量，y_i 是用于分类任务的类别指示器，以及用于回归任务的值。在初始化阶段，每个训练样本被赋予相等的权重 $1/n$。然后，学习算法被用于在 t 个周期内对训练集进行训练。每个训练周期后，如果训练失败，将对失败的训练样本赋以更高的权重。这意味着在下一个训练周期中，学习算法将专注于那些难以被预报准确的训练样本，从而生成一系列的预测函数 $h_1, h_2, \cdots, h_t$，其中每个函数都有特定的权重。这些权重被用来确保具有良好预测效果的预测函数对整体结果有更大的影响。最终产生预测函数 H,使用加权投票进行分类任务和加权平均进行回归任务,以区分新的样本。

传统的疾病模型是利用单一的定量或定性方法构建的,这使其灵敏度和准确度有一定的损失。Wang 等在建立水泡性口炎预测模型时,将 Adaboost 和不同的弱分类器相结合,通过增加权重来纠正错误分类的样本,从而提高了分类模型的准确度和稳定性,并采用 Adaboost 与决策树桩相结合的综合学习算法,考察单个变量对模型的影响,得到的模型准确预测了水泡性口炎暴发的发展趋势。Adaboost 算法也常用于识别领域,传统的动物鉴别具有局限性,Gaber 等提出了一种基于生物特征和 Adaboost 分类的牛病毒性腹泻识别方法,该方法有效提高了鉴别的准确度。Enright 等研究发现,在对几种不同的牛病毒性腹泻的分类中,Adaboost 算法对牛群的分类的准确性和精确性最优。

7. 随机森林

1995 年,Kam 提出了随机森林(random forest,RF)的概念,由 Breiman 于 2001 年正式提出随机森林算法,随机森林算法用于解决决策树中的过度匹配的问题。随机森林算法的基本构成单元是决策树,它是一种更先进的 Bagging 方法,而其本质属于集成学习(ensemble learning)。其基本原理为:通过属性集来构建决策树的结构,并使用决策属性列作为类别标签。

在构建随机森林时,根节点和分支节点是从一系列属性中随机选择的,以便分配这些属性。离散属性只在分支路径上出现一次,而连续属性可以多次出现。树的构建在三种情况下会中断:一是树的高度达到某个阈值;二是分支节点的数量太少,无法获得具有统计显著性的测试;三是没有其他属性可用于更好的分类。在后两种情况下,分类的结果被指定为训练数据集中最频繁的类别或具有最高出现概率的类别。对于分类实例 X,预测的类别是随机森林每个树结果的后验概率平均值最高的类别。由于特征的完全随机选择,某些特征可能在整个决策树过程中未被选为分离特征,或者只有很少的机会被选中,从而导致遗漏那些对分类结果有很大贡献的特征,这种缺点将导致分类正确性的不稳定性,如果特征数量较少,则这种不稳定性将更为明显。

在众多机器学习算法中,随机森林算法因其高效准确而备受关注。在开发禽流感病毒的全球尺度预测地图模型中,Herrick 等使用随机森林算法建模,并成功预测了影响禽流感病毒分布的主要生态位。对于虫媒的动物疫病,Peters 等将作为环境约束的遥感数据与西班牙蓝舌病国家监测方案的暴发数据相结合，基于随机森林模拟以库蠓为宿主的蓝舌病的发生概率。随机森林模型的准确性也表现在其与其他模型的比较中。Tracey 等在对新西兰动物的疾病风险预测中，建立了 3 种不同算法的物种分布模型，结果表明，基于随机森林建立的模型表现出色。Carvajal 等比较机器学习的 4 种建模技术，最后结果也表明，随机森林的预测精度最高，是预测马尼拉市区登革热发病时间模式的最佳模型。

随机森林模型可以在疾病预测中发挥重要作用。Kane 等比较不同时间序列模型的预测能力，发现随机森林模型能有效预测埃及高致病性禽流感(H5N1)病毒的暴发，成功揭示了埃及 H5N1 暴发严重程度的时间序列结构。为根据现有的数据，预测鸟类种群中的这些危险疫情提供了一种新的方法。在定性预测中，Liang 等利用随机森林算法构建非洲猪瘟暴发预测模型，这一模型可以对全球非洲猪瘟的暴发进行定性预测。随机森林不仅具有高准确度和处理高维特征数据集的能力，还能够评估各个特征对目标的贡献度。

(二) 无监督学习算法在动物疫病预测分析中的应用

1. 主成分分析

主成分分析(principal component analysis，PCA)由 Pearson 于 1901 年开发，是一种广泛用于数据分类和降维的方法。其核心思想是将一组相关变量转换为多个彼此独立的复合特征，并要求这些彼此独立的复合特征能反映原始特征中的所有信息。

在数据处理方面，Joka 等在对非洲猪瘟进行风险评估时，采用 PCA 方法对预测变量之间的多重共线性进行最小化，最后结果表明，非洲猪瘟在中国与俄罗斯、韩国接壤的边境地区都有较高的传入风险。PCA 研究可以用于疫病分布的确定。Zarnecki 等利用 PCA 确定挪威红牛的疫病年度趋势。Samy 等利用建立生态位模型和 4 种典型浓度路径的大气环流模型的不同未来气候情景，探讨蓝舌病病毒在全球的潜在分布情况。在生物气候变量筛选中，利用 PCA 以降低模型的维数，避免变量的多重共线性，得到了该病目前在全球热带、亚热带和温带地区的分布情况。将模型预测与联合国粮食及农业组织(Food and Agriculture Organization of the United Nations，FAO)的信息进行比较，结果表明模型预测与实际暴发情况一致。另一个案例中，Burgin 等将大气扩散模式的结果与 PCA 相结合，以确定欧洲主要大陆出现的天气形势，从而评估蓝舌病通过蚊子进行远距离传播的疾病入侵频率和时间。

2. 最大期望算法

1977 年，Dempster 等对先前研究中的最大期望算法(expectation-maximization algorithm，EM)进行归纳总结，得出一种广泛适用的从不完全数据中计算最大似然估计值的算法。Dempster 等在论文中最早应用并推广了期望最大化算法。最大期望算法是实现极大似然估计的一种有效方法，主要用于非完全数据的参数估计。最大期望算法是数据不完全或存在缺失变量的情况下，参数估计的迭代算法，算法的每一次迭代是由期望(expertation)和极大(maxinization)两步操作构成。

有效的参数估计是将流行病模型拟合到数据中的关键。如果一个地区的鼠疫发生次数不足，则利用回归方法计算的结果是不准确的，此时可利用期望最大化算法可以来估计缺失值。Zhou 等根据 1981—2011 年的鼠疫数据和期望最大化算法建立模型，该模型预测结果显示，2012 年不存在鼠疫流行风险。这一结果与 2012 年在内蒙古自治区达乌尔鼠疫疫源地未检测到鼠疫杆菌的报道一致，表明该模型预测准确并可以用于其他地区鼠疫的预测。

绵羊口蹄疫病毒的感染过程可以用链式二项式模型和广义线性模型来模拟。然而，这些方法的应用需要知道感染途径的流行链，但是流行链的数据一般是不完整的，因为感染过程只有部分被观察到。Nsubuga 等建立了感染时间和潜伏期的联合分布，根据该分布估计了每只感染绵羊的感染时间和潜伏期的期望值。然后，通过期望最大化算法就可以预估绵羊口蹄疫预期的传染期，而不需要完整的感染过程的数据。

期望最大化算法也可与其他算法结合使用对动物疫病进行预测。Mathur 等建立了马来西亚地区登革热的可视化和预测模型，使用地理信息系统(GIS)对发病率进行可视化，使用 K 均值和最大期望算法对数据进行聚类，建立模型。结果表明该模型能够定位发病率，可以进一步用于媒介疾病控制过程。Forbes 等对牛海绵状脑病的风险分析，由于病例数量少、人口规模大，从而增加了自动分类的难度。因此使用马尔可夫模型和最大期望算法对模型参数进行估计，能较好地定位和估计牛海绵状脑病的发生。由于最大期望算法可以给出隐变量，具有简单和稳定的特点，在与其他模型联合使用时可以更好地对动物疫病进行预测。

3. 层次聚类算法

聚类算法起源于古老的分类学，之后又将多元分析技术引入其中形成了聚类分析。聚类分析内容十分丰富，其中包括划分法、层析法、密度算法、网格算法等。其中，层次聚类算法（hierarchical clustering algorithm，HCA）通过评估不同类别数据点之间的相似性，来构建层次聚类树。这种方法涉及将空间样本组织成一定的层次结构，根据其相似性揭示它们之间的关系和分组。其中，基于距离的层次聚类算法也被称为基于度量的层次聚类算法，在各个领域，如生命科学和计算机科学，都已成为至关重要的工具。

传染病威胁事件（infectious disease threat events，IDTEs）在世界范围内的发生频率在不断增加。Semenza 等将 IDTEs 的潜在驱动因素分为三类进行层次聚类分析，得到的结果可以帮助预测未来传染病威胁事件，并加强控制措施。离差平方和法是层次聚类算法的一种常见方法。Nantima 等利用离差平方和法来评估与肯尼亚-乌干达边境沿线四个地区的小型养猪场发生非洲猪瘟暴发相关的风险因素。根据不同地区的显著生产特征差异，将生猪生产划分为 3 个类型集群。与其他 2 个集群相比，集群中购买的猪数量最少的家庭发生非洲猪瘟的风险也降低了，自由放牧会增加农场发生非洲猪瘟的风险。层次聚类分析也可与其他算法联合使用，Friberg 等在分析木鼠种群的共同感染时，使用层次聚类算法和主成分分析集合，以评估个体在表型空间的分布情况，通过联合使用提高模型的准确性。

4. 最大熵模型

1941 年，Shannon 首先提出信息熵的概念，但由于条件限制并未大规模使用。随着信息技术的发展，20 世纪 90 年代，人们又开始深入探索得到最大熵模型。最大熵模型（MaxEnt）是一种通用的机器学习方法，具有简单而精确的数学公式，基于最大熵原理对现有数据进行分布预测。最大熵是一种提供包含最小信息量的概率分布的方法。给定由环境变量或其函数确定的一组约束，MaxEnt 输出满足这些约束的最大熵分布。

在物种分布模型中，与其他存在的建模方法相比，MaxEnt 已被证明可以更好地识别某个物种是否适合该区域。Hol 等利用 MaxEnt 探索了加利福尼亚州鼠疫样本的空间特征，根据实验数据开发基于生态位的模型，以绘制鼠疫疫源地的潜在分布。结果表明，该模型可以确定病例位置，从而确定潜在的鼠疫风险区域。Walsh 等通过对 2000—2015 年间确定的鼠疫和家畜的生态位进行建模，预测美国西部发生鼠疫的风险。使用 MaxEnt，基于气候、海拔、土地覆盖和重要地方病物种的存在，来预测跨地理空间发生动物鼠疫的概率。结果显示，该模型有良好的预测能力，并确定了美国的鼠疫高风险地区。Ma 等在对新疆维吾尔自治区的蓝舌病病毒进行空间自相关分析时，用最大熵模型检测了蓝舌病病毒发生的风险区域，从而为蓝舌病的预防策略提供了相应的支持。

本 章 小 结

在全球贸易化加深进程中，各类疫病防控工作也在不断深入，动物疫病数据资源也越来越丰富。在这样的大数据背景下，单纯依靠传统的数据分析方法已无法应对大量数据的分析要求。机器学习是一种用于设计复杂模型和算法的方法，利用机器学习方法，学习已知的结构数据中的规律，可预测未知的疫病暴发的风险和区域。由于预测的需要，所使用的学习方法大多是监督学习方法。无监督学习方法多出现在数据清洗和特征提取过程中。虽然机器学习方法能帮助人们更好地处理数据，但仍有几个问题有待解决。例如，在使用机器学习方法进行预测时存在易过拟合、网络结构复杂、参数调优耗时等问题。动物疫病的传播是由多种因素引起的，并且往往表现非线性的特点。因此，有时仅仅使用一种算法无法得到准确的结果，这时就需要多种学习方法协同工作才能完成。通过混合算法建立新型综合性动物疫病预测模型，可以对多因素动物疫病进行预测分析，将使得机器学习在动物疫病预测中得到快速发展。

综上所述，机器学习作为新兴的智能算法，可以挖掘出动物疫病数据中的有用信息，并运用这些信息建立早期预测系统，有效预防动物疫病的流行和传播。除此之外，针对动物疫病在全球范围内日益加剧的严峻形势和日益加重的经济社会危害，我们要尽早建立动物疫情预测预警体系，争取在重大动物疫病防治上的主动性，为重大动物疫病的预防和控制提供科学、有效的预测手段。

思考与练习

1. 机器学习算法的概念是什么？
2. 各种机器学习算法的基本思想是什么？
3. 不同机器学习方法在动物疫病研究中所起的作用是什么？
4. 未来动物疫病预警的发展趋势是什么？

参考文献

[1] 丁世飞,齐丙娟,谭红艳.支持向量机理论与算法研究综述[J].电子科技大学学报,2011(1):4-12.

[2] 高翔,肖建华,王洪斌.基于ZINB模型和气象因素的禽霍乱发病预测[J].农业工程学报,2018,34(15):7.

[3] 李昌利,沈玉利.期望最大算法及其应用[J].计算机工程与应用,2008,44(29):65-68.

[4] 李渊,骆志刚,管乃洋,等.生物医学数据分析中的深度学习方法应用[J].生物化学与生物物理进展,2016(5):472-483.

[5] 苗红星,余建坤.基于决策树的ID3算法和C4.5算法的比较[J].现代计算机,2014(10):7-10.

[6] 尹宝才,王文通,王立春.深度学习研究综述[J].北京工业大学学报,2015(1):48-59.

[7] O I Abiodun, A Jantan, A E Omolara, et al. Comprehensive review of artificial neural network applications to pattern recognition [J]. IEEE Access, 2019, 7: 158820-158846.

[8] B M Althouse, Y Y Ng, D A T Cummings. Prediction of dengue incidence using search query surveillance [J]. PLoS Neglected Trop. Dis, 2011, 5(8): e1258.

[9] P R Bessell, D J Shaw, N J Savill, et al. Statistical modeling of holding level susceptibility to infection during the 2001 foot and mouth disease epidemic in Great Britain [J]. Int J Infect Dis, 2010, 14(3): e210-215.

[10] C L Bonnardière, D Calavas, D Abrial, et al. Estimating the trend of the French BSE epidemic over six birth cohorts through the analysis of abattoir screening in 2001 and 2002 [J]. Vet Res, 2004, 35(3): 299-308.

[11] L Breiman. Random forests [J]. ML, 2001, 45(1): 5-32.

[12] L Burgin, M Ekstrom. Circulation regimes associated with incursions of Bluetongue disease to the UK [J]. EGU General Assembly Conference Abstracts, 2010, 12.

[13] B T Carroll, D V Anderson, W Daley, et al. Detecting symptoms of diseases in

poultry through audio signal processing [C]. Paper presented at: 2014 IEEE Global Conference on Signal and Information Processing (GlobalSIP), 2014.

[14] T M Carvajal, K M Viacrusis, L F T Hernandez, et al. Machine learning methods reveal the temporal pattern of dengue incidence using meteorological factors in metropolitan Manila, Philippines [J]. BMC Infect Dis, 2018, 18(1): 183.

[15] C C M Davi, A Pastor, T Oliveira, et al. Severe dengue prognosis using human genome data and machine learning [J]. IEEE Trans Biomed Eng, 2019: 66(10): 2861 - 2868.

[16] A Delamou, T Delvaux, A M El Ayadi, et al. Public health impact of the 2014 - 2015 Ebola outbreak in West Africa: seizing opportunities for the future [J]. BMJ Glob Health, 2017, 2(2): e000202.

[17] A P Dempster, N M Laird, D B Rubin. Maximum likelihood from incomplete data via the EM algorithm [J]. J R Stat Soc, 1977, 39: 1 - 38.

[18] S Ekins, J S Freundlich, A M Clark, et al. Machine learning models identify molecules active against the Ebola virus in vitro [J]. F1000Res, 2016, 4: 1 - 15.

[19] S Eksteen, G D Breetzke. Predicting the abundance of African horse sickness vectors in South Africa using GIS and artificial neural networks [J]. S Afr J Sci, 2011, 107(7 - 8): 20 - 28.

[20] J Elith, C H Graham, R P Anderson, et al. Novel methods improve prediction of species' distributions from occurrence data [J]. Ecography, 2006, 29(2): 129 - 151.

[21] S Fan, Y Chen, C Luo, et al. Machine learning methods in precision medicine targeting epigenetics diseases [J]. Curr Pharm Des, 2018;24(34): 3998 - 4006.

[22] F O Fasina, A L Rivas, S P R Bisschop, et al. Identification of risk factors associated with highly pathogenic avian influenza H5N1 virus infection in poultry farms, in Nigeria during the epidemic of 2006 - 2007 [J]. PREV VET MED, 2011, 98(2 - 3): 204 - 208.

[23] F Forbes, M Charras-Garrido, L Azizi, et al. Spatial risk mapping for rare disease with hidden Markov fields and variational EM [J]. ANN APPL STAT, 2013, 7(2): 1192 - 1216.

[24] I M Friberg, A Lowe, C Ralli, et al. Temporal anomalies in immunological gene expression in a time series of wild mice: Signature of an epidemic [J]. PLOS ONE, 2011, 6(5): e20070.

[25] T Gaber, A Tharwat, A E Hassanien, et al. Biometric cattle identification approach based on weber's local descriptor and adaboost classifier [J]. COMPUT ELECTRON AGR, 2016, 122: 55 - 66.

[26] P L Geenen, L C V D Gaag, W L A Loeffen, et al. Constructing naive Bayesian classifiers for veterinary medicine: A case study in the clinical diagnosis of classical swine fever [J]. RES VET SCI, 2011, 91(1): 64 - 70.

[27] M Ginhoux, E Morignat, A Bronner, et al. A tool to support the identification of suspect cases of exotic diseases in cattle [J]. PREV VET MED, 2016, 135: 53 - 58.

[28] E Go, S Lee, T Yoon. Analysis of ebolavirus with decision tree and apriori algorithm [J]. Int J Mach Learn Comput, 2014, 4(6): 543 - 546.

[29] K A Herrick, F Huettmann, M A Lindgren. A global model of avian influenza prediction in wild birds: the importance of northern regions [J]. Vet Res, 2013, 44(1): 42.

[30] G E Hinton. Reducing the dimensionality of data with neural networks [J]. Science, 2006, 313(5786): 504 - 507.

[31] A C Holt, D J Salkeld, C L Fritz, et al. Spatial analysis of plague in California: niche modeling predictions of the current distribution and potential response to climate change [J]. Int J Health Geogr, 2009, 8(1): 38.

[32] E T Jaynes. On the rationale of maximum-entropy methods [J]. Proceedings of the IEEE, 1982, 70(9): 939 - 952.

[33] F R Joka, H V Gils, L Huang, X. Wang. High probability areas for ASF infection in china along the russian and korean borders [J]. Transbound Emerg Dis, 2018(66): 852 - 864.

[34] A S Kadi, S R Avaradi. A bayesian inferential approach to quantify the transmission intensity of disease outbreak [J]. Comput Math Methods Med, 2015, 2015: 1 - 7.

[35] H T Kam. Random decision forests [C]. Paper presented at: Proceedings of 3rd International Conference on Document Analysis and Recognition, 1995.

[36] M J Kane, N Price, M Scotch, et al. Comparison of ARIMA and random forest time series models for prediction of avian influenza H5N1 outbreaks [J]. BMC Bioinformatics, 2014, 15(1): 276 - 276

[37] K Kesorn, P Ongruk, J Chompoosri, et al. Morbidity rate prediction of Dengue Hemorrhagic Fever (DHF) using the support vector machine and the aedes aegypti infection rate in similar climates and geographical areas [J]. PLOS ONE, 2015 11;10(5): e0125049.

[38] J Lee, S Kim, T Yoon. Treatment of various avian influenza virus based on comparison using decision tree algorithm [C]. Paper presented at: MATEC Web of Conferences, 2016.

[39] W Lee, S H Kim, J Ryu, et al. Fast detection of disease in livestock based on deep learning [J]. J. Korea Inst Inf Commun Eng, JKIICE, 2017, 21(5): 1009 - 1015.

[40] H Leopord, W K Cheruiyot, S Kimani. A survey and analysis on classification and regression data mining techniques for diseases outbreak prediction in datasets [J]. Int J Eng Sci, 2016, 5(9): 1 - 11.

[41] R Liang, Y Lu, X Qu, et al. Prediction for global African swine fever outbreaks based on a combination of random forest algorithms and meteorological data [J]. Transbound Emerg Dis, 2020; 67(2): 935 - 946.

[42] A Liaw, M Wiener. Classification and regression by randomForest [J]. R news, 2002, 2(3): 18 - 22.

[43] G Litjens, T Kooi, B E Bejnordi, et al. A survey on deep learning in medical image analysis [J]. Med Image Anal, 2017, 42: 60 - 88.

[44] C Ma, H H Zhang, X Wang. Machine learning for big data analytics in plants [J]. Trends Plant Sci, 2014, 19(12): 798 - 808.

[45] J Ma, X Gao, B Liu, et al. Epidemiology and spatial distribution of bluetongue virus in Xinjiang, China [J]. Peerj, 2019, 7: e6514.

[46] V Martin, L D Simone, J Lubroth. Geographic information systems applied to the international surveillance and control of transboundary animal diseases, a focus on highly pathogenic avian influenza [J]. Vet Ital, 2007, 43(3): 437 - 450.

[47] N Mathur, V S Asirvadam, S C Dass, et al. Generating vulnerability maps of

dengue incidences for petaling district in malaysia [C]. Paper presented at: 12th IEEE Colloquium on Signal Processing & Its Application (CSPA 2016), 2016.
[48] M Mclaws, C Ribble, W Martin, et al. Factors associated with the clinical diagnosis of foot and mouth disease during the 2001 epidemic in the UK [J]. Prev Vet Med, 2006, 77(1-2): 65-81.
[49] X L Meng. The EM algorithm and medical studies: A historical linik [J]. Stat Methods Med Res, 1997, 6(1): 3-23.
[50] E Méroc, C Faes, C Herr, et al. Establishing the spread of bluetongue virus at the end of the 2006 epidemic in Belgium [J]. Vet Microbiol, 2008, 131(1-2): 133-144.
[51] A Mohan, R D Raju, P Janarthanan. Animal disease diagnosis expert system using convolutional neural networks [C]. Paper presented at: 2019 International Conference on Intelligent Sustainable Systems (ICISS), 2019.
[52] F Murtagh. A survey of recent advances in hierarchical clustering algorithms [J]. The Computer Journal, 1983, 26(4): 354-359.
[53] N Nantima, M Ocaido, E Ouma, et al. Risk factors associated with occurrence of African swine fever outbreaks in smallholder pig farms in four districts along the Uganda-Kenya border [J]. Trop Anim Health Pro, 2015, 47(3): 589-595.
[54] J Peters, B D Baets, E Ducheyne, et al. Using remote sensing and machine learning for the spatial modelling of a bluetongue virus vector [C]. Paper presented at: EGU General Assembly Conference Abstracts, 2012.
[55] S J Phillips, R P Anderson, R E Schapire. Maximum entropy modeling of species geographic distributions [J]. Ecol Model, 2006, 190(3-4): 231-259.
[56] E G Pieracci, A J Hall, R Gharpure, et al. Prioritizing zoonotic diseases in Ethiopia using a one health approach [J]. One Health, 2016, 2: 131-135.
[57] R J Quinlan. Induction of decision trees [J]. Mach Learn, 1986, 1: 81-106.
[58] A M Samy, A T Peterson. Climate change influences on the global potential distribution of bluetongue virus [J]. PLOS ONE, 2016, 11(3): e0150489.
[59] G Schares, A Bärwald , C Staubach, et al. Regional distribution of bovine Neospora caninum infection in the German state of Rhineland-Palatinate modelled by Logistic regression [J]. Int J Parasitol, 2003, 33(14): 1631-1640.
[60] J C Semenza, E Lindgren, L Balkanyi, et al. Determinants and drivers of

infectious disease threat events in europe [J]. Emerg Infect Dis, 2016, 22(4): 581 - 589.

[61] V C Sharma, D Frankenfield, Gupta A, et al.Ensemble approach for zoonotic disease prediction using machine learning techniques [J]. Indian Institute of Management, 2015, 3(2): 1 - 17.

[62] Y Y Song, L Ying. Decision tree methods: applications for classification and prediction [J]. Shanghai archives of psychiatry, 2015, 27(2): 130 - 135.

[63] L Tanner, M Schreiber, J G H Low, et al. Decision tree algorithms predict the diagnosis and outcome of dengue fever in the early phase of illness [J]. PLoS Negl Trop Dis, 2008, 2(3): e196.

[64] F E H Tay, L J Cao. Modified support vector machines in financial time series forecasting [J]. Neurocomputing, 2002, 48(1 - 4): 847 - 861.

[65] F H M Tomassen, A D Koeijer, M C M. Mourits, et al. A decision-tree to optimise control measures during the early stage of a foot-and-mouth disease epidemic [J]. Prev Vet Med, 2002, 54(4): 301 - 324.

[66] H Tracey, R Andrew, V A Mary, et al. Species distribution models: A comparison of statistical approaches for livestock and disease epidemics [J]. PLOS ONE, 2017, 12(8): e0183626.

[67] V N Vapnik, A Y Lerner. Recognition of patterns with help of generalized portraits [J]. Avtomat.i Telemekh, 1963, 24(6): 774 - 780.

[68] V Gupta, R Singh, G Singh, et al. An introduction to principal component analysis and its importance in biomedical signal processing [J]. International Conference on Life Science and Technology, 2011, 3: 29 - 33.

[69] S Vincze, A G Brandenburg, W Espelage, et al. Risk factors for MRSA infection in companion animals: Results from a case-control study within Germany [J]. Int J Med Microbiol, 2014, 304(7): 787 - 793.

[70] J A Walsh, M Rozycki, E Yi, et al. Application of machine learning in the diagnosis of axial spondyloarthritis [J]. Curr Opin Rheumatol, 2019, 31(4): 362 - 367.

[71] M Walsh, M A Haseeb. Modeling the ecologic niche of plague in sylvan and domestic animal hosts to delineate sources of human exposure in the western United States [J]. Peerj, 2015, 3(53): e1493.

[72] S P Wang, Q Zhang, J Lu, et al. Analysis and prediction of nitrated tyrosine sites with the mRMR method and support vector machine algorithm [J]. Curr Bioinform, 2018, 13(1): 3-13.
[73] G D Wieland, J Sayre. Logistic regression [J]. J Am Geriatr Soc, 1987, 35(6): 595-597.
[74] J Wu, M Liu, L Jin. A Hybrid support vector regerssion approach for rainfall forecasting using particle swarm optimization and projection pursuit technology [J]. Int J Comput Intell Appl, 2010, 09(2): 87-104.
[75] W Wu, J Wang, M Cheng, et al. Convergence analysis of online gradient method for BP neural networks [J]. Neural Netw, 2011, 24(1): 91-98.
[76] Z Yuan. Better prediction of protein contact number using a support vector regression analysis of amino acid sequence [J]. BMC Bioinformatics, 2005, 6(1): 248-256.
[77] A Zarnecki, K R nningen, H Solbu. The principal component analysis of the incidence of diseases in Norwegian Red Cattle [J]. J Anim Breed Genet, 1985, 102(1-5): 106-116.
[78] J Zhang, J Lu, G Zhang. A seasonal auto-regerssive model based support vector regression prediction method for H5N1 avian influenza animal events [J]. Int J Comput Intell Appl, 2011, 10(2): 199-230.
[79] X Zhou, B Zhang, X Cong, et al. A prediction model for the animal plague in spermophilus dauricus focus in China [J]. Science, 2015, 3(5): 612-617.

（本章作者：陈沁　钮冰）